"十四五"时期国家重点出版物出版专项规划项目
食品药品安全监管研究丛书
总主编 于杨曜

食品药品安全治理文化创新研究

Research on Innovation of Food and Drug Safety Governance Culture

徐景波 著

华东理工大学出版社
EAST CHINA UNIVERSITY OF SCIENCE AND TECHNOLOGY PRESS
·上海·

图书在版编目（CIP）数据

食品药品安全治理文化创新研究／徐景波著.
上海：华东理工大学出版社，2024.10. -- ISBN 978-7-
5628-7578-9

Ⅰ.TS201.6；R954

中国国家版本馆 CIP 数据核字第 2024QA1553 号

内 容 提 要

创新是新时代我国食品药品安全治理最鲜明、最突出、最亮眼的特色。食品药品安全治理创新是一个丰富的、开放的、充满活力的创新体系，在这一创新体系中，治理文化创新可以说是最基础、最广博、最深厚、最持久的创新。加快推进食品药品安全治理文化创新，已成为新时代我国食品药品安全治理的重要任务之一。

本书从根本遵循、治理使命、发展目标、发展主题、发展道路、治理理念、监管科学、治理能力、治理模式、核心文化等十个方面论述食品药品安全治理文化创新。本书可供从事食品药品安全治理的政府部门、高校和研究机构的相关人员研读，亦可作为食品药品专业的本科生、研究生相关课程的参考书。

项目统筹／马夫娇　韩　婷
责任编辑／陈婉毓
责任校对／金美玉
装帧设计／靳天宇
出版发行／华东理工大学出版社有限公司
　　　　　地址：上海市梅陇路 130 号,200237
　　　　　电话：021 - 64250306
　　　　　网址：www.ecustpress.cn
　　　　　邮箱：zongbianban@ecustpress.cn
印　　刷／上海中华商务联合印刷有限公司
开　　本／710 mm×1 000 mm　1/16
印　　张／17
字　　数／239 千字
版　　次／2024 年 10 月第 1 版
印　　次／2024 年 10 月第 1 次
定　　价／168.00 元

序　言

preface

（一）

　　创新是引领发展的第一动力，是实现变革的核心要素，是推动进步的最大变量。抓创新就是抓发展，谋创新就是谋未来。习近平总书记以全球视野和战略思维，将创新摆在社会主义现代化建设全局中的核心位置，高度重视创新、鼓励创新、推动创新、引领创新，不断推进理论创新、制度创新、科技创新、文化创新等各方面创新，让创新贯穿党和国家一切工作，让一切创新源泉充分涌流，让党和国家事业充满生机与活力。

　　早在 2013 年 3 月 4 日，习近平总书记在参加全国政协十二届一次会议科协、科技界委员联组讨论时指出："我们必须加快从要素驱动发展为主向创新驱动发展转变，发挥科技创新的支撑引领作用。""社会生产力发展和综合国力提高，最终取决于科技创新。"

　　2013 年 10 月 21 日，习近平总书记在欧美同学会成立 100 周年庆祝大会上强调："创新是一个民族进步的灵魂，是一个国家兴旺发达的不竭动力，也是中华民族最深沉的民族禀赋。在激烈的国际竞争中，惟创新者进，惟创新者强，惟创新者胜。"

　　2014 年 6 月 9 日，习近平总书记在中国科学院第十七次院士大会、中国工程院第十二次院士大会上指出："必须深化科技体制改革，破除一切制约科技创新的思想障碍和制度藩篱，处理好政府和市场的关系，推动科技和经济社会发展深度融合，打通从科技强到产业强、经济强、国家强的通道，以改革释放创新活力，加快建立健全国家创新体系，让一切创新源泉充分涌流。"

2015 年 3 月 5 日，习近平总书记在参加十二届全国人大三次会议上海代表团审议时强调："实施创新驱动发展战略，根本在于增强自主创新能力。面对科技创新发展新趋势，世界主要国家都在寻找科技创新的突破口，抢占未来经济科技发展的先机。我们不能在这场科技创新的大赛场上落伍，必须迎头赶上、奋起直追、力争超越，赢得主动、赢得优势、赢得未来。"

2015 年 10 月 29 日，习近平总书记在党的十八届五中全会第二次全体会议上指出："新一轮科技革命带来的是更加激烈的科技竞争，如果科技创新搞不上去，发展动力就不可能实现转换，我们在全球经济竞争中就会处于下风。为此，我们必须把创新作为引领发展的第一动力，把人才作为支撑发展的第一资源，把创新摆在国家发展全局的核心位置，不断推进理论创新、制度创新、科技创新、文化创新等各方面创新，让创新贯穿党和国家一切工作，让创新在全社会蔚然成风。"

2016 年 9 月 29 日，习近平总书记在学习《胡锦涛文选》报告会上强调："坚持马克思主义，最重要的就是坚持马克思主义的科学原理和科学精神、创新精神，善于根据客观情况的变化，不断从人民群众实践中吸取营养，不断丰富和发展理论，使理论更好指导我们的工作。"

2017 年 10 月 18 日，习近平总书记在中国共产党第十九次全国代表大会上提出"加快建设创新型国家"，强调："当前，国内外形势正在发生深刻复杂变化，我国发展仍处于重要战略机遇期，前景十分光明，挑战也十分严峻。全党同志一定要登高望远、居安思危，勇于变革、勇于创新，永不僵化、永不停滞，团结带领全国各族人民决胜全面建成小康社会，奋力夺取新时代中国特色社会主义伟大胜利。""实践没有止境，理论创新也没有止境。世界每时每刻都在发生变化，中国也每时每刻都在发生变化，我们必须在理论上跟上时代，不断认识规律，不断推进理论创新、实践创新、制度创新、文化创新以及其他各方面创新。""创新是引领发展的第一动力，是建设现代化经济体系的战略支撑。要瞄准世界科技前沿，强化基础研究，实现前瞻性基础研究、引领性原创成果重大突破。加强应用基础研究，拓展实施国家重大科技项目，突出关键共性技术、前沿引领技术、现代工程技术、颠覆性技术创新，为建设科技强国、质量强国、航天强国、网络强国、交通强国、数字中国、智慧社会提供有力支撑。加强国家创新体系建设，强化战略科技力量。深化科技体制改革，建立以企业为主体、市场为导向、产学研深度融合的技术创新体系，加强对中小企业创新的支持，促进科技成果转化。倡导创新文化，强化知识产权创造、保护、运用。培养造就一大批具有国际水平的战略科技人才、科技领军人才、青年科技人才和高水平创新团队。"

2017 年 12 月 18 日，习近平总书记在中央经济工作会议上强调："高质量发展，就是能够很好满足人民日益增长的美好生活需要的发展，是体现新发展理念的发展，是创新成为第一动力、协调成为内生特点、绿色成为普遍形态、开放成为必由之路、共享成为根本目的的发展。"

2018 年 5 月 28 日，习近平总书记在中国科学院第十九次院士大会、中国工程院第十四次院士大会上强调："要增强'四个自信'，以关键共性技术、前沿引领技术、现代工程技术、颠覆性技术创新为突破口，敢于走前人没走过的路，努力实现关键核心技术自主可控，把创新主动权、发展主动权牢牢掌握在自己手中。"

2020 年 9 月 11 日，习近平总书记在科学家座谈会上强调："在激烈的国际竞争面前，在单边主义、保护主义上升的大背景下，我们必须走出适合国情的创新路子，特别是要把原始创新能力提升摆在更加突出的位置，努力实现更多'从 0 到 1'的突破。"

2021 年 2 月 20 日，习近平总书记在党史学习教育动员大会上强调："我们党的历史，就是一部不断推进马克思主义中国化的历史，就是一部不断推进理论创新、进行理论创造的历史。"

2022 年 1 月 11 日，习近平总书记在省部级主要领导干部学习贯彻党的十九届六中全会精神专题研讨班开班式上强调："面对快速变化的世界和中国，如果墨守成规、思想僵化，没有理论创新的勇气，不能科学回答中国之问、世界之问、人民之问、时代之问，不仅党和国家事业无法继续前进，马克思主义也会失去生命力、说服力。""当代中国正在经历人类历史上最为宏大而独特的实践创新，改革发展稳定任务之重、矛盾风险挑战之多、治国理政考验之大都前所未有，世界百年未有之大变局深刻变化前所未有，提出了大量亟待回答的理论和实践课题。""我们要准确把握时代大势，勇于站在人类发展前沿，聆听人民心声，回应现实需要，坚持解放思想、实事求是、守正创新，更好把坚持马克思主义和发展马克思主义统一起来，坚持用马克思主义之'矢'去射新时代中国之'的'，继续推进马克思主义基本原理同中国具体实际相结合、同中华优秀传统文化相结合，使马克思主义呈现出更多中国特色、中国风格、中国气派，续写马克思主义中国化时代化新篇章。"

2022年10月16日，习近平总书记在中国共产党第二十次全国代表大会上强调："实践没有止境，理论创新也没有止境。不断谱写马克思主义中国化时代化新篇章，是当代中国共产党人的庄严历史责任。""必须坚持守正创新。我们从事的是前无古人的伟大事业，守正才能不迷失方向、不犯颠覆性错误，创新才能把握时代、引领时代。我们要以科学的态度对待科学、以真理的精神追求真理，坚持马克思主义基本原理不动摇，坚持党的全面领导不动摇，坚持中国特色社会主义不动摇，紧跟时代步伐，顺应实践发展，以满腔热忱对待一切新生事物，不断拓展认识的广度和深度，敢于说前人没有说过的新话，敢于干前人没有干过的事情，以新的理论指导新的实践。""我们要善于通过历史看现实、透过现象看本质，把握好全局和局部、当前和长远、宏观和微观、主要矛盾和次要矛盾、特殊和一般的关系，不断提高战略思维、历史思维、辩证思维、系统思维、创新思维、法治思维、底线思维能力，为前瞻性思考、全局性谋划、整体性推进党和国家各项事业提供科学思想方法。""加快实施创新驱动发展战略。坚持面向世界科技前沿、面向经济主战场、面向国家重大需求、面向人民生命健康，加快实现高水平科技自立自强。以国家战略需求为导向，集聚力量进行原创性引领性科技攻关，坚决打赢关键核心技术攻坚战。加快实施一批具有战略性全局性前瞻性的国家重大科技项目，增强自主创新能力。加强基础研究，突出原创，鼓励自由探索。""问题是时代的声音，回答并指导解决问题是理论的根本任务。今天我们所面临问题的复杂程度、解决问题的艰巨程度明显加大，给理论创新提出了全新要求。""教育、科技、人才是全面建设社会主义现代化国家的基础性、战略性支撑。必须坚持科技是第一生产力、人才是第一资源、创新是第一动力，深入实施科教兴国战略、人才强国战略、创新驱动发展战略，开辟发展新领域新赛道，不断塑造发展新动能新优势。"

2023 年 1 月 31 日，习近平总书记在主持二十届中共中央政治局第二次集体学习时强调："要实现科教兴国战略、人才强国战略、创新驱动发展战略有效联动，坚持教育发展、科技创新、人才培养一体推进，形成良性循环；坚持原始创新、集成创新、开放创新一体设计，实现有效贯通；坚持创新链、产业链、人才链一体部署，推动深度融合。"

2023 年 2 月 7 日，习近平总书记在新进中央委员会的委员、候补委员和省部级主要领导干部学习贯彻习近平新时代中国特色社会主义思想和党的二十大精神研讨班开班式上强调："要把创新摆在国家发展全局的突出位置，顺应时代发展要求，着眼于解决重大理论和实践问题，积极识变应变求变，大力推进改革创新，不断塑造发展新动能新优势，充分激发全社会创造活力。"

2023 年 2 月 7 日，习近平总书记在学习贯彻党的二十大精神研讨班开班式上强调："推进中国式现代化是一个系统工程，需要统筹兼顾、系统谋划、整体推进，正确处理好顶层设计与实践探索、战略与策略、守正与创新、效率与公平、活力与秩序、自立自强与对外开放等一系列重大关系。"

2023 年 3 月 15 日，习近平总书记在北京出席中国共产党与世界政党高层对话会时指出："面对现代化进程中遇到的各种新问题新情况新挑战，政党要敢于担当、勇于作为，冲破思想观念束缚，破除体制机制弊端，探索优化方法路径，不断实现理论和实践上的创新突破，为现代化进程注入源源不断的强大活力。"

2024 年 1 月 31 日，习近平总书记在主持二十届中共中央政治局第十一次集体学习时强调："必须牢记高质量发展是新时代的硬道理，完整、准确、全面贯彻新发展理念，把加快建设现代化经济体系、推进高水平科技自立自强、加快构建新发展格局、统筹推进深层次改革和高水平开放、统筹高质量发展和高水平安全等战略任务落实到位，完善推动高质量发展的考核评价体系，为推动高质量发展打牢基础。""发展新质生产力是推动高质量发展的内在要求和重要着力点。""必须继续做好创新这篇大文章，推动新质生产力加快发展。""高质量发展需要新的生产力理论来指导，而新质生产力已经在实践中形成并展示出对高质量发展的强劲推动力、支撑力，需要我们从理论上进行总结、概括，用以指导新的发展实践。""概括地说，新质生产力是创新起主导作用，摆脱传统经济增长方式、生产力发展路径，具有高科技、高效能、高质量特征，符合新发展理念的先进生产力质态。它由技术革命性突破、生产要素创新性配置、产业深度转型升级而催生，以劳动者、劳动资料、劳动对象及其优化组合的跃升为基本内涵，以全要素生产率大幅提升为核心标志，特点是创新，关键在质优，本质是先进生产力。"

2024年7月18日，习近平总书记在中国共产党第二十届中央委员会第三次全体会议上强调："坚持守正创新，坚持中国特色社会主义不动摇，紧跟时代步伐，顺应实践发展，突出问题导向，在新的起点上推进理论创新、实践创新、制度创新、文化创新以及其他各方面创新……""推动技术革命性突破、生产要素创新性配置、产业深度转型升级，推动劳动者、劳动资料、劳动对象优化组合和更新跃升，催生新产业、新模式、新动能，发展以高技术、高效能、高质量为特征的生产力。加强关键共性技术、前沿引领技术、现代工程技术、颠覆性技术创新，加强新领域新赛道制度供给，建立未来产业投入增长机制，完善推动新一代信息技术、人工智能、航空航天、新能源、新材料、高端装备、生物医药、量子科技等战略性产业发展政策和治理体系，引导新兴产业健康有序发展。""必须深入实施科教兴国战略、人才强国战略、创新驱动发展战略，统筹推进教育科技人才体制机制一体改革，健全新型举国体制，提升国家创新体系整体效能。""坚持面向世界科技前沿、面向经济主战场、面向国家重大需求、面向人民生命健康，优化重大科技创新组织机制，统筹强化关键核心技术攻关，推动科技创新力量、要素配置、人才队伍体系化、建制化、协同化。加强国家战略科技力量建设，完善国家实验室体系，优化国家科研机构、高水平研究型大学、科技领军企业定位和布局，推进科技创新央地协同，统筹各类科创平台建设，鼓励和规范发展新型研发机构，发挥我国超大规模市场引领作用，加强创新资源统筹和力量组织，推动科技创新和产业创新融合发展。""加快建设国家战略人才力量，着力培养造就战略科学家、一流科技领军人才和创新团队，着力培养造就卓越工程师、大国工匠、高技能人才，提高各类人才素质。""建立以创新能力、质量、实效、贡献为导向的人才评价体系。"

习近平总书记有关创新的一系列重要指示批示，深刻阐述了创新对于我国社会主义现代化建设的重大意义，强调创新是引领发展的第一动力，要将创新摆在社会主义现代化建设的核心地位，实施创新驱动发展战略，以满腔热忱对待一切创新，让创新贯穿党和国家一切工作，让创新在全社会蔚然成风。所有这些，为新时代全面推进我国食品药品安全治理创新提供了遵循、指明了方向、开辟了道路。

（二）

"文化"是日常生活中定义最多、争议最大的词语之一。文化有广义和狭义之分。广义的文化，是指人类在改造客观世界过程中所创造的一切物质成果和精神成果的总和，而狭义的文化，则是指人类在改造客观世界过程中所创造的精神成果的总称。有学者认为，"文化"是与"武功"相对应的概念。也有学者认为，"文化"是与自然存在的事物相对应的概念。还有学者认为，文化是一个国家、民族或社会的精神财富，代表着不同的习惯、信仰、价值观和行为方式。尽管中外专家学者对文化的定义千差万别，但中外专家学者普遍认为：文化是一个复合体，包括知识、艺术、法律、宗教、习俗及其他社会现象；文化是由社会环境决定的生活方式的整体；文化是分层次的，有物质的、制度的、心理的等形式；文化具有广博性、深刻性、先导性、渗透性、传承性、持久性等鲜明特点；文化属于庞大而深厚的社会体系，可以划分为不同层次或者不同位阶。

党中央、国务院历来高度重视文化建设。2014 年 10 月 15 日，习近平总书记在文艺工作座谈会上强调："没有先进文化的积极引领，没有人民精神世界的极大丰富，没有民族精神力量的不断增强，一个国家、一个民族不可能屹立于世界民族之林。"

2016 年 5 月 17 日，习近平总书记在哲学社会科学工作座谈会上强调："我们说要坚定中国特色社会主义道路自信、理论自信、制度自信，说到底是要坚定文化自信。文化自信是更基本、更深沉、更持久的力量。"

2016 年 7 月 1 日，习近平总书记在庆祝中国共产党成立 95 周年大会上强调："文化自信，是更基础、更广泛、更深厚的自信。""坚持不忘初心、继续前进，就要坚持中国特色社会主义道路自信、理论自信、制度自信、文化自信，坚持党的基本路线不动摇，不断把中国特色社会主义伟大事业推向前进。"

2016 年 11 月 30 日，习近平总书记在中国文联十大、中国作协九大开幕式上强调："文化是一个国家、一个民族的灵魂。历史和现实都表明，一个抛弃了或者背叛了自己历史文化的民族，不仅不可能发展起来，而且很可能上演一幕幕历史悲剧。文化自信，是更基础、更广泛、更深厚的自信，是更基本、更深沉、更持久的力量。坚定文化自信，是事关国运兴衰、事关文化安全、事关民族精神独立性的大问题。"

2017 年 10 月 18 日，习近平总书记在中国共产党第十九次全国代表大会上强调："全党要更加自觉地增强道路自信、理论自信、制度自信、文化自信，既不走封闭僵化的老路，也不走改旗易帜的邪路，保持政治定力，坚持实干兴邦，始终坚持和发展中国特色社会主义。""文化自信是一个国家、一个民族发展中更基本、更深沉、更持久的力量。必须坚持马克思主义，牢固树立共产主义远大理想和中国特色社会主义共同理想，培育和践行社会主义核心价值观，不断增强意识形态领域主导权和话语权，推动中华优秀传统文化创造性转化、创新性发展，继承革命文化，发展社会主义先进文化，不忘本来、吸收外来、面向未来，更好构筑中国精神、中国价值、中国力量，为人民提供精神指引。""文化是一个国家、一个民族的灵魂。文化兴国运兴，文化强民族强。没有高度的文化自信，没有文化的繁荣兴盛，就没有中华民族伟大复兴。要坚持中国特色社会主义文化发展道路，激发全民族文化创新创造活力，建设社会主义文化强国。"

2018 年 3 月 1 日，习近平总书记在纪念周恩来同志诞辰 120 周年座谈会上强调："我们要用马克思列宁主义、毛泽东思想、邓小平理论、'三个代表'重要思想、科学发展观、新时代中国特色社会主义思想武装头脑，牢固树立道路自信、理论自信、制度自信、文化自信，做到知行合一、言行一致，用自己的实际行动坚持和发展中国特色社会主义，为实现共产主义远大理想而努力奋斗。"

2018 年 3 月 20 日，习近平总书记在第十三届全国人民代表大会第一次会议上指出："有这样伟大的人民，有这样伟大的民族，有这样的伟大民族精神，是我们的骄傲，是我们坚定中国特色社会主义道路自信、理论自信、制度自信、文化自信的底气，也是我们风雨无阻、高歌行进的根本力量！"

2018 年 5 月 4 日，习近平总书记在纪念马克思诞辰 200 周年大会上强调："理论自觉、文化自信，是一个民族进步的力量；价值先进、思想解放，是一个社会活力的来源。国家之魂，文以化之，文以铸之。我们要立足中国，面向现代化、面向世界、面向未来，巩固马克思主义在意识形态领域的指导地位，发展社会主义先进文化，加强社会主义精神文明建设，把社会主义核心价值观融入社会发展各方面，推动中华优秀传统文化创造性转化、创新性发展，不断提高人民思想觉悟、道德水平、文明素养，不断铸就中华文化新辉煌。"

2020 年 9 月 8 日，习近平总书记在全国抗击新冠肺炎疫情表彰大会上强调："文化自信是一个国家、一个民族发展中最基本、最深沉、最持久的力量。"

在有关文化建设的重要论述中，习近平总书记反复强调："文化是一个国家、一个民族的灵魂。""文化自信，是更基础、更广泛、更深厚的自信，是更基本、更深沉、更持久的力量。"必须按照习近平总书记的要求，立足中国，面向现代化、面向世界、面向未来，从基础性、先导性、战略性建设的角度出发，积极推进食品药品安全治理文化创新，以滋养食品药品安全治理事业。

（三）

创新是新时代我国食品药品安全治理最鲜明、最突出、最亮眼的特色。创新发展为我国五大发展理念（创新发展、协调发展、绿色发展、开放发展和共享发展）之首。同时，创新为新时代我国药品监管五大主题（创新、质量、效率、体系和能力）之要。食品药品安全治理创新，包括治理理念创新、治理体制创新、治理制度创新、治理机制创新、治理方式创新、治理战略创新、治理文化创新等，这是一个丰富的、开放的、充满活力的创新体系。在这一创新体系中，治理文化创新可以说是最基础、最广博、最深厚、最持久的创新。然而，目前治理文化创新研究还比较零散、薄弱甚至贫瘠，与新时代我国食品药品安全治理的需求不相适应。随着健康中国战略、创新驱动发展战略的深入实施，食品药品安全治理文化创新必将引起更广泛、更高度的重视，拥有更为广阔的前景和更为灿烂的未来。加快推进食品药品安全治理文化创新，已成为新时代我国食品药品安全治理的重要任务之一。

我国食品药品安全治理文化，主要包括根本遵循、治理使命、发展目标、发展主题、发展道路、治理理念、监管科学、治理能力、治理模式、核心文化等。目前，专家学者间对于食品药品安全治理文化体系还存在不同的观点，这为未来建立科学的食品药品安全治理文化体系留下了广阔的空间。本书所论述的食品药品安全治理文化创新主要包括：

一是食品药品安全治理的根本遵循。习近平总书记有关食品药品安全"最严谨的标准、最严格的监管、最严厉的处罚、最严肃的问责"的一系列重要指示批示，涵盖了担当食品药品安全政治责任、落实食品药品安全地方党政责任、践行食品药品企业社会责任、完善食品药品监管体制、促进中医药传承创新发展、实现高端医疗装备自主可控、全面加强药品监管能力建设、构建人类卫生健康共同体等。这是一个体系完善、内容丰富、思想深刻、价值无限的科学体系。这些重要指示批示充分体现出习近平总书记真挚的为民情怀、强烈的忧患意识、厚重的责任担当、求是的科学品格、昂扬的斗争精神和宽广的国际视野，是推进新时代我国食品药品安全治理的根本遵循和行动指南。

二是食品药品安全治理的庄严使命。使命通常是指一个组织的核心价值、根本宗旨和行动指南，是组织生命意义的根本定位。我国食品药品安全治理的庄严使命是保护和促进公众健康，这已为我国食品药品安全法律法规和政策文件所确认，是新时代我国食品药品安全治理的重大进步。从保护公众健康到促进公众健康，深刻折射出我国食品药品安全治理的历史主动和实践自觉，是"能动哲学"在食品药品安全治理领域的基本要求和集中反映。保护和促进公众健康的使命驱动，将使食品药品安全治理更积极、更主动、更担当、更尽责、更开放、更自信，激励所有的利益相关者不断开创食品药品安全治理的新格局、新境界和新局面。

三是食品药品安全治理的发展目标。发展目标是引导与激励组织及其成员坚守的发展方向。加快实现由食品药品制造大国向食品药品制造强国的跨越，是新时代我国食品药品安全治理的美好愿景。实现制造强国的伟大梦想，需要优秀的产业群体、卓越的创新能力、显著的制度优势、完善的监管体系和重大的国际影响等许多重要条件。食品药品产业属于永恒不衰的健康产业、充满活力的朝阳产业、事关未来的战略产业。要加快培育一批在国际上能"顶天立地"的优秀企业，进一步提高产业集中度和市场竞争力。创新是第一动力，企业赖之以强，国家赖之以盛，民族赖之以兴。要积极推进治理理念、制度、机制、方式等融合创新、集成创新，打造更加良好的创新生态，助力企业加快实现从模仿型创新到原始型创新的跨越。制度优势是一个国家的最大优势，制度竞争是国家间最根本的竞争。要努力构建理念现代、价值和谐、制度完备、机制健全的现代法律制度体系和监管体系。当今的世界是全球化的世界，当今的时代是全球化的时代，应当积极推动全球药品监管趋同、协调和信赖，为保护和促进全球公众健康贡献中国智慧和力量。

四是食品药品安全治理的发展主题。发展主题是指事物发展的核心、焦点或者要旨。不同时期、不同国家、不同国情下，食品药品安全面临的突出矛盾不同，发展的主题也有所不同。从全球的角度看，质量和效率是食品药品安全治理的永恒主题，体系和能力是食品药品安全治理的关键要害，破解质量和效率、体系和能力难题的最佳途径就是创新。近年来，我国确立药品安全监管的发展主题为创新、质量、效率、体系和能力。随着我国药品医疗器械审评审批制度改革的不断深入、监管体系和监管能力的不断加强、药品监管科学研究与应用的不断深化，创新、质量、效率、体系和能力正在向广度、深度和高度方面拓展。

五是食品药品安全治理的发展道路。我国食品药品安全治理的发展道路可以概括为科学化、法治化、国际化和现代化。食品药品安全治理离不开科学技术、科学标准和科学数据的强力支撑，必须坚守科学原则、科学精神、科学品格和科学风范。食品药品安全的风险和获益的评估与判断必须基于一定的法律、标准、指南等规则，食品药品生产经营活动及其监督管理必须在法治的轨道上以法治的方式运行。在全球化、信息化时代，产业链、创新链、供应链、价值链、利益链、风险链、责任链等已全球化，食品药品安全治理必须坚持国际视野，积极采用国际规则，努力保护和促进全球公众健康。

六是食品药品安全治理的现代理念。理念是事物运行的灵魂，体现着对事物运行的哲学思考和应然判定。习近平总书记强调："发展理念是战略性、纲领性、引领性的东西，是发展思路、发展方向、发展着力点的集中体现。""贯彻落实新发展理念，涉及一系列思维方式、行为方式、工作方式的变革，涉及一系列工作关系、社会关系、利益关系的调整，不改革就只能是坐而论道，最终到不了彼岸。"从全球视野看，食品药品安全治理理念包括人本治理、风险治理、全程治理、社会治理、责任治理、系统治理、效能治理、能动治理、动态治理、阳光治理、灵活治理、审慎治理、智慧治理、全球治理、依法治理等要素。在这些治理理念中，风险治理、责任治理和智慧治理是食品药品安全治理的三大核心治理理念。风险治理是核心，责任治理是要义，智慧治理是艺术。所有的食品药品治理活动都要围绕食品药品安全风险防控来谋篇，所有的责任配置都要围绕食品药品安全风险防控来布局，所有的智慧治理都要助力风险的全面防控和责任的全面落实。

七是食品药品安全治理的科学武装。当今的世界是全球化、信息化的世界。伴随着科技革命和产业变革的深入发展，世界食品药品安全监管领域普遍面临着如何"跟得上""联得紧""转得快"等难题，食品药品安全监管科学应运而生。从全球的角度看，食品药品安全监管科学的兴起，是食品药品安全领域科学技术迅猛发展、公众健康需求持续提升、公共政策研究日益凸显、社会协同治理不断深化的产物。从"新时代"的角度看，食品药品安全监管科学概念的出现标志着食品药品安全监管创新时代的到来。从"新力量"的角度看，食品药品安全监管科学概念的出现呼唤着协同力量的产生。食品药品安全监管科学研究与应用具有鲜明的目标性、前瞻性、创新性、融合性和实用性等特点。务实推进食品药品安全监管科学研究，需要建立新型的合作交流机制、科学的项目遴选机制、动态的考核评价机制和高效的成果转化机制。

八是食品药品安全治理的能力提升。治理能力建设是食品药品安全治理的基础性、全局性和战略性建设。全面提升食品药品安全治理科学化、法治化、国际化、现代化水平，必须大力加强食品药品安全治理能力建设。治理能力建设贯穿食品药品安全治理的全过程，要坚持系统思维，全链条、全环节、全要素、全领域、全方位推进治理能力建设。要把握好当前与长远、中央与地方、治标与治本等诸多关系，坚持问题导向和结果导向，强基础、补短板、破瓶颈、促提升，稳步推进能力上台阶、上层次、上水平。要全面加强科学治理能力、依法行政能力、风险防控能力、质量（安全）管理能力、社会共治能力、应急管理能力、国际合作能力建设，不断提高战略思维、历史思维、辩证思维、创新思维、法治思维、底线思维能力，保障食品药品安全治理始终沿着正确的方向前进。

九是食品药品安全治理的模式创新。模式通常是指经过实践检验的可供他人模仿与借鉴的成熟的标准样式。一般认为，模式是主体行为的一般方式，是理论和实践之间的中间环节，具有一般性、简单性、重复性、结构性、稳定性、成熟性、可操作性等显著特征。党的二十大报告提出："从现在起，中国共产党的中心任务就是团结带领全国各族人民全面建成社会主义现代化强国、实现第二个百年奋斗目标，以中国式现代化全面推进中华民族伟大复兴。"中国式现代化的鸿篇巨制必然包含着中国式现代化的食品药品安全治理篇章，而中国式现代化的食品药品安全治理篇章必然包含着中国式现代化的食品药品安全治理模式。打造食品药品安全治理新模式，需要立足中国食品药品安全治理新时代。

十是食品药品安全治理文化的核心内涵。多年来，食品药品监管部门积极探索体现食品药品监管规律、彰显食品药品监管特色的食品药品监管文化：健康、科学、创新、卓越。健康是食品药品安全治理文化的第一价值。食品药品安全治理的根本目标就是保护和促进公众健康。在"保护公众健康"的基础上增加"促进公众健康"，这是食品药品安全治理使命的重大变革。这种变革体现了鲜明的人民性、时代性和创造性特点，是食品药品监管事业改革创新发展的"风向标"。科学是食品药品安全治理文化的第一属性。食品药品安全治理的科学属性体现在食品药品从研发到使用的全过程、从审评到监测评价的各方面。食品药品安全治理必须坚持科学精神、彰显科学品格、运用科学思维、讲究科学方法、树立科学风范，以科学赢得信任、赢得市场、赢得未来。创新是食品药品安全治理文化的第一品格。食品药品安全治理创新涉及理念创新、体制创新、制度创新、机制创新、方式创新、战略创新和文化创新等。卓越是食品药品安全治理文化的第一目标。公众健康的至上性、人民重托的殷切性、社会期待的庄严性、改革创新的艰巨性，决定了食品药品安全治理必须心怀梦想、肩担使命，不断追求卓越，努力实现超越。面对人民对幸福美好生活的向往，面对人民对食品药品安全的期待，卓越正日益成为食品药品监管部门的职业追求和部门风尚。

目　录
contents

一切脱离人民的理论都是苍白无力的，一切不为人民造福的理论都是没有生命力的。

——习近平

第一章 根本遵循

2017 年 10 月，党的十九大将习近平新时代中国特色社会主义思想确立为中国共产党必须长期坚持的指导思想。习近平新时代中国特色社会主义思想，是新时代我国食品药品安全治理工作的根本遵循和行动指南。研究食品药品安全治理文化，推进食品药品安全治理创新，实现食品药品安全治理发展，必须全面深入贯彻落实习近平新时代中国特色社会主义思想，牢牢把握我国食品药品安全治理文化发展的总方向、出发点、落脚点、主旋律、正能量和生命线。

一、精炼的总体要求

党的十八大以来，习近平总书记对全面加强食品药品安全监管工作作出了一系列重要指示批示。如 2013 年 12 月 23—24 日，习近平总书记在中央农村工作会议上强调："食品安全源头在农产品，基础在农业，必须正本清源，首先把农产品质量抓好。要把农产品质量安全作为转变农业发展方式、加快现代农业建设的关键环节，用最严谨的标准、最严格的监管、最严厉的处罚、最严肃的问责，确保广大人民群众'舌尖上的安全'。"这是习近平总书记第一次就食品安全工作提出"四个最严"要求。

2015 年 5 月 29 日，习近平总书记在主持中共中央政治局就健全公共安全体系进行第二十三次集体学习时强调："食品药品安全关系每个人身体健康和生命安全。要用最严谨的标准、最严格的监管、最严厉的处罚、最严肃的问责，确保人民群众'舌尖上的安全'。"这是习近平总书记第一次就食品药品安全工作提出"四个最严"要求。

2016 年 1 月，习近平总书记对食品安全工作作出重要指示，强调要牢固树立以人民为中心的发展理念，坚持党政同责、标本兼治，加强统筹协调，加快完善统一权威的监管体制和制度，落实"四个最严"的要求，切实保障人民群众"舌尖上的安全"。这是习近平总书记第一次提出保障食品安全要实行党政同责。

2016年12月21日，习近平总书记在中央财经领导小组第十四次会议上再次强调，加强食品安全监管，关系全国13亿多人"舌尖上的安全"，关系广大人民群众身体健康和生命安全。要严字当头，严谨标准、严格监管、严厉处罚、严肃问责，各级党委和政府要作为一项重大政治任务来抓。要坚持源头严防、过程严管、风险严控，完善食品药品安全监管体制，加强统一性、权威性。

2017年1月，习近平总书记对食品安全工作作出重要指示，强调坚持最严谨的标准、最严格的监管、最严厉的处罚、最严肃的问责，增强食品安全监管统一性和专业性，切实提高食品安全监管水平和能力。要加强食品安全依法治理，加强基层基础工作，建设职业化检查员队伍，提高餐饮业质量安全水平，加强从"农田到餐桌"全过程食品安全工作，严防、严管、严控食品安全风险，保证广大人民群众吃得放心、安心。

2017年1月24日，习近平总书记在河北省张家口市看望慰问基层干部群众时强调，我国是乳业生产和消费大国，要下决心把乳业做强做优，生产出让人民群众满意、放心的高品质乳业产品，打造出具有国际竞争力的乳业产业，培育出具有世界知名度的乳业品牌。食品安全关系人民身体健康和生命安全，必须坚持最严谨的标准、最严格的监管、最严厉的处罚、最严肃的问责，切实提高监管能力和水平。

习近平总书记有关加强食品药品安全工作的一系列重要指示批示，其总体要求和核心内容可以凝练概括为"四个最严"，即最严谨的标准、最严格的监管、最严厉的处罚、最严肃的问责。"四个最严"要求体现了习近平总书记关于加强新时代食品药品安全工作的世界观和方法论，是我国食品药品安全工作的总体思路、根本遵循和行动指南，必须在食品药品安全工作的总安排、全过程和各方面予以全面贯彻落实。

二、科学的思想体系

习近平总书记有关食品药品安全工作"四个最严"的重要指示批示，是一个科学、系统、丰富、开放的思想体系，主要内容包括：

第一，食品药品安全责任重于泰山。食品药品安全事关民生福祉、经济发展、社会和谐、国家形象和民族尊严，是重大的民生、经济、社会和政治问题。习近平总书记高度重视食品药品安全工作，多次强调食品药品安全责任重于泰山。如2015年7月16日，习近平总书记在吉林敖东药业集团延吉股份有限公司考察时强调，药品安全责任重于泰山。保障药品安全是技术问题、管理工作，也是道德问题、民心工程。2017年1月，习近平总书记对食品安全工作作出重要指示，指出民以食为天，加强食品安全工作，关系我国13亿多人的身体健康和生命安全，必须抓得紧而又紧。这些年，党和政府下了很大气力抓食品安全，食品安全形势不断好转，但存在的问题仍然不少，老百姓仍然有很多期待，必须再接再厉，把工作做细做实，确保人民群众"舌尖上的安全"。

第二，坚持以人民为中心的发展思想保障人民群众饮食用药安全。保障人民健康是食品药品安全治理工作的出发点、落脚点和生命线。习近平总书记多次强调，必须坚持以人民为中心的发展思想，认真解决人民群众最关心、最直接、最现实的突出问题。如2016年5月30日，习近平总书记在全国科技创新大会、两院院士大会、中国科协第九次全国代表大会上强调："要想人民之所想、急人民之所急，聚焦重大疾病防控、食品药品安全、人口老龄化等重大民生问题，大幅增加公共科技供给，让人民享有更宜居的生活环境、更好的医疗卫生服务、更放心的食品药品。"2016年8月19—20日，习近平总书记在全国卫生与健康大会上强调，没有全民健康，就没有全面小康。要把人民健康放在优先发展的战略地位，以普及健康生活、优化健康服务、完善健康保障、建设健康环境、发展健康产业为重点，加快推进健康中国建设，努力全方位、全周期保障人民健康，为实现"两个一百年"奋斗目标、实现中华民族伟大复兴的中国梦打下坚实健康基础。要牢固树立安全发展理念，健全公共安全体系，努力减少公共安全事件对人民生命健康的威胁。2016 年 12 月 21 日，习近平总书记在中央财经领导小组第十四次会议上强调，全面建成小康社会，在保持经济增长的同时，更重要的是落实以人民为中心的发展思想，想群众之所想、急群众之所急、解群众之所困，在学有所教、劳有所得、病有所医、老有所养、住有所居上持续取得新进展。2017 年 10 月 18 日，习近平总书记在中国共产党第十九次全国代表大会上指出："实施食品安全战略，让人民吃得放心。"2018 年 6 月 12—14 日，习近平总书记在山东考察时强调："民之所盼，政之所向。增进民生福祉是发展的根本目的。做民生工作，首先要有为民情怀。要多谋民生之利、多解民生之忧，在发展中补齐民生短板、促进社会公平正义。要坚持以人民为中心的发展思想，扭住人民群众最关心的就业、教育、收入、社保、医疗、养老、居住、环境、食品药品安全、社会治安等问题，扎扎实实把民生工作做好。"

第三，确保食品药品安全是各级党委和政府义不容辞之责。保障食品药品安全，需要建立科学、完备、系统的治理体系。在这一治理体系中，各级党委和政府承担着特殊的、重大的政治责任。如 2016 年 1 月，习近平总书记对食品安全工作作出重要指示强调，当前，我国食品安全形势依然严峻，人民群众热切期盼吃得更放心、吃得更健康。确保食品安全是民生工程、民心工程，是各级党委、政府义不容辞之责。2018 年 7 月 23 日，习近平总书记对吉林长春长生生物疫苗案件作出重要指示，强调："确保药品安全是各级党委和政府义不容辞之责，要始终把人民群众的身体健康放在首位，以猛药去疴、刮骨疗毒的决心，完善我国疫苗管理体制，坚决守住安全底线，全力保障群众切身利益和社会安全稳定大局。"

第四，每家制药企业都必须认真履行社会责任。企业是食品药品的生产经营主体，对食品药品安全承担首要责任、第一责任。习近平总书记多次强调，保障食品药品安全，必须让企业依法认真履行食品药品安全主体责任。如 2015 年 7 月 16 日，习近平总书记在吉林敖东药业集团延吉股份有限公司考察时强调，每家制药企业都必须认真履行社会责任，使每一种药、每一粒药都安全、可靠、放心。2016 年 2 月 3 日，习近平总书记在江西江中药谷制造基地考察时强调，医疗保健是全面建成小康社会的重要方面，要下大气力抓好，生产廉价、高效、优质、群众需要的药品，杜绝假冒伪劣，切实保障老百姓的生命健康权益。

第五，加快完善统一权威的食品药品安全监管体制。统一权威的监管体制是全面提升食品药品安全治理效能的关键。在食品药品安全监管改革中，监管体制改革具有牵一发而动全身的重要地位。习近平总书记从党和国家事业发展的全局出发，多次强调"加快完善统一权威的监管体制""改革完善食品药品监管体制""完善我国疫苗管理体制""改革完善中医药管理体制机制""深化医药卫生体制改革"等。如2016年1月，习近平总书记对食品安全工作作出重要指示，强调要牢固树立以人民为中心的发展理念，坚持党政同责、标本兼治，加强统筹协调，加快完善统一权威的监管体制和制度，落实"四个最严"的要求，切实保障人民群众"舌尖上的安全"。2016年12月21日，习近平总书记在中央财经领导小组第十四次会议上强调，要坚持源头严防、过程严管、风险严控，完善食品药品安全监管体制，加强统一性、权威性。2019年7月24日，习近平总书记在中央全面深化改革委员会第九次会议上强调，要健全中医药服务体系，推动中医药事业和产业高质量发展，加强中医药人才队伍建设，促进中医药传承和开放创新发展，改革完善中医药管理体制机制，发挥中医药在疾病治疗和预防中的特殊作用。2022年10月16日，习近平总书记在中国共产党第二十次全国代表大会上作报告，强调："深化医药卫生体制改革，促进医保、医疗、医药协同发展和治理。"

第六，严把食品药品全生命周期质量安全的每一道防线。食品药品安全风险贯穿于产品全生命周期和全产业链条，保障食品药品安全必须坚持全程治理、全域治理。习近平总书记高度重视食品药品安全的全生命周期治理，要求严把每一道防线。如2015年5月29日，习近平总书记在主持中共中央政治局就健全公共安全体系进行第二十三次集体学习时强调："要着力解决违规使用高剧毒农药、滥用抗生素和激素类药物、非法使用'瘦肉精'和孔雀石绿等添加物，重点打击农村、城乡接合部、学校周边销售违禁超限、假冒伪劣食品药品，一项一项整治，务求取得实际效果。""要用最严谨的标准、最严格的监管、最严厉的处罚、最严肃的问责，确保人民群众'舌尖上的安全'。要加快相关安全标准制定，加快建立科学完善的食品药品安全治理体系，努力实现食品药品质量安全稳定可控、保障水平明显提升。要坚持产管并重，加快建立健全覆盖生产加工到流通消费的全程监管制度，加快检验检测技术装备和信息化建设，严把从农田到餐桌、从实验室到医院的每一道防线，着力防范系统性、区域性风险。"2016 年 8 月 19—20 日，习近平总书记在出席全国卫生与健康大会时强调，要贯彻食品安全法，完善食品安全体系，加强食品安全监管，严把从农田到餐桌的每一道防线。2016 年 12 月 30 日，习近平总书记主持召开中央全面深化改革领导小组第三十一次会议，审议通过《关于进一步改革完善药品生产流通使用政策的若干意见》。会议强调，改革完善药品生产流通使用政策，要严格药品上市审评审批制度，加快推进药品质量和疗效一致性评价，有序推进药品上市许可持有人制度试点，加强药品生产质量安全监管。要完善药品、耗材、医疗器械采购机制，推行药品购销"两票制"改革，减少流通环节，净化流通环境，整治突出问题。2017 年 4 月 18 日，习近平总书记主持召开中央全面深化改革领导小组第三十四次会议，审议通过《关于改革完善短缺药品供应保障机制的实施意见》。会议强调，改革完善短缺药品供应保障机制，要强化政府责任，加强相关职能部门衔接配合，完善监测预警和清单管理制度，建立分级联动应对机制，区分不同情况，采取定点生产、协调应急生产和进口、加强协商调剂、完善短缺药品储备等措施，打通短缺药品研发、生产、流通、采购等各个环节，更好满足人民健康和临床合理用药需求。2017 年 10 月 18 日，习近平总书记在中国共产党第十九次全国代表大会上强调："要完善国民健康政策，为人民群众提供全方位全周期健康服务。深化医药卫生体制改革，全面建立中国特色基本医疗卫生制度、医疗保障制度和优质高效的医疗卫生服务体系，健全现代医院管理制度。加强基层医疗卫生服务体系和全科医生队伍建设。全面取消以药养医，健全药品供应保障制度。坚持预防为主，深入开展爱国卫生运动，倡导健康文明生活方式，预防控制重大疾病。"2018 年 1 月 23 日，习近平总书记主持召开中央全面深化改革领导小组第二次会议，审议通过《关于改革完善仿制药供应保障及使用政策的若干意见》。

会议强调，改革完善仿制药供应保障及使用政策，要从群众需求出发，把临床必需、疗效确切、供应短缺、防治重大传染病和罕见病、处置突发公共卫生事件、儿童用药等作为重点，促进仿制药研发创新，提升质量疗效，提高药品供应保障能力，更好保障广大人民群众用药需求。2019年5月29日，习近平总书记主持召开中央全面深化改革委员会第八次会议，审议通过《关于治理高值医用耗材的改革方案》。会议强调，高值医用耗材治理关系减轻人民群众医疗负担。要坚持问题导向，通过优化制度、完善政策、创新方式，理顺高值医用耗材价格体系，完善全流程监督管理，净化市场环境和医疗服务执业环境，推动形成高值医用耗材质量可靠、流通快捷、价格合理、使用规范的治理格局，促进行业健康有序发展。

第七，把生物医药产业发展的命脉牢牢掌握在我们自己手中。生物医药产业是国家战略性新兴产业。近年来，全球生物医药产业蓬勃发展而竞争激烈。习近平总书记以全球战略思维，强调我国必须把握大趋势、掌握主动权、谋划新赛道、抢占制高点，进一步加快生物医药产业发展。如2020年11月12日，习近平总书记在浦东开发开放30周年庆祝大会上发表重要讲话，强调："要聚焦关键领域发展创新型产业，加快在集成电路、生物医药、人工智能等领域打造世界级产业集群。"2023年5月12日，习近平总书记在河北考察并主持召开深入推进京津冀协同发展座谈会时指出，生物医药产业是关系国计民生和国家安全的战略性新兴产业。要加强基础研究和科技创新能力建设，把生物医药产业发展的命脉牢牢掌握在我们自己手中。要坚持人民至上、生命至上，研发生产更多适合中国人生命基因传承和身体素质特点的"中国药"，特别是要加强中医药传承创新发展。

第八，促进中医药传承创新发展。中医药学是中国古代科学的瑰宝，是打开中华文明宝库的钥匙。习近平总书记以道路自信、理论自信、制度自信、文化自信的定力和气魄，从重要地位、独特优势、工作方针、战略重点、战略方向等方面，全面擘画我国中医药传承创新发展。如2015年12月18日，习近平总书记在致中国中医科学院成立60周年贺信中指出："当前，中医药振兴发展迎来天时、地利、人和的大好时机，希望广大中医药工作者增强民族自信，勇攀医学高峰，深入发掘中医药宝库中的精华，充分发挥中医药的独特优势，推进中医药现代化，推动中医药走向世界，切实把中医药这一祖先留给我们的宝贵财富继承好、发展好、利用好，在建设健康中国、实现中国梦的伟大征程中谱写新的篇章。"2016 年 2 月 3 日，习近平总书记在江西江中药谷制造基地考察时强调："中医药是中华民族的瑰宝，一定要保护好、发掘好、发展好、传承好。"2016 年 8 月 19 日，习近平总书记在出席全国卫生与健康大会时强调："我们要把老祖宗留给我们的中医药宝库保护好、传承好、发展好，坚持古为今用，努力实现中医药健康养生文化的创造性转化、创新性发展，使之与现代健康理念相融相通，服务于人民健康。"2017 年 7 月 6 日，习近平主席在致 2017 年金砖国家卫生部长会暨传统医药高级别会议的贺信中指出："传统医药是优秀传统文化的重要载体，在促进文明互鉴、维护人民健康等方面发挥着重要作用。中医药是其中的杰出代表，以其在疾病预防、治疗、康复等方面的独特优势受到许多国家民众广泛认可。"2017 年 10 月 18 日，习近平总书记在中国共产党第十九次全国代表大会上强调："坚持中西医并重，传承发展中医药事业。"2018 年 10 月 22 日，习近平总书记在珠海横琴新区粤澳合作中医药科技产业园考察时强调，中医药学是中华文明的瑰宝。要深入发掘中医药宝库中的精华，推进产学研一体化，推进中医药产业化、现代化，让中医药走向世界。2019 年 7 月 24 日，习近平总书记在中央全面深化改革委员会第九次会议上强调，坚持中西医并重，推动中医药和西医药相互补充、协调发展，是我国卫生与健康事业的显著优势。要健全中医药服务体系，推动中医药事业和产业高质量发展，加强中医药人才队伍建设，促进中医药传承和开放创新发展，改革完善中医药管理体制机制，发挥中医药在疾病治疗和预防中的特殊作用。2019 年 10 月 25 日，习近平总书记对全国中医药大会召开作出重要指示，要遵循中医药发展规律，传承精华，守正创新，加快推进中医药现代化、产业化，坚持中西医并重，推动中医药和西医药相互补充、协调发展，推动中医药事业和产业高质量发展，推动中医药走向世界，充分发挥中医药防病治病的独特优势和作用，为建设健康中国、实现中华民族伟大复兴的中国梦贡献力量。2020 年 6 月 2 日，习近平总书记主持召开专家学者座谈会并发表重要讲话，强调要加强古典医籍精华的梳理和挖掘，建设一批科研支撑平台，改革完善中药审评审批机制，促进中药新药研发和产业发展。要加强中医药服务体系建设，提高中医院应急和救治能力。要强化中医药特色人才建设，打造一支高水平的国家中医疫病防治队伍。要加强对中医药工作的组织领导，推动中西医药相互补充、协调发展。2021 年 3 月 6 日，习近平总书记看望参加全国政协十三届四次会议的医药卫生界、教育界委员并发表重要讲话，强调要做好中医药守正创新、传承发展工作，建立符合中医药特点的服务体系、服务模式、管理模式、人才培养模式，使传统中医药发扬光大。要科学总结和评估中西药在治疗新冠肺炎方面的效果，用科学的方法说明中药在治疗新冠肺炎中的疗效。2022 年 10 月 16 日，习近平总书记在中国共产党第二十次全国代表大会上指出："促进中医药传承创新发展。"

第九，加快实现高端医疗装备自主可控。医疗装备是保护和促进公众健康的重要手段。长期以来，我国高端医疗装备存在短板，与高品质生活、高质量发展、高水平安全的要求不相适应。为实现高端医疗装备自主可控，习近平总书记以对人民健康的深切关怀和对民族产业的殷切期望，多次强调要加快关键核心技术攻关，加快高端医疗装备国产化进程，加快补齐我国高端医疗装备短板，加快解决一批医疗器械、医用设备"卡脖子"问题。如 2014 年 5 月 24 日，习近平总书记在上海联影医疗科技有限公司考察时强调，医疗设备是现代医疗业发展的必备手段，现在一些高端医疗设备基层买不起、老百姓用不起，要加快高端医疗设备国产化进程，降低成本，推动民族品牌企业不断发展。2020 年 3 月 2 日，习近平总书记在北京考察新冠肺炎防控科研攻关工作时强调，要加快补齐我国高端医疗装备短板，加快关键核心技术攻关，突破技术装备瓶颈，实现高端医疗装备自主可控。2021 年 3 月 6 日，习近平总书记看望参加全国政协十三届四次会议的医药卫生界、教育界委员时强调，要集中力量开展关键核心技术攻关，加快解决一批药品、医疗器械、医用设备、疫苗等领域"卡脖子"问题。

第十，全面加强食品药品监管能力建设。能力建设是食品药品安全治理永恒的主题。习近平总书记多次强调，要加强食品药品安全治理体系和治理能力建设。如2021年2月19日，习近平总书记主持召开中央全面深化改革委员会第十八次会议，审议通过《关于全面加强药品监管能力建设的实施意见》，指出全面加强药品监管能力建设，要坚持人民至上、生命至上，深化审评审批制度改革，推进监管创新，加强监管队伍建设，建立健全科学、高效、权威的药品监管体系，坚决守住药品安全底线。要系统总结这次抗疫的经验做法，健全完善突发重特大公共卫生事件中检验检测、体系核查、审评审批、监测评价、紧急使用等工作机制，提升药品监管应急处置能力。

第十一，积极推动建设人类卫生健康共同体。食品药品安全事关人类健康、人类安全。习近平总书记高度重视人类卫生健康共同体的建设。如2013年9月13日，习近平主席在上海合作组织成员国元首理事会第十三次会议上提出："建立粮食安全合作机制。在农业生产、农产品贸易、食品安全等领域加强合作，确保粮食安全。"2020年3月2日，习近平总书记在北京考察新冠肺炎防控科研攻关工作时强调，要加强同世界卫生组织沟通交流，同有关国家特别是疫情高发国家在溯源、药物、疫苗、检测等方面的科研合作，共享科研数据和信息，共同研究提出应对策略，为推动构建人类命运共同体贡献智慧和力量。2020年4月17日，习近平总书记主持召开中共中央政治局会议，强调要深入推进疫情防控国际合作，同世界卫生组织深化交流合作，继续向有关国家提供力所能及的帮助，以多种方式为国际防疫合作贡献力量。2021年4月20日，习近平主席在博鳌亚洲论坛2021年年会开幕式上发表主旨演讲时提出："要加强疫苗研发、生产、分配国际合作，提高疫苗在发展中国家的可及性和可负担性，让各国人民真正用得上、用得起。"2021年5月21日，习近平主席在全球健康峰会上发表重要讲话时提出："疫苗研发和生产大国要负起责任，多提供一些疫苗给有急需的发展中国家，支持本国企业同有能力的国家开展联合研究、授权生产。"2021年9月3日，习近平主席在第六届东方经济论坛全会开幕式上致辞时提出："我们要在应对疫情挑战方面相互助力，加强疫苗研发、生产合作，为国际社会提供更多公共产品……"2021年9月21日，习近平主席在第七十六届联合国大会一般性辩论上发表重要讲话时提出："要把疫苗作为全球公共产品，确保发展中国家的可及性和可负担性，当务之急是要在全球范围内公平合理分配疫苗。"2021年10月30日，习近平主席出席二十国集团领导人第十六次峰会第一阶段会议并发表重要讲话，提出："加强疫苗科研合作，支持疫苗企业同发展中国家联合研发生产。""坚持公平公正，加大向发展中国家提供疫苗力度……""公平对待各种疫苗，以世界卫生组织疫苗紧急使用清单为依据推进疫苗互认。"2021年11月12日，习近平主席出席亚太经合组织第二十八次领导人非正式会议并发表重要讲话，提出："要科学应对疫情，深化国际合作，促进疫苗研发、生产、公平分配……"2022年4月21日，习近平主席在博鳌亚洲论坛2022年年会开幕式上发表主旨演讲时提出："要坚持疫苗作为全球公共产品的属性，确保疫苗在发展中国家的可及性和可负担性。"2022年4月25日，习近平主席在向青蒿素问世50周年暨助力共建人类卫生健康共同体国际论坛致贺信时指出，青蒿素是中国首先发现并成功提取的特效抗疟药，问世50年来，帮助中国完全消除了疟疾，同时中国通过提供药物、技术援助、援建抗疟中心、人员培训等多种方式，向全球积极推广应用青蒿素，挽救了全球特别是发展中国家数百万人的生命，为全球疟疾防治、佑护人类健康作出了重要贡献。

三、崇高的政治品格

习近平总书记有关食品药品安全"四个最严"要求，充分体现了总书记真挚的为民情怀、强烈的忧患意识、厚重的责任担当、求是的科学品格、昂扬的斗争精神和宽广的国际视野。

第一，真挚的为民情怀。人民观是马克思主义政党的强大根基和习近平新时代中国特色社会主义思想的鲜明特色。习近平总书记多次强调："人民对美好生活的向往，就是我们的奋斗目标。""中国共产党根基在人民，血脉在人民，力量在人民。""人民健康是民族昌盛和国家强盛的重要标志。""人民是我们党执政的最深厚基础和最大底气。""为人民而生，因人民而兴，始终同人民在一起，为人民利益而奋斗，是我们党立党兴党强党的根本出发点和落脚点。""确保人民群众生命安全和身体健康，是我们党治国理政的一项重大任务。""党的一切工作，必须以最广大人民根本利益为最高标准。""让人民过上好日子，是我们一切工作的出发点和落脚点。""江山就是人民、人民就是江山，打江山、守江山，守的是人民的心。""历史充分证明，江山就是人民，人民就是江山，人心向背关系党的生死存亡。赢得人民信任，得到人民支持，党就能够克服任何困难，就能够无往而不胜。反之，我们将一事无成，甚至走向衰败。""民之所忧，我必念之；民之所盼，我必行之。""民之所盼，政之所向。""时代是出卷人，我们是答卷人，人民是阅卷人。"如 2016 年 8 月 19—20 日，习近平总书记在出席全国卫生与健康大会时强调，要牢固树立安全发展理念，健全公共安全体系，努力减少公共安全事件对人民生命健康的威胁。要把人民健康放在优先发展的战略地位，以普及健康生活、优化健康服务、完善健康保障、建设健康环境、发展健康产业为重点，加快推进健康中国建设，努力全方位、全周期保障人民健康。2017 年 10 月 18 日，习近平总书记在中国共产党第十九次全国代表大会上强调："实施健康中国战略。""要完善国民健康政策，为人民群众提供全方位全周期健康服务。"2018年 6 月 12—14 日，习近平总书记在山东考察时强调："做民生工作，首先要有为民情怀。要多谋民生之利、多解民生之忧，在发展中补齐民生短板、促进社会公平正义。"2020 年 2 月 14 日，习近平总书记在中央全面深化改革委员会第十二次会议上强调，要从保护人民健康、保障国家安全、维护国家长治久安的高度，把生物安全纳入国家安全体系，系统规划国家生物安全风险防控和治理体系建设，全面提高国家生物安全治理能力。

第二，强烈的忧患意识。当代社会属于风险社会，当代世界属于风险世界。面对国内外复杂局势和我国改革发展稳定的艰巨任务，习近平总书记以强烈的忧患意识和坚定的创新精神推进中国巨轮乘风破浪前行。如2013 年 12 月 10 日，习近平总书记在中央经济工作会议上指出："我国正处于跨越'中等收入陷阱'并向高收入国家迈进的历史阶段，矛盾和风险比从低收入国家迈向中等收入国家时更多更复杂。"2015 年 5 月 29 日，习近平总书记在主持中共中央政治局就健全公共安全体系进行第二十三次集体学习时强调，我们要安而不忘危、治而不忘乱，增强忧患意识和责任意识，始终保持高度警觉，任何时候都不能麻痹大意。维护公共安全，要坚持问题导向，从人民群众反映最强烈的问题入手，高度重视并切实解决公共安全面临的一些突出矛盾和问题，着力补齐短板、堵塞漏洞、消除隐患，着力抓重点、抓关键、抓薄弱环节，不断提高公共安全水平。2016年1月18日，习近平总书记在省部级主要领导干部学习贯彻十八届五中全会精神专题研讨班开班式上强调："当前和今后一个时期，我们在国际国内面临的矛盾风险挑战都不少，决不能掉以轻心。各种矛盾风险挑战源、各类矛盾风险挑战点是相互交织、相互作用的。如果防范不及、应对不力，就会传导、叠加、演变、升级，使小的矛盾风险挑战发展成大的矛盾风险挑战，局部的矛盾风险挑战发展成系统的矛盾风险挑战，国际上的矛盾风险挑战演变为国内的矛盾风险挑战，经济、社会、文化、生态领域的矛盾风险挑战转化为政治矛盾风险挑战，最终危及党的执政地位、危及国家安全。"2019年1月21日，习近平总书记在省部级主要领导干部坚持底线思维着力防范化解重大风险专题研讨班开班式上强调："面对波谲云诡的国际形势、复杂敏感的周边环境、艰巨繁重的改革发展稳定任务，我们必须始终保持高度警惕，既要高度警惕'黑天鹅'事件，也要防范'灰犀牛'事件；既要有防范风险的先手，也要有应对和化解风险挑战的高招；既要打好防范和抵御风险的有准备之战，也要打好化险为夷、转危为机的战略主动战。""我们必须积极主动、未雨绸缪，见微知著、防微杜渐，下好先手棋，打好主动仗，做好应对任何形式的矛盾风险挑战的准备……"2022年1月11日，习近平总书记在省部级主要领导干部学习贯彻党的十九届六中全会精神专题研讨班开班式上强调："当代中国正在经历人类历史上最为宏大而独特的实践创新，改革发展稳定任务之重、矛盾风险挑战之多、治国理政考验之大都前所未有，世界百年未有之大变局深刻变化前所未有，提出了大量亟待回答的理论和实践课题。推进马克思主义中国化时代化的任务不是轻了，而是更重了。"2023年2月7日，习近平总书记在新进中央委员会的委员、候补委员和省部级主要领导干部学习贯彻习近平新时代中国特色社会主义思想和党的二十大精神研讨班开班式上强调，推进中国式现代化，是一项前无古人的开创性事业，必然会遇到各种可以预料和难以预料的风险挑战、艰难险阻甚至惊涛骇浪，必须增强忧患意识，坚持底线思维，居安思危、未雨绸缪，敢于斗争、善于斗争，通过顽强斗争打开事业发展新天地。要保持战略清醒，对各种风险挑战做到胸中有数；保持战略自信，增强斗争的底气；保持战略主动，增强斗争本领。2016 年 1 月，习近平总书记对食品安全工作作出重要指示，强调当前，我国食品安全形势依然严峻，人民群众热切期盼吃得更放心、吃得更健康。2020 年 9 月 11 日，习近平总书记主持召开科学家座谈会并发表重要讲话，指出："我国人口老龄化程度不断加深，人民对健康生活的要求不断提升，生物医药、医疗设备等领域科技发展滞后问题日益凸显。"2022 年 6 月 8 日，习近平总书记在四川考察时指出："乡亲们吃穿不愁后，最关心的就是医药问题。"

第三，厚重的责任担当。"责任重于泰山，事业任重道远。"这是 2012 年 11 月 15 日习近平总书记在党的第十八届中央委员会第一次全体会议上和中共中央政治局常委同中外记者见面时提出的重要信念。习近平总书记多次强调，食品药品安全责任重于泰山。如 2016 年 1 月，习近平总书记对食品安全工作作出重要指示，强调确保食品安全是民生工程、民心工程，是各级党委、政府义不容辞之责。要牢固树立以人民为中心的发展理念，坚持党政同责、标本兼治，加强统筹协调，加快完善统一权威的监管体制和制度，落实"四个最严"的要求，切实保障人民群众"舌尖上的安全"。2017 年 4 月 18 日，习近平总书记主持召开中央全面深化改革领导小组第三十四次会议，审议通过《关于改革完善短缺药品供应保障机制的实施意见》。会议强调，改革完善短缺药品供应保障机制，要强化政府责任，加强相关职能部门衔接配合，完善监测预警和清单管理制度，建立分级联动应对机制，区分不同情况，采取定点生产、协调应急生产和进口、加强协商调剂、完善短缺药品储备等措施，打通短缺药品研发、生产、流通、采购等各个环节，更好满足人民健康和临床合理用药需求。2021 年 5 月 21 日，习近平主席在全球健康峰会上发表重要讲话，指出：

"疫苗研发和生产大国要负起责任，多提供一些疫苗给有急需的发展中国家，支持本国企业同有能力的国家开展联合研究、授权生产。"

第四，求是的科学品格。食品药品安全工作具有鲜明的科学属性。习近平总书记多次强调，从事食品药品安全工作必须尊重科学规律，弘扬科学精神，讲究科学方法。如 2019 年 10 月 25 日，习近平总书记对全国中医药大会召开作出重要指示，要遵循中医药发展规律，传承精华，守正创新，加快推进中医药现代化、产业化，坚持中西医并重，推动中医药和西医药相互补充、协调发展，推动中医药事业和产业高质量发展，推动中医药走向世界，充分发挥中医药防病治病的独特优势和作用，为建设健康中国、实现中华民族伟大复兴的中国梦贡献力量。2020 年 1 月 25 日，习近平总书记在中共中央政治局常务委员会会议上强调，要加强联防联控工作，加强有关药品和物资供给保障工作。要不断完善诊疗方案，坚持中西医结合，尽快明确诊疗程序、有效治疗药物、重症病人的抢救措施。要及早研判疫情传播扩散风险，加强溯源和病原学检测分析，加快治疗药品和疫苗研发，提高疫情防控的科学性和有效性。2021 年 2 月 19 日，习近平总书记在主持召开中央全面深化改革委员会第十八次会议时强调，全面加强药品监管能力建设，要坚持人民至上、生命至上，深化审评审批制度改革，推进监管创新，加强监管队伍建设，建立健全科学、高效、权威的药品监管体系，坚决守住药品安全底线。2021 年 3 月 6 日，习近平总书记看望参加全国政协十三届四次会议的医药卫生界、教育界委员并发表重要讲话，指出要科学总结和评估中西药在治疗新冠肺炎方面的效果，用科学的方法说明中药在治疗新冠肺炎中的疗效。2021 年 9 月 17 日，习近平总书记在上海合作组织成员国元首理事会第二十一次会议上发表重要讲话，指出："应对新冠肺炎疫情仍是当前最紧迫的任务。我们要秉持人民至上、生命至上理念，弘扬科学精神，深入开展国际抗疫合作，推动疫苗公平合理分配，坚决抵制病毒溯源政治化。"2021 年 9 月 29 日，习近平总书记在主持中共中央政治局就加强我国生物安全建设进行第三十三次集体学习时发表重要讲话，指出要促进生物技术健康发展，在尊重科学、严格监管、依法依规、确保安全的前提下，有序推进生物育种、生物制药等领域产业化应用。要把优秀传统理念同现代生物技术结合起来，中西医结合、中西药并用，集成推广生物防治、绿色防控技术和模式，协同规范抗菌药物使用，促进人与自然和谐共生。2021 年 11 月 12 日，习近平主席出席亚太经合组织第二十八次领导人非正式会议并发表重要讲话，指出："要科学应对疫情，深化国际合作，促进疫苗研发、生产、公平分配……"2022 年 3 月 17 日，习近平主席主持召开中共中央政治局常务委员会会议，指出要提高科学精准防控水平，不断优化疫情防控举措，加强疫苗、快速检测试剂和药物研发等科技攻关，使防控工作更有针对性。

第五，昂扬的斗争精神。斗争精神是马克思主义者的精神底色。一部马克思主义发展史，就是马克思主义者不懈斗争的历史。马克思指出："如果斗争只是在机会绝对有利的条件下才着手进行，那么创造世界历史未免就太容易了。"习近平总书记多次要求，要发扬斗争精神、增强斗争本领。如 2022 年 10 月 16 日，习近平总书记在党的二十大强调："中国共产党已走过百年奋斗历程。我们党立志于中华民族千秋伟业，致力于人类和平与发展崇高事业，责任无比重大，使命无上光荣。全党同志务必不忘初心、牢记使命，务必谦虚谨慎、艰苦奋斗，务必敢于斗争、善于斗争，坚定历史自信，增强历史主动，谱写新时代中国特色社会主义更加绚丽的华章。""坚持发扬斗争精神。增强全党全国各族人民的志气、骨气、底气，不信邪、不怕鬼、不怕压，知难而进、迎难而上，统筹发展和安全，全力战胜前进道路上各种困难和挑战，依靠顽强斗争打开事业发展新天地。"2023 年 2 月 7 日，习近平总书记在新进中央委员会的委员、候补委员和省部级主要领导干部学习贯彻习近平新时代中国特色社会主义思想和党的二十大精神研讨班开班式上强调，推进中国式现代化，是一项前无古人的开创性事业，必然会遇到各种可以预料和难以预料的风险挑战、艰难险阻甚至惊涛骇浪，必须增强忧患意识，坚持底线思维，居安思危、未雨绸缪，敢于斗争、善于斗争，通过顽强斗争打开事业发展新天地。要保持战略清醒，对各种风险挑战做到胸中有数；保持战略自信，增强斗争的底气；保持战略主动，增强斗争本领。要加强能力提升，让领导干部特别是年轻干部经受严格的思想淬炼、政治历练、实践锻炼、专业训练，在复杂严峻的斗争中经风雨、见世面、壮筋骨、长才干。2023 年 7 月 1 日，习近平总书记在《求是》杂志（2023 年第 13 期）发表文章，强调："党员干部特别是领导干部要发扬历史主动精神，在机遇面前主动出击，不犹豫、不观望；在困难面前迎难而上，不推诿、不逃避；在风险面前积极应对，不畏缩、不躲闪。"在食品药品安全领域，要保持昂扬的斗争精神。习近平总书记强调：食品药品安全工作"必须坚持最严谨的标准、最严格的监管、最严厉的处罚、最严肃的问责""必须抓得紧而又紧""必须再接再厉"；食品药品企业"必须认真履行社会责任"；必须加强全生命周期质量监管，必须严厉惩处各类违法犯罪行为；必须确保公众饮食用药安全。

　　第六，宽广的国际视野。习近平总书记以全球宏大视野把握国际发展大势。如 2013 年 3 月 23 日，习近平主席首次面向世界提出人类命运共同体的重要理念："这个世界，各国相互联系、相互依存的程度空前加深，人类生活在同一个地球村里，生活在历史和现实交汇的同一个时空里，越来越成为你中有我、我中有你的命运共同体。"2023 年 3 月 15 日，习近平总书记在北京出席中国共产党与世界政党高层对话会并发表题为《携手同行现代化之路》的主旨讲话，提出："人类是一个一荣俱荣、一损俱损的命运共同体。任何国家追求现代化，都应该秉持团结合作、共同发展的理念，走共建共享共赢之路。"2020 年 3 月 26 日，习近平主席在北京出席二十国集团领导人应对新冠肺炎特别峰会并发表题为《携手抗疫　共克时艰》的重要讲话，提出："要集各国之力，共同合作加快药物、疫苗、检测等方面科研攻关，力争早日取得惠及全人类的突破性成果。""要共同维护全球产业链供应链稳定，中国将加大力度向国际市场供应原料药、生活必需品、防疫物资等产品。"2020 年 11 月 27 日，习近平主席在第十七届中国-东盟博览会和中国-东盟商务与投资峰会开幕式上致辞，提出："中方愿同东盟开展公共卫生领域政策对话，完善合作机制，携手抗击新冠肺炎疫情，加强信息分享和疫苗生产、研发、使用合作。中方将在疫苗投入使用后积极考虑东盟国家需求，为东盟抗疫基金提供资金支持，共同建设应急医疗物资储备库，建立中国-东盟公共卫生应急联络机制。"2021 年 8 月 5 日，习近平主席向新冠疫苗合作国际论坛首次会议发表书面致辞，提出中国始终秉持人类卫生健康共同体理念，向世界特别是广大发展中国家提供疫苗，积极开展合作生产。2022 年 1 月 17 日，习近平主席出席 2022 年世界经济论坛视频会议并发表演讲，提出："世界各国要加强国际抗疫合作，积极开展药物研发合作，共筑多重抗疫防线，加快建设人类卫生健康共同体。特别是要用好疫苗这个有力武器，确保疫苗公平分配，加快推进接种速度，弥合国际'免疫鸿沟'，把生命健康守护好、把人民生活保障好。"

江山就是人民、人民就是江山，打江山、守江山，守的是人民的心。

——习近平

第二章　治理使命

研究中国食品药品安全治理文化，应当从哪里起步呢？有的主张从食品药品安全治理基本范畴的认知上入手，有的主张从理性把握食品药品安全科学与监管的关系开始，有的主张从加强食品药品安全治理体系和治理能力建设出发，有的主张从推进食品药品安全治理文化守正与创新发力。从全球视野看，从研究食品药品安全治理使命出发，可以说是最佳的选择。这是因为，食品药品安全事关人民健康，是企业、政府、社会的共同追求，是重大的民生、经济、社会和政治问题，研究这一"国之大者""民之心者"，必然需要科学的世界观和方法论，而世界观的武装最基础、最根本、最长远，是第一位的。中国食品药品安全治理文化建设，必须体现出中国坚定的政治立场、鲜明的价值取向和优秀的传统文化。从食品药品安全治理使命出发，研究食品药品安全治理文化创新，抓住了根本，抓住了关键，抓住了要害。

谈及使命，许多人不由自主地想起1835年17岁的卡尔·马克思在他的高中毕业论文《青年在选择职业时的考虑》中写下的精彩篇章："如果我们选择了最能为人类而工作的职业，那么，重担就不能把我们压倒，因为这是为大家作出的牺牲；那时我们所享受的就不是可怜的、有限的、自私的乐趣，我们的幸福将属于千百万人，我们的事业将悄然无声地存在下去，但是它会永远发挥作用，而面对我们的骨灰，高尚的人们将洒下热泪。"自马克思主义诞生之日起，为全人类的自由、解放与幸福而奋斗，就成为共产党人的崇高使命。

使命，原指"出使的人所领受的重大任务"，也有人将其阐释为"使出性命而为之奋斗的重大责任"。使命，通常是指组织或者个人存在的核心价值、终极目标和根本意义，是组织或者个人担负的重大责任，是组织或者个人核心价值观的集中体现，是组织或者个人生命意义的根本定位。优秀的组织往往都有自己独特的使命，以形成和表达组织全体成员的共同意志和坚定信念。所以，谈及使命，人们往往会用神圣、崇高、庄严、光荣、伟大等词语来形容，以彰显使命的特殊地位、价值和意义。历史证明，一个政党、一个社会、一个组织，有了神圣、崇高、庄严、光荣、伟大的使命，无论面对什么困难和挑战，无论面对什么挫折与失败，都会有钢筋铁骨，都能坚忍不拔、百折不挠、无怨无悔、一往无前。

一、强大的内驱动力

在文化建设中，使命最能体现出政治立场、价值取向和文化传统。习近平总书记多次强调："使命呼唤担当，使命引领未来。""不忘初心，方得始终。""历史是从昨天走到今天再走向明天，历史的联系是不可能割断的，人们总是在继承前人的基础上向前发展的。""无论我们走得多远，都不能忘记来时的路。"2017 年 10 月，习近平总书记在党的十九大报告中提出："在全党开展'不忘初心、牢记使命'主题教育，用党的创新理论武装头脑，推动全党更加自觉地为实现新时代党的历史使命不懈奋斗。"从 2019 年 6 月开始，全党自上而下开展以"守初心、担使命，找差距、抓落实"为总要求的"不忘初心、牢记使命"主题教育。实践启示我们，一个政党、一个社会、一个组织，抓住了初心和使命，就抓住了源头和根本，就抓住了灵魂与生命，就抓住了精髓和要义。

第一，许多哲学家、思想家、政治家给予使命以精彩而丰富的论述。如古希腊哲学家赫拉克利特（Heraclitus，约公元前 540—公元前 480 年）提出："使命如同燃烧的火焰，点燃我们内心的激情和奉献精神。"美国小说家纳撒尼尔·霍桑（Nathaniel Hawthorne，1804—1864 年）提出："使命就像是一颗明亮的北斗星，指引我们的道路，引领我们前进。"俄国作家、哲学家列夫·托尔斯泰（Leo Tolstoy，1828—1910 年）提出："人类的使命在于自强不息地追求完美。"美国作家马克·吐温（Mark Twain，1835—1910 年）提出："人生最大的幸福，就是找到自己的使命，并为之奋斗不息。"苏联作家、政论家马克西姆·高尔基（Maxim Gorky，1868—1936 年）提出："我们的使命是照亮整个世界，熔化世上的黑暗，找到自己和世界之间的和谐，并建立自己内心的和谐。"苏联教育家苏霍姆林斯基（Cyxomjnhcknn，1918—1970 年）提出："人的使命，就是为了人民而生活。"此外，还有一些专家学者提出："使命是永不放弃的信念。""使命是点亮心灵的太阳。""使命是照亮黑暗的火把。""使命是超越平凡的动力。""使命是打开真谛的钥匙。""使命是改变世界的力量。"等等。从上述论述中可以看出：使命是一种重大的责任，是一种可贵的担当，是一种强大的力量，是一种永恒的价值；使命是一种不竭的原动力，是一种强大的引领力，是一枚不变的指南针，是一座明亮的导航塔。

第二，中国共产党人给予使命以深刻而透彻的阐述。习近平总书记将"践行初心、担当使命"概括为中国共产党的伟大建党精神之一，强调："中国共产党一经成立，就把实现共产主义作为党的最高理想和最终目标，义无反顾肩负起实现中华民族伟大复兴的历史使命，团结带领人民进行了艰苦卓绝的斗争，谱写了气吞山河的壮丽史诗。""中国共产党人的初心和使命，就是为中国人民谋幸福，为中华民族谋复兴。这个初心和使命是激励中国共产党人不断前进的根本动力。""为中国人民谋幸福，为中华民族谋复兴，是中国共产党人的初心和使命，是激励一代代中国共产党人前赴后继、英勇奋斗的根本动力。""团结带领全国各族人民在中国特色社会主义道路上全面建成小康社会，进而全面建成社会主义现代化强国、实现中华民族伟大复兴，是新时代中国共产党的历史使命。""中国共产党是为中国人民谋幸福的政党，也是为人类进步事业而奋斗的政党。中国共产党始终把为人类作出新的更大的贡献作为自己的使命。""不忘初心，牢记使命，就不要忘记我们是共产党人，我们是革命者，不要丧失了革命精神。""我们要始终把人民立场作为根本立场，把为人民谋幸福作为根本使命，坚持全心全意为人民服务的根本宗旨，贯彻群众路线，尊重人民主体地位和首创精神，始终保持同人民群众的血肉联系，凝聚起众志成城的磅礴力量，团结带领人民共同创造历史伟业。这是尊重历史规律的必然选择，是共产党人不忘初心、牢记使命的自觉担当。""必须看到……决胜全面建成小康社会的艰巨任务、实现中华民族伟大复兴的历史使命，对我们党提出了前所未有的新挑战新要求。"

第三，许多国际组织、知名企业给予使命以鲜明而独特的表述。如联合国的使命："维护国际和平与安全，促进国际合作与发展。"世界卫生组织的使命："使全世界人民获得尽可能高水平的健康。"联合国粮食及农业组织的使命："提高各国人民的营养水平和生活水准；提高所有粮农产品的生产和分配效率；改善农村人口的生活状况，促进世界经济的发展，并最终消除饥饿和贫困。"联合国环境规划署的使命："激发、推动和促进各国及其人民在不损害子孙后代生活质量的前提下提高自身生活质量，领导并推动各国建立保护环境的伙伴关系。"如美敦力公司的使命："减轻痛苦，恢复健康，延长寿命。"雅培公司的使命："对生命的承诺。"辉瑞公司的使命："显著改善全球各地所有人的健康。"拜耳公司的使命："科技创造美好生活。"强生公司的使命："因爱而生。"奥林巴斯公司的使命："致敬生命，尽享生活。"丹纳赫公司的使命："共享全球科技，成就全民健康。"恒瑞医药公司的使命："科技为本，为人类创造健康生活。"迈瑞医疗公司的使命："普及高端科技，让更多人分享优质生命关怀。"西安杨森公司的使命："忠实于科学、献身于健康。"百事可乐公司的使命："通过为全球消费者提供高品质的饮料产品，创造快乐和愉悦的消费体验。"雀巢公司的使命："通过为消费者提供高质量、营养丰富的食品和饮料，提升人们的生活质量。"联合利华公司的使命："让可持续生活成为常态。"由此可见，使命是一个政党、一个社会、一个组织、一个企业永不衰竭的内生驱动力和强大牵引力。

第四，许多食品药品监管机构给予使命以崇高而神圣的简述。纵观世界，食品药品监管部门使命的确立是一个不断探索、不断突破、不断成长的过程。早期，许多国家食品药品监管部门的使命基本定位于"保护公众健康"，后来逐步成长为"保护和促进公众健康"。如1906年美国颁布的《纯净食品与药品法》将美国食品药品监督管理局（FDA）的使命确立为"保护公众免于不安全和虚假标注的产品"，即"保护公众健康"。经过90多年的发展，1997年美国颁布的《食品药品监管局现代化法》完善了美国 FDA 的使命，在"保护公众健康"的基础上，增加了"促进公众健康"的表述，即"通过及时开展临床试验审批和采取有效行为，及时批准产品上市"。美国 FDA 将这一使命概括为"保护和促进公众健康"。2007年 11 月，美国 FDA 科学委员会发布《FDA 的科学与使命危机》报告，将 FDA 的使命表述为："FDA 负责通过确保人用药品与兽药、生物制品、食品、化妆品及放射产品的安全、有效和可及，保护公众健康。FDA 通过帮助业界加速创新，使药品食品更有效、更安全和更可负担，通过帮助公众获得有关药品食品的精确的基于科学的信息，促进公众健康。"2015年 9 月，美国 FDA 科学委员会发布《可能的使命：FDA 如何与科学发展同步》报告，在使命阐述上，除了保留上述内容，还增加两项新内容："FDA 负责监管烟草产品的生产、配送和分销，以保护公众健康和减少未成年人的烟草消费。FDA 通过确保食品供应安全和医药产品研发，及时应对蓄意和自然出现的公共健康威胁。"

美国 FDA 的多任领导对 FDA 的监管使命进行了独特的阐释。如斯科特·戈特利布（Scott Gottlieb）局长曾指出："FDA 总是面临着巨大挑战，因为 FDA 处于许多关键问题的交叉口。相当确切地说，是由于人们的生活完全依赖于我们所做的工作。保护患者和消费者是我们所做工作的核心。我深信 FDA 的基本使命。""FDA 拥有许多骄傲的传统领导者，他们致力于 FDA 的特殊使命。"诺曼·沙普利斯（Norman Sharpless）局长曾指出："你们所有人都能代表 FDA，并在我们全球各地的岗位上发挥关键作用，支持我们保护美国公众健康的基本使命。""如果 FDA 要保持卓越，并充分发挥其潜力，如果它能够完成其保护公众健康的使命，我们必须继续建立一支多元化和有才能的监管队伍。""在国会，FDA 的使命得到了很大的支持。这种支持是积极的，是两党共同的。当我们与该机构就面临的复杂问题争论时，我们将牢记我们保护和促进公众健康的使命，以及这对美国公众意味着什么？"2018 年 7 月 17 日，美国 FDA 副局长安娜·艾布拉姆（Anna Abram）在《保护和促进公众健康：推进 FDA 的医疗对策使命》一文中指出："FDA 广泛的公共健康责任包括通过促进安全、有效的医疗对策的开发和应用，在国家安全的前沿发挥重要作用。这些措施包括保护美国免受化学、生物、放射性/核威胁所需要的疫苗、诊断和治疗，无论是自然发生的、意外的，还是故意的。在公共健康的许多领域，我们这里的工作至关重要，我们一直意识到它的紧迫性。""FDA 仍然坚定致力于与其伙伴密切合作，尽我们的努力来促进安全有效的医疗解决方案的及时推进，来保护我们的国家，进而实现我们保护和促进国内外公众健康的使命。"2022 年 1 月 10 日，安娜·艾布拉姆在与他人发表的《FDA 对公共健康使命的坚定承诺：对决定公共健康时刻 30 周年的反思》一文中指出："每一天，FDA 的同事都在孜孜不倦地工作，致力于我们保护和促进公众健康的使命。""这些事件强调了 FDA 在我们同胞生活中发挥的关键作用——从确保患者所依赖的医疗产品的安全性和有效性，到保障我们家庭食用食品的安全。FDA 监管的产品占美国消费者每支出 1 美元中的20 美分。这些产品的广泛性和深远影响令人瞩目，而公众对 FDA 执行公共健康使命的信任，则让我们感到责任重大，心怀谦卑。""FDA 官员的日常行动体现了对美国人民健康奉献精神和承诺的坚守，这一精神与承诺永恒不变，旨在推进我们至关重要的公共健康使命。"

从上述分析可以看出，一个政党、一个社会、一个组织、一个企业，有了崇高的使命担当，才会有灵魂和情怀，才会有定力和风骨，才会有气质和精神，才会有斗志和干劲，才会有凝聚力、向心力、感召力、创造力、执行力。从这个意义上讲，使命就是一个政党、一个社会、一个组织、一个企业魂牵梦绕的魂和孜孜以求的梦。

二、重大的使命变革

中国市场监管部门负责食品安全监管，中国药品监管部门负责药品、医疗器械和化妆品质量监管。新时代，食品药品监管部门的使命是什么？这是一个看似简单但需要深刻思考的重大命题。党的十九大报告提出："中国特色社会主义进入新时代，我国社会主要矛盾已经转化为人民日益增长的美好生活需要和不平衡不充分的发展之间的矛盾。""人民美好生活需要日益广泛，不仅对物质文化生活提出了更高要求，而且在民主、法治、公平、正义、安全、环境等方面的要求日益增长。""我国社会主要矛盾的变化是关系全局的历史性变化，对党和国家工作提出了许多新要求。"

2019 年 5 月 9 日，《中共中央　国务院关于深化改革加强食品安全工作的意见》提出："以维护和促进公众健康为目标，从解决人民群众普遍关心的突出问题入手，标本兼治、综合施策，不断增强人民群众的安全感和满意度。"2019 年 8 月 26 日，第十三届全国人民代表大会常务委员会第十二次会议审议通过的第二次修订的《中华人民共和国药品管理法》，首次在"总则"中旗帜鲜明提出"保护和促进公众健康"的庄严使命，并强调"药品管理应当以人民健康为中心"。2021 年 4 月 27 日，《国务院办公厅关于全面加强药品监管能力建设的实施意见》（国办发〔2021〕16号）提出："坚持人民至上、生命至上""更好保护和促进人民群众身体健康"。从"保护公众健康"到"促进公众健康"，这是我国食品药品监管工作的重大进步。面对诸多重大风险挑战，基于"保护和促进公众健康"强大使命驱动的食品药品监管部门，必将以更加奋发的姿态和更加昂扬的斗志不断开辟食品药品安全监管工作的新天地。

关于健康的含义，1948 年，世界卫生组织在其宪章中指出："健康不仅是没有疾病和不虚弱，而且是身体、心理、社会功能三方面的完美状态。"1990 年，世界卫生组织对健康进行了新的阐述，即健康是在躯体健康、心理健康、社会适应良好和道德健康四个方面的健全状态。

第一，许多哲学家、思想家、社会学家高度赞美健康。有些人将健康视为一种财富。如古希腊哲学家、思想家柏拉图（Plato，公元前 427—公元前 347 年）提出："第一财富是健康，第二财富是美丽，第三财富是财产。"法国思想家、作家米歇尔·德·蒙田（Michel de Montaigne，1533—1592 年）提出："健康是自然所能给予我们准备的最公平、最珍贵的礼物。""健康的价值，贵重无比。它是人类为追求它而唯一值得付出时间、血汗、劳动、财富，甚至付出生命的东西。"美国哲学家、文学家拉尔夫·沃尔多·爱默生（Ralph Waldo Emerson，1803—1882 年）提出："健康是智慧的条件、愉快的标志。"英国政治家、小说家本杰明·迪斯雷利（Benjamin Disraeli，1804—1881 年）提出："人类的健康的确是国家所仰仗的一切欢乐和权力的基础。"英国思想家罗伯特·欧文（Robert Owen，

1771—1858 年）提出："人类的幸福只有在身体健康和精神安宁的基础上才能建立起来。"而有些人将健康作为责任。如荷兰哲学家巴鲁克·德·斯宾诺莎（Baruch de Spinoza，1632—1677 年）提出："保持健康是做人的责任。"美国政治家本杰明·富兰克林（Benjamin Franklin，1706—1790 年）提出："健康是对于自己的义务，也是对于社会的义务。"由此可见，健康对个人、家庭、社会、国家、民族、世界都具有特别重要的价值和意义。

第二，中国共产党人历来高度重视人民健康。1952 年 12 月，毛泽东主席就发出号令："动员起来，讲究卫生，减少疾病，提高健康水平，粉碎敌人的细菌战争。"2016 年 8 月 19 日，习近平总书记在全国卫生与健康大会上强调："健康是促进人的全面发展的必然要求，是经济社会发展的基础条件，是民族昌盛和国家富强的重要标志，也是广大人民群众的共同追求。""拥有健康的人民意味着拥有更强大的综合国力和可持续发展能力。""各级党委和政府要增强责任感和紧迫感，把人民健康放在优先发展的战略地位，以普及健康生活、优化健康服务、完善健康保障、建设健康环境、发展健康产业为重点，坚持问题导向，抓紧补齐短板，加快推进健康中国建设，努力全方位、全周期保障人民健康，为实现'两个一百年'奋斗目标、实现中华民族伟大复兴的中国梦打下坚实健康基础。"2017 年 10 月 18 日，习近平总书记在党的十九大报告中指出："人民健康是民族昌盛和国家富强的重要标志。要完善国民健康政策，为人民群众提供全方位全周期健康服务。"2018 年 4 月 11 日，习近平总书记在海南博鳌乐城国际医疗旅游先行区规划馆考察时指出："实现'两个一百年'奋斗目标，必须坚持以人民为中心的发展思想。经济要发展，健康要上去。人民群众的获得感、幸福感、安全感都离不开健康。要大力发展健康事业，为广大老百姓健康服务。"2020 年 9 月 22 日，习近平总书记在教育文化卫生体育领域专家代表座谈会上发表重要讲话，提出："要把人民健康放在优先发展战略地位，努力全方位全周期保障人民健康，加快建立完善制度体系，保障公共卫生安全，加快形成有利于健康的生活方式、生产方式、经济社会发展模式和治理模式，实现健康和经济社会良性协调发展。"2022 年 10

月 16 日，习近平总书记在《求是》杂志（2022 年第 20 期）发表文章《坚持人民至上》，提出："人民至上、生命至上，保护人民生命安全和身体健康可以不惜一切代价！"2022 年 11 月 1 日，习近平总书记在《求是》杂志（2022 年第 21 期）发表文章，强调："人民健康是民族昌盛和国家强盛的重要标志。把保障人民健康放在优先发展的战略位置，完善人民健康促进政策。"

第三，保护和促进公众健康是食品药品安全现代治理的标志。关于促进公众健康，2016 年 10 月，中共中央、国务院印发的《"健康中国 2030"规划纲要》提出："把健康摆在优先发展的战略地位，立足国情，将促进健康的理念融入公共政策制定实施的全过程，加快形成有利于健康的生活方式、生态环境和经济社会发展模式，实现健康与经济社会良性协调发展。""从供给侧和需求侧两端发力，统筹社会、行业和个人三个层面，形成维护和促进健康的强大合力。""要强化个人健康责任，提高全民健康素养，引导形成自主自律、符合自身特点的健康生活方式，有效控制影响健康的生活行为因素，形成热爱健康、追求健康、促进健康的社会氛围。"这是我国较早使用"促进健康"一词的重要文件。2022 年 4 月 27 日，《国务院办公厅关于印发"十四五"国民健康规划的通知》（国办发〔2022〕11 号）提出："加强健康促进与教育。完善国家健康科普专家库和资源库，构建全媒体健康科普知识发布和传播机制，鼓励医疗机构和医务人员开展健康促进与健康教育。""实施中医药健康促进行动，推进中医治未病健康工程升级。""推进健康相关业态融合发展。促进健康与养老、旅游、互联网、健身休闲、食品等产业融合发展，壮大健康新业态、新模式。"2022 年 10 月 16 日，习近平总书记在中国共产党第二十次全国代表大会上强调："把保障人民健康放在优先发展的战略位置，完善人民健康促进政策。"

第四，保护和促进公众健康是食品药品安全能动治理的折射。也许会有人提出，面对重大风险的多发频发，全面完成"保护公众健康"的任务就已十分繁重和艰巨，承担"促进公众健康"的任务岂不是难上加难。然而，只有对自身使命进行深入骨髓的思考，才能对文化建设进行刻骨铭心的塑造。如果说，"保护公众健康"是过去食品药品监管部门必须履行的政治责任和法律责任，而"促进公众健康"就是今天和未来食品药品监管部门应当承担的政治责任、法律责任和社会责任。保护公众健康是"守底线、保安全"，而促进公众健康则是"追高线、促发展"。人民的需求是最高的法律。新时代，公众对健康的需求，不会仅仅停留在"底线"上，而会在不断地追求"高线"。"守底线"和"追高线"紧密相连，但两者目标和要求有所不同。"守底线"是要通过一系列风险控制手段，最大限度地保障安全，最大限度地防止出现损害公众健康、公共安全乃至国家安全的重大事件。而"追高线"则是最大限度地满足公众对健康产品更多、更快、更好、更省的需求，即达成更多的选择、更快的供给、更好的质量和更低的负担。全社会对食品药品安全的殷切期待永无止境，食品药品监管部门对全社会的真诚回报应当永不停步。

然而，必须清醒地看到，"守底线"和"追高线"两者之间有时还存在一定的目标冲突。片面追逐更多、更快、更好、更省，就有可能触及安全底线。以"多、小、散、低"的食品药品产业，满足公众对健康产品"多、快、好、省"的高要求，这本身就是一个巨大的挑战。对于监管部门和监管人员来说，必须正确处理好安全与发展的关系，任何时候都不能偏离、脱离"安全"这条生命线，否则就会本末倒置、舍本逐末、偏离轨道、迷失方向，留下祸根。对"守底线"和"追高线"间的张力，必须始终保持清醒的头脑，切实做到科学定位、牢记职责、依法行政、善作善为。疾病是人类健康的最大威胁，"有病无药"是公众健康领域的最大风险。必须坚持大安全观、大风险观和大治理观，采取更加积极主动的措施，最大限度地保持药品的研发和上市，在与疾病的激烈竞赛中，赢得主动、赢得时间、赢得优势、赢得胜利。

三、系统的法律保障

第一，保护公众健康，从来都是具体的，而不是抽象的。保护公众健康始终是我国食品药品安全法制建设的立法宗旨和根本任务。我国现行法律法规涉及保护公众健康的制度规定有很多。

一是明确企业全生命周期质量安全主体责任。如《中华人民共和国食品安全法》（以下简称《食品安全法》）第四条规定："食品生产经营者对其生产经营食品的安全负责。""食品生产经营者应当依照法律、法规和食品安全标准从事生产经营活动，保证食品安全，诚信自律，对社会和公众负责，接受社会监督，承担社会责任。"《中华人民共和国药品管理法》（以下简称《药品管理法》）第六条规定："国家对药品管理实行药品上市许可持有人制度。药品上市许可持有人依法对药品研制、生产、经营、使用全过程中药品的安全性、有效性和质量可控性负责。"第七条规定："从事药品研制、生产、经营、使用活动，应当遵守法律、法规、规章、标准和规范，保证全过程信息真实、准确、完整和可追溯。"《医疗器械监督管理条例》第十三条第二款规定："医疗器械注册人、备案人应当加强医疗器械全生命周期质量管理，对研制、生产、经营、使用全过程中医疗器械的安全性、有效性依法承担责任。"《化妆品监督管理条例》第六条规定："化妆品注册人、备案人对化妆品的质量安全和功效宣称负责。""化妆品生产经营者应当依照法律、法规、强制性国家标准、技术规范从事生产经营活动，加强管理，诚信自律，保证化妆品质量安全。"

二是明确食品药品质量安全保障的禁限事项。如《食品安全法》规定，禁止生产经营用超过保质期的食品原料、食品添加剂生产的食品、食品添加剂。禁止生产经营国家为防病等特殊需要明令禁止生产经营的食品。因食品安全犯罪被判处有期徒刑以上刑罚的，终身不得从事食品生产经营管理工作，也不得担任食品生产经营企业食品安全管理人员。受到开除处分的食品检验机构人员，自处分决定作出之日起十年内不得从事食品检验工作；因食品安全违法行为受到刑事处罚或者因出具虚假检验报告导致发生重大食品安全事故受到开除处分的食品检验机构人员，终身不得从事食品检验工作。《药品管理法》规定，禁止进口疗效不确切、不良反应大或者因其他原因危害人体健康的药品。禁止药品上市许可持有人、药品生产企业、药品经营企业和医疗机构在药品购销中给予、收受回扣或者其他不正当利益。禁止药品上市许可持有人、药品生产企业、药品经营企业或者代理人以任何名义给予使用其药品的医疗机构的负责人、药品采购人员、医师、药师等有关人员财物或者其他不正当利益。禁止医疗机构的负责人、药品采购人员、医师、药师等有关人员以任何名义收受药品上市许可持有人、药品生产企业、药品经营企业或者代理人给予的财物或者其他不正当利益。禁止生产（包括配制）、销售、使用假药、劣药。禁止未取得药品批准证明文件生产、进口药品；禁止使用未按照规定审评、审批的原料药、包装材料和容器生产药品。已经作为药品通用名称的，该名称不得作为药品商标使用。血液制品、麻醉药品、精神药品、医疗用毒性药品、药品类易制毒化学品不得委托生产；但是，国务院药品监督管理部门另有规定的除外。无药品生产许可证的，不得生产药品。生产、检验记录应当完整准确，不得编造。不符合国家药品标准或者不按照省、自治区、直辖市人民政府药品监督管理部门制定的炮制规范炮制的，不得出厂、销售。不符合国家药品标准的，不得出厂。患有传染病或者其他可能污染药品的疾病的，不得从事直接接触药品的工作。无药品经营许可证的，不得经营药品。疫苗、血液制品、麻醉药品、精神药品、医疗用毒性药品、放射性药品、药品类易制毒化学品等国家实行特殊管理的药品不得在网络上销售。无进口药品通关单的，海关不得放行。未经检验或者检验不合格的，不得销售或者进口。非药学技术人员不得直接从事药剂技术工作。无医疗机构制剂许可证的，不得配制制剂。医疗机构配制的制剂不得在市场上销售。已被注销药品注册证书的药品，不得生产或者进口、销售和使用。药品广告的内容应当真实、合法，以国务院药品监督管理部门核准的药品说明书为准，不得含有虚假的内容。药品广告不得含有表示功效、安全性的断言或者保证；不得利用国家机关、科研单位、学术机构、行业协会或者专家、学者、医师、药师、患者等的名义或者形象作推荐、证明。非药品广告不得有涉及药品的宣传。任何单位和个人不得编造、散布虚假药品安全信息。地方人民政府及其药品监督管理部门不得以要求实施药品检验、审批等手段限制或者排斥非本地区药品上市许可持有人、药品生产企业生产的药品进入本地区。药品监督管理部门及其设置或者指定的药品专业技术机构不得参与药品生产经营活动，不得以其名义推荐或者监制、监销药品。药品监督管理部门及其设置或者指定的药品专业技术机构的工作人员不得参与药品生产经营活动。《医疗器械监督管理条例》规定，禁止进口过期、失效、淘汰等已使用过的医疗器械。境外医疗器械注册人、备案人拒不履行行政处罚决定的，十年内禁止其医疗器械进口。《化妆品监督管理条例》规定，化妆品标签禁止标注明示或者暗示具有医疗作用的内容、虚假或者引人误解的内容、违反社会公序良俗的内容等。不得使用超过使用期限、废弃、回收的化妆品或者化妆品原料生产化妆品。患有国务院卫生主管部门规定的有碍化妆品质量安全疾病的人员不得直接从事化妆品生产活动。化妆品经营者不得自行配制化妆品。化妆品广告不得明示或者暗示产品具有医疗作用，不得含有虚假或者引人误解的内容，不得欺骗、误导消费者。检验不合格的，不得进口。上述规定，涵盖了食品药品安全治理的全过程、全要素和各环节、各方面，必须得到严格执行。

三是明确规定应当承担的民事法律责任。如《食品安全法》第一百三十一条第二款规定："消费者通过网络食品交易第三方平台购买食品，其合法权益受到损害的，可以向入网食品经营者或者食品生产者要求赔偿。网络食品交易第三方平台提供者不能提供入网食品经营者的真实名称、地址和有效联系方式的，由网络食品交易第三方平台提供者赔偿。网络食品交易第三方平台提供者赔偿后，有权向入网食品经营者或者食品生产者追偿。网络食品交易第三方平台提供者作出更有利于消费者承诺的，应当履行其承诺。"第一百四十八条规定："消费者因不符合食品安全标准的食品受到损害的，可以向经营者要求赔偿损失，也可以向生产者要求赔偿损失。接到消费者赔偿要求的生产经营者，应当实行首负责任制，先行赔付，不得推诿；属于生产者责任的，经营者赔偿后有权向生产者追偿；属于经营者责任的，生产者赔偿后有权向经营者追偿。""生产不符合食品安全标准的食品或者经营明知是不符合食品安全标准的食品，消费者除要求赔偿损失外，还可以向生产者或者经营者要求支付价款十倍或者损失三倍的赔偿金；增加赔偿的金额不足一千元的，为一千元。但是，食品的标签、说明书存在不影响食品安全且不会对消费者造成误导的瑕疵的除外。"《药品管理法》第一百四十四条第二款和第三款规定："因药品质量问题受到损害的，受害人可以向药品上市许可持有人、药品生产企业请求赔偿损失，也可以向药品经营企业、医疗机构请求赔偿损失。接到受害人赔偿请求的，应当实行首负责任制，先行赔付；先行赔付后，可以依法追偿。""生产假药、劣药或者明知是假药、劣药仍然销售、使用的，受害人或者其近亲属除请求赔偿损失外，还可以请求支付价款十倍或者损失三倍的赔偿金；增加赔偿的金额不足一千元的，为一千元。"

第二，促进公众健康，从来都是现实的，而不是虚幻的。促进公众健康和保护公众健康，两者之间密切相关，并非泾渭分明，而是接续成长，递进发展。近年来，我国食品药品安全法制建设中，除了全力保护公众健康，还特别注重促进公众健康。

一是鼓励普及食品药品安全知识。如《食品安全法》第十条第一款规定："各级人民政府应当加强食品安全的宣传教育，普及食品安全知识，鼓励社会组织、基层群众性自治组织、食品生产经营者开展食品安全法律、法规以及食品安全标准和知识的普及工作，倡导健康的饮食方式，增强消费者食品安全意识和自我保护能力。"《药品管理法》第十三条第一款规定："各级人民政府及其有关部门、药品行业协会等应当加强药品安全宣传教育，开展药品安全法律法规等知识的普及工作。"

二是鼓励加强基础研究和采用先进技术。如《食品安全法》第十一条第一款规定："国家鼓励和支持开展与食品安全有关的基础研究、应用研究，鼓励和支持食品生产经营者为提高食品安全水平采用先进技术和先进管理规范。"《中华人民共和国疫苗管理法》（以下简称《疫苗管理法》）第十五条规定："国家鼓励疫苗上市许可持有人加大研制和创新资金投入，优化生产工艺，提升质量控制水平，推动疫苗技术进步。"《医疗器械监督管理条例》第九条规定："国家完善医疗器械创新体系，支持医疗器械的基础研究和应用研究，促进医疗器械新技术的推广和应用，在科技立项、融资、信贷、招标采购、医疗保险等方面予以支持。支持企业设立或者联合组建研制机构，鼓励企业与高等学校、科研院所、医疗机构等合作开展医疗器械的研究与创新，加强医疗器械知识产权保护，提高医疗器械自主创新能力。"《化妆品监督管理条例》第九条第一款规定："国家鼓励和支持开展化妆品研究、创新，满足消费者需求，推进化妆品品牌建设，发挥品牌引领作用。国家保护单位和个人开展化妆品研究、创新的合法权益。"

三是鼓励制定和适用更高标准。如《食品安全法》第三十条规定："国家鼓励食品生产企业制定严于食品安全国家标准或者地方标准的企业标准，在本企业适用，并报省、自治区、直辖市人民政府卫生行政部门备案。"《化妆品监督管理条例》第二十五条第三款规定："化妆品应当符合强制性国家标准。鼓励企业制定严于强制性国家标准的企业标准。"

四是鼓励加快创新产品研发与应用。《药品管理法》第十六条第一款和第二款规定："国家支持以临床价值为导向、对人的疾病具有明确或者特殊疗效的药物创新，鼓励具有新的治疗机理、治疗严重危及生命的疾病或者罕见病、对人体具有多靶向系统性调节干预功能等的新药研制，推动药品技术进步。""国家鼓励运用现代科学技术和传统中药研究方法开展中药科学技术研究和药物开发，建立和完善符合中药特点的技术评价体系，促进中药传承创新。"第二十三条规定："对正在开展临床试验的用于治疗严重危及生命且尚无有效治疗手段的疾病的药物，经医学观察可能获益，并且符合伦理原则的，经审查、知情同意后可以在开展临床试验的机构内用于其他病情相同的患者。"第二十六条规定："对治疗严重危及生命且尚无有效治疗手段的疾病以及公共卫生方面急需的药品，药物临床试验已有数据显示疗效并能预测其临床价值的，可以附条件批准，并在药品注册证书中载明相关事项。"《疫苗管理法》第四条第二款规定："国家支持疫苗基础研究和应用研究，促进疫苗研制和创新，将预防、控制重大疾病的疫苗研制、生产和储备纳入国家战略。"

五是鼓励加快研发儿童用药械和罕见病用药械。《药品管理法》第十六条第三款规定："国家采取有效措施，鼓励儿童用药品的研制和创新，支持开发符合儿童生理特征的儿童用药品新品种、剂型和规格，对儿童用药品予以优先审评审批。"第九十六条规定："国家鼓励短缺药品的研制和生产，对临床急需的短缺药品、防治重大传染病和罕见病等疾病的新药予以优先审评审批。"《医疗器械监督管理条例》第十九条规定："对用于治疗罕见疾病、严重危及生命且尚无有效治疗手段的疾病和应对公共卫生事件等急需的医疗器械，受理注册申请的药品监督管理部门可以作出附条件批准决定，并在医疗器械注册证中载明相关事项。""出现特别重大突发公共卫生事件或者其他严重威胁公众健康的紧急事件，国务院卫生主管部门根据预防、控制事件的需要提出紧急使用医疗器械的建议，经国务院药品监督管理部门组织论证同意后可以在一定范围和期限内紧急使用。"

六是鼓励改善生产经营条件。如《食品安全法》第三十六条第二款规定："县级以上地方人民政府应当对食品生产加工小作坊、食品摊贩等进行综合治理，加强服务和统一规划，改善其生产经营环境，鼓励和支持其改进生产经营条件，进入集中交易市场、店铺等固定场所经营，或者在指定的临时经营区域、时段经营。"第四十三条第一款规定："地方各级人民政府应当采取措施鼓励食品规模化生产和连锁经营、配送。"《疫苗管理法》第四条第三款规定："国家制定疫苗行业发展规划和产业政策，支持疫苗产业发展和结构优化，鼓励疫苗生产规模化、集约化，不断提升疫苗生产工艺和质量水平。"

七是鼓励采用先进管理方式。如《食品安全法》第四十二条第二款规定："国家鼓励食品生产经营者采用信息化手段采集、留存生产经营信息，建立食品安全追溯体系。"第四十八条第一款规定："国家鼓励食品生产经营企业符合良好生产规范要求，实施危害分析与关键控制点体系，提高食品安全管理水平。"《药品管理法》第四条第二款规定："国家保护野生药材资源和中药品种，鼓励培育道地中药材。"第五十三条第二款规定："国家鼓励、引导药品零售连锁经营。"《医疗器械监督管理条例》第四十五条第二款规定："国家鼓励采用先进技术手段进行记录。"《化妆品监督管理条例》第九条第二款规定："国家鼓励和支持化妆品生产经营者采用先进技术和先进管理规范，提高化妆品质量安全水平；鼓励和支持运用现代科学技术，结合我国传统优势项目和特色植物资源研究开发化妆品。"

八是鼓励参加责任保险。如《食品安全法》第四十三条第二款规定："国家鼓励食品生产经营企业参加食品安全责任保险。"

需要说明的是，有关促进公众健康的法律制度，往往采用的是鼓励、支持、倡导等政策，这些政策通常没有相应的法律责任制度予以配套，这就需要食品药品监管部门及时制定相应的制度予以推进落实。

四、鲜明的人民立场

保护和促进公众健康，是食品药品安全治理使命的重大变革。践行这一重大使命，必须以对人民群众深厚的感情，全力以赴做到以下几点：

第一，要坚守人民立场。习近平总书记多次强调："人民是历史的创造者，群众是真正的英雄。人民群众是我们力量的源泉。""江山就是人民、人民就是江山，打江山、守江山，守的是人民的心。""我们党来自人民、植根人民、服务人民，党的根基在人民、血脉在人民、力量在人民。失去了人民拥护和支持，党的事业和工作就无从谈起。""中国共产党的一切执政活动，中华人民共和国的一切治理活动，都要尊重人民主体地位，尊重人民首创精神，拜人民为师，把政治智慧的增长、治国理政本领的增强深深扎根于人民的创造性实践之中，使各方面提出的真知灼见都能运用于治国理政。""人民既是历史的创造者、也是历史的见证者，既是历史的'剧中人'、也是历史的'剧作者'。""人民立场是中国共产党的根本政治立场，是马克思主义政党区别于其他政党的显著标志。党与人民风雨同舟、生死与共，始终保持血肉联系，是党战胜一切困难和风险的根本保证，正所谓'得众则得国，失众则失国'。""人民群众有着无尽的智慧和力量，只有始终相信人民，紧紧依靠人民，充分调动广大人民的积极性、主动性、创造性，才能凝聚起众志成城的磅礴之力。""人民是我们党执政的最大底气，是我们共和国的坚实根基，是我们强党兴国的根本所在。我们党来自于人民，为人民而生，因人民而兴，必须始终与人民心心相印、与人民同甘共苦、与人民团结奋斗。"学习贯彻落实习近平总书记的一系列重要指示批示精神，必须始终坚定政治立场、把握政治方向、维护人民利益。要始终牢记习近平总书记的谆谆教诲：民心是最大的政治，决定事业兴衰成败。食品药品安全是一门直接关系人民生命健康的政治。在食品药品安全治理中，必须始终把握好政治方向，坚持以党的旗帜为旗帜，以党的意志为意志，以党的使命为使命，始终按照党中央指引的方向前进。必须坚持对标对表，按照党中央、国务院的要求，不断审视工作、检视问题，全力推进食品药品安全治理走深走实，更好满足新时代广大人民群众对食品药品安全的新期待。

第二，要坚持问题导向。问题是时代的声音、社会的格言、创新的号角和变革的动力。习近平总书记指出："每个时代总有属于它自己的问题，只要科学地认识、准确地把握、正确地解决这些问题，就能够把我们的社会不断推向前进。""维护公共安全，要坚持问题导向，从人民群众反映最强烈的问题入手，高度重视并切实解决公共安全面临的一些突出矛盾和问题，着力补齐短板、堵塞漏洞、消除隐患，着力抓重点、抓关键、抓薄弱环节，不断提高公共安全水平。"食品药品安全领域的突出问题是不断变化的。2015 年 8 月 9 日，《国务院关于改革药品医疗器械审评审批制度的意见》（国发〔2015〕44 号）指出："药品医疗器械审评审批中存在的问题也日益突出，注册申请资料质量不高，审评过程中需要多次补充完善，严重影响审评审批效率；仿制药重复建设、重复申请，市场恶性竞争，部分仿制药质量与国际先进水平存在较大差距；临床急需新药的上市审批时间过长，药品研发机构和科研人员不能申请药品注册，影响药品创新的积极性。"2017 年 2 月 14 日，《"十三五"国家药品安全规划》指出："影响我国药品质量安全的一些深层次问题依然存在，药品质量安全形势依然严峻。药品质量总体水平有待提高，部分产品质量疗效与国际先进水平存在差距，一些临床急需产品难以满足公众治病的实际需求，近 3/4 的药品批准文号闲置。执业药师用药服务作用发挥不到位，不合理用药问题突出。药品监管基础仍较薄弱，统一权威监管体制尚未建立，监管专业人员不足，基层装备配备缺乏，监管能力与医药产业健康发展要求不完全适应。"2017 年 10 月 1 日，《中共中央办公厅　国务院办公厅关于深化审评审批制度改革鼓励药品医疗器械创新的意见》（厅字〔2017〕42 号）提出："总体上看，我国药品医疗器械科技创新支撑不够，上市产品质量与国际先进水平存在差距。"2019 年 5 月 9 日，《中共中央　国务院关于深化改革加强食品安全工作的意见》提出："我国食品安全工作仍面临不少困难和挑战，形势依然复杂严峻。微生物和重金属污染、农药兽药残留超标、添加剂使用不规范、制假售假等问题时有发生，环境污染对食品安全的影响逐渐显现；违法成本低，维权成本高，法制不够健全，一些生产经营者唯利是图、主体责任意识不强；新业态、新资源潜在风险增多，国际贸易带来的食品安全问题加深；食品安全标准与最严谨标准要求尚有一定差距，风险监测评估预警等基础工作薄弱，基层监管力量和技术手段跟不上；一些地方对食品安全重视不够，责任落实不到位，安全与发展的矛盾仍然突出。这些问题影响到人民群众的获得感、幸福感、安全感，成为全面建成小康社会、全面建设社会主义现代化国家的明显短板。"2021年4月27日，《国务院办公厅关于全面加强药品监管能力建设的实施意见》（国办发〔2021〕16号）提出："随着改革不断向纵深推进，药品监管体系和监管能力存在的短板问题日益凸显，影响了人民群众对药品监管改革的获得感。"目前，总体看，我国食品药品安全形势总体上稳定，但不确定因素仍然较多；食品药品产业创新活力迸发，但高质量发展基础仍然薄弱；食品药品监管现代化扎实推进，但与监管任务需求不匹配问题仍然突出。必须坚持问题导向，聚焦突出问题，进一步增强治理工作的针对性、靶向性、精准性，不断提升治理效能和水平。

第三，要坚持改革创新。实践探索没有止境，改革创新也没有止境。习近平总书记强调："我们从事的是前无古人的伟大事业，守正才能不迷失方向、不犯颠覆性错误，创新才能把握时代、引领时代。我们要以科学的态度对待科学、以真理的精神追求真理，坚持马克思主义基本原理不动摇，坚持党的全面领导不动摇，坚持中国特色社会主义不动摇，紧跟时代步伐，顺应实践发展，以满腔热忱对待一切新生事物，不断拓展认识的广度和深度，敢于说前人没有说过的新话，敢于干前人没有干过的事情，以新的理论指导新的实践。""我们要善于通过历史看现实、透过现象看本质，把握好全局和局部、当前和长远、宏观和微观、主要矛盾和次要矛盾、特殊和一般的关系，不断提高战略思维、历史思维、辩证思维、系统思维、创新思维、法治思维、底线思维能力，为前瞻性思考、全局性谋划、整体性推进党和国家各项事业提供科学思想方法。"践行保护和促进公众健康的使命，必须对食品药品安全治理不断进行理念创新、体制创新、制度创新、机制创新、方式创新、战略创新、模式创新、文化创新，不断提升食品药品安全治理体系和治理能力的现代化水平。

第四，要弘扬斗争精神。习近平总书记强调："我们党依靠斗争创造历史，更要依靠斗争赢得未来。""实现伟大梦想，必须进行伟大斗争。""我们共产党人的斗争，从来都是奔着矛盾问题、风险挑战去的。""社会是在矛盾运动中前进的，有矛盾就会有斗争。我们党要团结带领人民有效应对重大挑战、抵御重大风险、克服重大阻力、解决重大矛盾，必须进行具有许多新的历史特点的伟大斗争，任何贪图享受、消极懈怠、回避矛盾的思想和行为都是错误的。""全党要充分认识这场伟大斗争的长期性、复杂性、艰巨性，发扬斗争精神，提高斗争本领，不断夺取伟大斗争新胜利。""中央和国家机关党员领导干部要坚持底线思维、增强忧患意识、发扬斗争精神，善于预见形势发展走势和隐藏其中的风险挑战，在防范化解风险上勇于担责、善于履责、全力尽责。""要教育引导各级领导干部增强政治敏锐性和政治鉴别力，对容易诱发政治问题特别是重大突发事件的敏感因素、苗头性倾向性问题，做到眼睛亮、见事早、行动快，及时消除各种政治隐患。要高度重视并及时阻断不同领域风险的转化通道，避免各领域风险产生交叉感染，防止非公共性风险扩大为公共性风险、非政治性风险蔓延为政治风险。要增强斗争精神，敢于亮剑、敢于斗争，坚决防止和克服嗅不出敌情、分不清是非、辨不明方向的政治麻痹症。""增强全党全国各族人民的志气、骨气、底气，不信邪、不怕鬼、不怕压，知难而进、迎难而上，统筹发展和安全，全力战胜前进道路上各种困难和挑战，依靠顽强斗争打开事业发展新天地。"食品药品安全问题既是重大的政治问题，也是重大的民生问题；既是重大经济问题，也是重大社会问题。今天食品药品安全领域所面临问题的复杂程度、解决问题的艰巨程度明显加大，这给全系统提升斗争本领和艺术提出了全新的要求。面对新时代食品药品安全领域出现的新矛盾、新问题、新挑战，全系统必须坚持问题导向，增强问题意识，聚焦突出问题，弘扬斗争精神、增强斗争本领、提升斗争艺术，不断研究提出解决问题的新思路、新办法。

历史车轮滚滚向前，时代潮流浩浩荡荡。历史只会眷顾坚定者、奋进者、搏击者，而不会等待犹豫者、懈怠者、畏难者。

——习近平

第三章 发 展 目 标

成为世界食品药品制造强国，是当代中国人的伟大梦想。习近平总书记多次强调："人民健康是社会文明进步的基础，是民族昌盛和国家富强的重要标志……""要把人民健康放在优先发展的战略地位……""坚持面向世界科技前沿、面向经济主战场、面向国家重大需求、面向人民生命健康，加快实现高水平科技自立自强。"2016 年 10 月，中共中央、国务院印发《"健康中国 2030"规划纲要》，提出到 2030 年，我国要"跨入世界制药强国行列"。2017 年 2 月 14 日，《国务院关于印发"十三五"国家食品安全规划和"十三五"国家药品安全规划的通知》（国发〔2017〕12号）提出"十三五"期间，"推动我国由制药大国向制药强国迈进"。2018 年 3 月 21 日，《国务院办公厅关于改革完善仿制药供应保障及使用政策的意见》（国办发〔2018〕20 号）提出"加快我国由制药大国向制药强国跨越"。2021 年 4 月 27 日，《国务院办公厅关于全面加强药品监管能力建设的实施意见》（国办发〔2021〕16 号）提出"推动我国从制药大国向制药强国跨越"。加快推进从食品药品制造大国到食品药品制造强国的跨越，是党中央、国务院基于人民至上、生命至上，把人民健康放在优先发展的战略地位所作出的重大战略，是全面落实《"健康中国 2030"规划纲要》战略目标，切实增进广大人民群众获得感、幸福感和安全感的实际行动。

国务院印发的《中国制造 2025》提出："坚持走中国特色新型工业化道路，以促进制造业创新发展为主题，以提质增效为中心，以加快新一代信息技术与制造业深度融合为主线，以推进智能制造为主攻方向，以满足经济社会发展和国防建设对重大技术装备的需求为目标，强化工业基础能力，提高综合集成水平，完善多层次多类型人才培养体系，促进产业转型升级，培育有中国特色的制造文化，实现制造业由大变强的历史跨越。"文件提出：推进中国制造2025的基本方针是创新驱动、质量为先、绿色发展、结构优化、人才为本；基本原则是市场主导、政府引导，立足当前、着眼长远，整体推进、重点突破，自主发展、开放合作。文件提出：战略目标是第一步，力争用十年时间，迈入制造强国行列；第二步，到2035年，我国制造业整体达到世界制造强国阵营中等水平；第三步，新中国成立一百年时，制造业大国地位更加巩固，综合实力进入世界制造强国前列。制造业主要领域具有创新引领能力和明显竞争优势，建成全球领先的技术体系和产业体系。文件提出：加快食品等行业生产设备的智能化改造，提高精准制造、敏捷制造能力；统筹布局和推动服务机器人、可穿戴设备等产品研发和产业化；加快食品等重点行业智能检测监管体系建设，提高智能化水平；在食品、药品等领域实施覆盖产品全生命周期的质量管理、质量自我声明和质量追溯制度，保障重点消费品质量安全；发展针对重大疾病的化学药、中药、生物技术药物新产品，重点包括新机制和新靶点化学药、抗体药物、抗体偶联药物、全新结构蛋白及多肽药物、新型疫苗、临床优势突出的创新中药及个性化治疗药物；提高医疗器械的创新能力和产业化水平，重点发展影像设备、医用机器人等高性能诊疗设备，全降解血管支架等高值医用耗材，可穿戴、远程诊疗等移动医疗产品；实现生物3D打印、诱导多能干细胞等新技术的突破和应用。

从世界食品药品制造强国的成长历程看，成为世界食品药品制造强国应当至少具备以下条件：优秀的产业群体，卓越的创新能力，显著的制度优势，完善的监管体系，重大的国际影响。

一、优秀的产业群体

食品药品产业属于永恒不衰的健康产业、充满活力的朝阳产业、事关未来的战略产业。21世纪初，美国著名经济学家保罗·皮尔泽（Paul Pilzer）在《新健康革命》一书中将大健康产业称为全球"财富第五波"，提出大健康产业将成为推动全球经济增长的新引擎、新动力。

21 世纪以来，国家持续加大对食品药品产业发展投入，出台了一系列鼓励、支持的政策措施。如 2010 年 10 月 10 日，《国务院关于加快培育和发展战略性新兴产业的决定》（国发〔2010〕32 号）提出："战略性新兴产业是以重大技术突破和重大发展需求为基础，对经济社会全局和长远发展具有重大引领带动作用，知识技术密集、物质资源消耗少、成长潜力大、综合效益好的产业。""战略性新兴产业是引导未来经济社会发展的重要力量。发展战略性新兴产业已成为世界主要国家抢占新一轮经济和科技发展制高点的重大战略。"到 2030 年左右，发展目标为："战略性新兴产业的整体创新能力和产业发展水平达到世界先进水平，为经济社会可持续发展提供强有力的支撑。"为此，生物产业的重点方向和主要任务有："大力发展用于重大疾病防治的生物技术药物、新型疫苗和诊断试剂、化学药物、现代中药等创新药物大品种，提升生物医药产业水平。加快先进医疗设备、医用材料等生物医学工程产品的研发和产业化，促进规模化发展。"

2012 年 12 月 29 日，《国务院关于印发生物产业发展规划的通知》（国发〔2012〕65 号）提出："到 2015 年，我国生物产业形成特色鲜明的产业发展能力，对经济社会发展的贡献作用显著增强，在全球产业竞争格局中占据有利位置。到 2020 年，生物产业发展成为国民经济的支柱产业。"具体目标包括："结构布局更加合理。生物产业重点领域实现全面发展，新业态健康成长，重点区域实现特色发展、错位发展，产业结构得到优化。培育一批具有国际竞争力的龙头企业和富有创新活力的中小企业，形成一批具有自身特色与国际影响力的产业集群和优势产业链。创新能力明显增强。具有国际先进水平的产业技术创新体系基本形成，主要企业的研发投入占销售额比重明显提高，获得突破的关键核心技术大幅增多，境外授权专利数量显著增加，一批具有自主知识产权的创新产品得到广泛应用。规模和质量大幅提升。2013—2015 年，生物产业产值年均增速保持在20% 以上。到 2015 年，生物产业增加值占国内生产总值的比重比 2010 年翻一番，工业增加值率显著提升。发展环境显著改善。形成较完善的生物新产品、新技术市场准入、价格形成、市场监管等管理体系，建立鼓励创新的供给侧和需求侧双向激励政策体系，完善行业公共服务、生物安全保障和产业统计等服务体系。社会效益加快显现。生物技术和生物产品得到广泛应用，生物产业对改善人口健康、保障粮食和能源安全、促进绿色增长、改善生态环境和增加就业机会等方面的作用明显提升。"为此，要突出高品质发展，提升生物医药产业竞争力。大力开展生物技术药物创制和产业化，推动化学药物品质全面提升，提高中药标准化发展水平。要突破核心部件制约，促进生物医学工程高端化发展。推动高性能医学装备规模化发展，加速高附加值植介入材料及制品的产业化，大力发展新型体外诊断产品。

2015 年 8 月 9 日，《国务院关于改革药品医疗器械审评审批制度的意见》（国发〔2015〕44 号）提出："提高审评审批质量。建立更加科学、高效的药品医疗器械审评审批体系，使批准上市药品医疗器械的有效性、安全性、质量可控性达到或接近国际先进水平。""提高仿制药质量。加快仿制药质量一致性评价，力争 2018 年底前完成国家基本药物口服制剂与参比制剂质量一致性评价。""鼓励研究和创制新药。鼓励以临床价值为导向的药物创新，优化创新药的审评审批程序，对临床急需的创新药加快审评。开展药品上市许可持有人制度试点。"

2016 年 3 月 4 日，《国务院办公厅关于促进医药产业健康发展的指导意见》（国办发〔2016〕11 号）提出："医药产业是支撑发展医疗卫生事业和健康服务业的重要基础，是具有较强成长性、关联性和带动性的朝阳产业……"医药产业健康发展的主要目标："到 2020 年，医药产业创新能力明显提高，供应保障能力显著增强，90% 以上重大专利到期药物实现仿制上市，临床短缺用药供应紧张状况有效缓解；产业绿色发展、安全高效，质量管理水平明显提升；产业组织结构进一步优化，体制机制逐步完善，市场环境显著改善；医药产业规模进一步壮大，主营业务收入年均增速高于 10%，工业增加值增速持续位居各工业行业前列。"

2016 年 10 月，《"健康中国 2030"规划纲要》提出，到 2030 年要"建立起体系完整、结构优化的健康产业体系，形成一批具有较强创新能力和国际竞争力的大型企业，成为国民经济支柱性产业"。

2019 年 5 月 9 日，《中共中央　国务院关于深化改革加强食品安全工作的意见》提出："到 2020 年，基于风险分析和供应链管理的食品安全监管体系初步建立。农产品和食品抽检量达到 4 批次／千人，主要农产品质量安全监测总体合格率稳定在 97％以上，食品抽检合格率稳定在 98％以上，区域性、系统性重大食品安全风险基本得到控制，公众对食品安全的安全感、满意度进一步提高，食品安全整体水平与全面建成小康社会目标基本相适应。到 2035 年，基本实现食品安全领域国家治理体系和治理能力现代化。食品安全标准水平进入世界前列，产地环境污染得到有效治理，生产经营者责任意识、诚信意识和食品质量安全管理水平明显提高，经济利益驱动型食品安全违法犯罪明显减少。食品安全风险管控能力达到国际先进水平，从农田到餐桌全过程监管体系运行有效，食品安全状况实现根本好转，人民群众吃得健康、吃得放心。"

2020 年 10 月 29 日，《中共中央关于制定国民经济和社会发展第十四个五年规划和二〇三五年远景目标的建议》提出："加快发展健康产业。""发展高端医疗设备。""提高食品药品等关系人民健康产品和服务的安全保障水平。"

2021 年 10 月 20 日，国家药品监督管理局会同有关部门联合印发的《"十四五"国家药品安全及促进高质量发展规划》（国药监综〔2021〕64 号）提出："展望 2035 年，我国科学、高效、权威的药品监管体系更加完善，药品监管能力达到国际先进水平。药品安全风险管理能力明显提升，覆盖药品全生命周期的法规、标准、制度体系全面形成。药品审评审批效率进一步提升，药品监管技术支撑能力达到国际先进水平。药品安全性、有效性、可及性明显提高，有效促进重大传染病预防和难治疾病、罕见病治疗。医药产业高质量发展取得明显进展，产业层次显著提高，药品创新研发能力达到国际先进水平，优秀龙头产业集群基本形成，中药传承创新发展进入新阶段，基本实现从制药大国向制药强国跨越。"

2022 年 3 月 3 日，《国务院办公厅关于印发"十四五"中医药发展规划的通知》（国办发〔2022〕5 号）提出："到 2025 年，中医药健康服务能力明显增强，中医药高质量发展政策和体系进一步完善，中医药振兴发展取得积极成效，在健康中国建设中的独特优势得到充分发挥。"主要目标之一为："中医药产业和健康服务业高质量发展取得积极成效。中药材质量水平持续提升，供应保障能力逐步提高，中药注册管理不断优化，中药新药创制活力增强。中医药养生保健服务有序发展，中医药与相关业态持续融合发展。"

2023 年 8 月 25 日，国务院常务会议审议通过《医药工业高质量发展行动计划（2023—2025 年）》和《医疗装备产业高质量发展行动计划（2023—2025 年）》。会议强调，医药工业和医疗装备产业是卫生健康事业的重要基础，事关人民群众生命健康和高质量发展全局。要着力提高医药工业和医疗装备产业韧性和现代化水平，增强高端药品、关键技术和原辅料等供给能力，加快补齐我国高端医疗装备短板。要着眼医药研发创新难度大、周期长、投入高的特点，给予全链条支持，鼓励和引导龙头医药企业发展壮大，提高产业集中度和市场竞争力。要充分发挥我国中医药独特优势，加大保护力度，维护中医药发展安全。要高度重视国产医疗装备的推广应用，完善相关支持政策，促进国产医疗装备迭代升级。要加大医工交叉复合型人才培养力度，支持高校与企业联合培养一批医疗装备领域领军人才。

成为制药强国，必须拥有一批在全球具有重要影响力的优秀制药企业。自 2015 年药品医疗器械审评审批制度改革以来，我国药品医疗器械产业不断成长、进步。据国家药品监督管理局南方医药经济研究所统计，我国规模以上医药制造业企业（规模以上工业企业，即年主营业务收入为 2 000 万元及以上的工业法人单位）营业收入：2018 年为 24 264.7 亿元，2019 年为 23 908.6 亿元，2020 年为 24 857.3 亿元，2021 年为 29 288.5 亿元，2022 年为 29 111.4 亿元，2023 年为 25 205.7 亿元。据中国药品监督管理研究会研究分析，我国医疗器械生产企业主营业务收入：2018 年为 6 380 亿元，2019 年为 7 200 亿元，2020 年为 8 725 亿元，2021 年为 10 200 亿元，2022 年为 12 400 亿元，2023 年为 13 100 亿元。

从全球排名的角度看，近年来，我国食品药品产业位次不断上升。如 2023 年 2 月，英国《经济学人》杂志发布 2022 年全球食品安全指数

（global food security index，GFSI），中国以 74. 2 分排在全球第 25 位，较 2021 年上升 9 位，表明我国食品安全治理水平稳步提升。美国《制药经理人》杂志依据前一财年处方药销售收入，发布全球制药企业 TOP50 榜单，中国制药企业位次不断上升。

2019 年，在 TOP50 榜单中，美国有 17 家，日本有 8 家，德国有 5 家，法国有 3 家，爱尔兰有 3 家，瑞士有 2 家，英国有 2 家，中国有 2 家，丹麦有 1 家，以色列有 1 家，澳大利亚有 1 家，比利时有 1 家，加拿大有 1 家，印度有 1 家，西班牙有 1 家，意大利有 1 家。前 10 强为辉瑞公司、罗氏公司、诺华公司、强生公司、默克公司、赛诺菲公司、艾伯维公司、葛兰素史克公司、安进公司、吉利德公司。中国 2 家企业入围：中国生物制药有限公司（香港）（以下简称中国生物制药）排在第 42 位，年销售额为 31. 42 亿美元，研发费用为 3. 39 亿美元；江苏恒瑞医药股份有限公司（以下简称恒瑞医药）排在第 47 位，年销售额为 25. 70 亿美元，研发费用为 3. 34 亿美元。

2020 年，在 TOP50 榜单中，美国有 15 家，日本有 10 家，德国有 4 家，中国有 4 家，法国有 3 家，瑞士有 2 家，英国有 2 家，印度有 2 家，丹麦有 1 家，以色列有 1 家，澳大利亚有 1 家，加拿大有 1 家，比利时有 1 家，西班牙有 1 家，意大利有 1 家，爱尔兰有 1 家。前 10 强为罗氏公司、诺华公司、辉瑞公司、默沙东公司、百时美施贵宝公司、强生公司、赛诺菲公司、艾伯维公司、葛兰素史克公司、武田公司。中国 4 家企业入围：云南白药集团股份有限公司（以下简称云南白药）排在第 37 位，年销售额为 42. 84 亿美元，研发费用为 2 500 万美元；中国生物制药排在第 42 位，年销售额为 37. 33 亿美元，研发费用为 3. 47 亿美元；恒瑞医药排在第 43 位，年销售额为 33. 21 亿美元，研发费用为 5. 18 亿美元；上海医药集团股份有限公司（以下简称上海医药）排在第 48 位，年销售额为 28. 75 亿美元，研发费用为 1. 95 亿美元。

2021 年，在 TOP50 榜单中，美国有 15 家，日本有 9 家，中国有 5 家，德国有 4 家，法国有 3 家，印度有 3 家，瑞士有 2 家，英国有 2 家，丹麦有 1 家，以色列有 1 家，澳大利亚有 1 家，比利时有 1 家，加拿大有

1 家，意大利有 1 家，爱尔兰有 1 家。前 10 强为罗氏公司、诺华公司、艾伯维公司、强生公司、百时美施贵宝公司、默沙东公司、赛诺菲公司、辉瑞公司、葛兰素史克公司、武田公司。中国 5 家企业入围：云南白药排在第 34 位，年销售额为 47.41 亿美元，研发费用为 0.26 亿美元；恒瑞医药排在第 38 位，年销售额为 42.03 亿美元，研发费用为 7.14 亿美元；中国生物制药排在第 40 位，年销售额为 38.93 亿美元，研发费用为 4.17 亿美元；上海医药排在第 42 位，年销售额为 35.85 亿美元，研发费用为 2.19 亿美元；石药控股集团有限公司（以下简称石药集团）排在第 44 位，年销售额为 32.42 亿美元，研发费用为 3.85 亿美元。

2022 年，在 TOP50 榜单中，美国有 16 家，日本有 7 家，德国有 5 家，中国有 4 家，法国有 3 家，瑞士有 2 家，英国有 2 家，爱尔兰有 2 家，印度有 2 家，丹麦有 1 家，以色列有 1 家，澳大利亚有 1 家，加拿大有 1 家，比利时有 1 家，意大利有 1 家，西班牙有 1 家。前 10 强为辉瑞公司、艾伯维公司、诺华公司、强生公司、罗氏公司、百时美施贵宝公司、默沙东公司、赛诺菲公司、阿斯利康公司、葛兰素史克公司。中国 4 家企业入围：恒瑞医药排在第 32 位，年销售额为 52.03 亿美元，研发费用为 9.09 亿美元；中国生物制药排在第 40 位，年销售额为 42.06 亿美元，研发费用为 5.03 亿美元；上海医药排在第 41 位，年销售额为 39.80 亿美元，研发费用为 2.47 亿美元；石药集团排在第 43 位，年销售额为 37.81 亿美元，研发费用为 4.45 亿美元。

2023 年，在 TOP50 榜单中，美国有 17 家，日本有 6 家，德国有 5 家，中国有 4 家，法国有 3 家，爱尔兰有 3 家，瑞典有 2 家，英国有 2 家，丹麦有 1 家，澳大利亚有 1 家，以色列有 1 家，加拿大有 1 家，比利时有 1 家，印度有 1 家，西班牙有 1 家，意大利有 1 家。前 10 强为辉瑞公司、艾伯维公司、强生公司、诺华公司、默沙东公司、罗氏公司、百时美施贵宝公司、阿斯利康公司、赛诺菲公司、葛兰素史克公司。中国 4 家企业入围：中国生物制药排在第 39 位，年销售额为 44.63 亿美元，研发费用为 6.01 亿美元；上海医药排在第 41 位，年销售额为 40.43 亿美元，研发费用为 2.61 亿美元；恒瑞医药排在第 43 位，年销售额为 40.10 亿美元，研发费用为 8.93 亿美元；石药集团排在第 48 位，年销售额为 33.34 亿美元，研发费用为 5.11 亿美元。

此外，还有一些机构根据不同的内容进行了排名。如 2019 年，全球医药智库信息平台 Informa Pharma Intelligence 根据 2018 年度销售额，发布 2019 年度全球制药企业 100 强排行榜，其中美国有 25 家，日本有 19 家，印度有 8 家，中国有 7 家，爱尔兰有 6 家，德国有 6 家，法国有 4 家，瑞士有 4 家，意大利有 4 家，丹麦有 3 家，加拿大有 3 家，英国有 3 家。

2019 年，欧洲医药咨询公司 Novasecta 根据 2018 年所有制药企业总收入（包括制药业务外的收入），发布 2019 年度全球制药企业 100 强排行榜，中国 8 家企业入围：上海医药排在第 18 位，恒瑞医药排在第 54 位，人福医药集团股份公司排在第 61 位，中国生物制药排在第 64 位，石药集团排在第 69 位，四川科伦药业股份有限公司排在第 75 位，浙江海正药业股份有限公司排在第 83 位，丽珠医药集团股份有限公司排在第 96 位。

2023 年，全球医药智库信息平台 Informa Pharma Intelligence 发布全球医药企业研发管线规模 TOP25，前 15 强是罗氏公司、诺华公司、武田公司、百时美施贵宝公司、辉瑞公司、强生公司、阿斯利康公司、默克公司、赛诺菲公司、礼来公司、葛兰素史克公司、艾伯维公司、恒瑞医药、勃林格殷格翰公司、拜耳公司。恒瑞医药排在第 13 位，创中国医药企业在该榜单的排名新高。

2023 年，《财富》杂志发布 2023 年度世界 500 强排行榜，其中医药健康类企业共有 32 家，分别是美国 19 家、中国 4 家、德国 3 家、英国 2 家、瑞士 2 家、法国 1 家、爱尔兰 1 家。中国 4 家企业为华润（集团）有限公司、中国医药集团有限公司、广州医药集团有限公司、上海医药。

在全球医药创新研发领域，中国企业正在占据越来越重要的地位。从在研药物在全球的分布来看，中国当前位列第二，比重仍在持续上升。2022 年 1 月—2023 年 1 月，中国在研药物数量由 4 189 个增加至 5 033 个，在全球研发线的占比由 20.8% 上升至 23.6%。美国以 10 876 个在研药物数量领衔于全球，但其占比减少了 2.3 个百分点，由 53.4% 下滑至 51.1%。

2021 年 11 月，Medical Design & Outsourcing 发布 2021 年全球医疗器

械公司 100 强榜单。从地区分布看，美国 55 家企业入围，日本 14 家企业入围，德国 7 家企业入围，瑞士和丹麦各 4 家企业入围，英国和瑞典各 3 家企业入围，无中国医疗器械企业入围。

2022 年 9 月，Medical Design & Outsourcing 发布 2022 年全球医疗器械公司 100 强榜单。2 家中国医疗器械企业入围：深圳迈瑞生物医疗电子股份有限公司（以下简称迈瑞医疗）排在第 32 位（总收入为 39.17 亿美元），微创医疗科学有限公司（以下简称微创医疗）排在第 77 位（总收入为 7.79 亿美元）。

2023 年 8 月，Medical Design & Outsourcing 发布 2023 年全球医疗器械公司 100 强榜单。2 家中国医疗器械企业入围：迈瑞医疗排在第 27 位（财年收入为 45.13 亿美元，雇员 16 099 人），微创医疗排在第 77 位（财年收入为 8.41 亿美元，雇员 9 435 人）。

2019 年 9 月，Informa 根据 2017 财年营收统计，发布 2019 年全球医疗器械公司 TOP100 排名。4 家中国医疗器械企业入围：山东新华医疗器械股份有限公司（以下简称新华医疗）排在第 41 位（财年收入为 15.34 亿美元），乐普（北京）医疗器械股份有限公司（以下简称乐普医疗）排在第 73 位（财年收入为 6.98 亿美元），江苏鱼跃医疗设备股份有限公司（以下简称鱼跃医疗）排在第 77 位（财年收入为 5.44 亿美元），微创医疗排在第 83 位（财年收入为 4.44 亿美元）。

2023 年 4 月，MD+DI Qmed 依据医疗器械企业 2022 财年营收，发布 2023 年全球医疗器械公司百强名单。12 家中国医疗器械企业入围：迈瑞医疗排在第 27 位，天津九安医疗电子股份有限公司排在第 30 位，威高集团有限公司排在第 53 位，稳健医疗用品股份有限公司排在第 61 位，乐普医疗排在第 62 位，新华医疗排在第 66 位，上海联影医疗科技股份有限公司（以下简称联影医疗）排在第 68 位，武汉明德生物科技股份有限公司排在第 70 位，鱼跃医疗排在第 81 位，广州万孚生物技术股份有限公司排在第 91 位，振德医疗用品股份有限公司排在第 97 位，圣湘生物科技股份有限公司排在第 98 位。

2023 年 12 月，Medtech Insight 发布全球医疗器械公司 100 强。5 家中

国医疗器械企业入围：迈瑞医疗排在第 26 位，乐普医疗排在第 58 位，联影医疗排在第 67 位，鱼跃医疗排在第 77 位，微创医疗排在第 87 位。

加快推进我国从制药大国到制药强国的跨越，必须加快培育一批优秀的产业群体。一要加快提高集约化水平。截至 2023 年年底，我国共有药品生产企业 8 460 多家，主营业务收入达 25 205.7 亿元。总体看，目前我国药品生产企业仍然呈现"多、小、散、低"的特征，规模化、集约化程度亟待进一步提高。要积极适应全球化时代发展的需要，加快培育一批在国际上能"顶天立地"的优秀企业，进一步提高产业集中度和市场竞争力。二要加快提升国际化水平。2012 年 12 月 29 日，《国务院关于印发生物产业发展规划的通知》（国发〔2012〕65 号）提出："坚持国际化发展。把握全球经济一体化带来的机遇，针对生物科技创新、新业态发展与金融创新结合紧密的特点，积极探索国际合作新模式，推动优化配置全球生物技术、人才、资本、市场资源，推动互利共赢合作发展。积极鼓励国内企业参与国际分工合作，不断提高竞争力和国际化发展水平。"近年来，我国部分食品药品企业实施国际化战略，通过海外投资等手段，打通国际市场，走向世界。但总体看，我国食品药品企业走向国际化还处于起步阶段，企业海外投资和产品出口比例还不够高。三要加快提升创新力。长期以来，我国是一个以生产仿制药为主的国家。近年来，随着我国药品创新政策的陆续出台，企业创新活力迸发。目前，我国药品产业发展已进入创新的黄金时代。创新是引领发展的第一动力。要积极推进治理理念、治理制度、治理机制、治理方式等融合创新、集成创新、开放创新，精心打造更加良好的创新生态，助力企业加快实现从模仿型创新到原始型创新的跨越，提升全球竞争力。

二、卓越的创新能力

创新是国家综合实力的重要标志。习近平总书记多次强调："惟创新者进，惟创新者强，惟创新者胜。""企业持续发展之基、市场制胜之道在于创新……"世界制药强国无一不是创新强国。2019 年 7 月，世界知识产权组织（WIPO）发布 2019 年全球创新指数（global innovation index，

GII）报告。世界制药强国基本属于全球创新指数前 20 名的国家。中国在 129 个国家和经济体中位列第 14 名，成为排行榜前 30 名中唯一的发展中国家。

2020 年 9 月，WIPO 发布以"谁为创新出资？"为主题的报告《2020 年全球创新指数》。报告显示，中国在 131 个经济体中位列第 14 名，在中等偏上收入组别的 37 个经济体中位列第一，仍然是全球创新指数排名前 30 位中唯一的中等收入经济体。在全球前 100 位科技集群排名中，深圳-香港-广州科技集群位居第二。

2021 年 9 月，WIPO 在日内瓦发布《2021 年全球创新指数》。中国延续上一年度取得的进步，排名较 2020 年上升 2 位，列全球第 12 位。中国仍是前 30 位中唯一的中等收入经济体。自 2013 年以来，中国的全球创新指数排名稳步上升，确立了作为全球创新领先者的地位，接近前十名。中国拥有 19 个全球领先的科技集群，其中深圳-香港-广州和北京分别位居全球第二和第三。

2022 年 9 月，WIPO 发布《2022 年全球创新指数》，通过跟踪全球创新现状，对 132 个经济体的创新生态系统表现进行排名，并分析全球最新创新趋势。根据全球创新指数排名，瑞士、美国、瑞典、英国和荷兰是世界上最具创新力的经济体，中国排在第 11 位。

2023 年 9 月，WIPO 在日内瓦发布《2023 年全球创新指数》，中国排在第 12 位。

党的十八大以来，我国食品药品监管改革创新进入新阶段。2015 年 8 月 9 日发布《国务院关于改革药品医疗器械审评审批制度的意见》（国发〔2015〕44 号），2016 年 2 月 6 日发布《国务院办公厅关于开展仿制药质量和疗效一致性评价的意见》（国办发〔2016〕8 号），2016 年 3 月 11 日发布《国务院办公厅关于促进医药产业健康发展的指导意见》（国办发〔2016〕11 号），2017 年 10 月 1 日发布《中共中央办公厅　国务院办公厅关于深化审评审批制度改革鼓励药品医疗器械创新的意见》（厅字〔2017〕42 号），2019 年 5 月 9 日发布《中共中央　国务院关于深化改革加强食品安全工作的意见》，2019 年 7 月 9 日发布《国务院办公厅关于建立职业化专业化药品检查员队伍的意见》（国办发〔2019〕36号），2019年10月11日发布《国务院办公厅关于进一步做好短缺药品保供稳价工作的意见》（国办发〔2019〕47号），2019年10月20日发布《中共中央 国务院关于促进中医药传承创新发展的意见》，2021年1月22日发布《国务院办公厅印发关于加快中医药特色发展若干政策措施的通知》（国办发〔2021〕3号），我国食品药品监管改革创新驶入快车道。

党的十九届五中全会通过的《中共中央关于制定国民经济和社会发展第十四个五年规划和二〇三五年远景目标的建议》提出："坚持创新在我国现代化建设全局中的核心地位，把科技自立自强作为国家发展的战略支撑，面向世界科技前沿、面向经济主战场、面向国家重大需求、面向人民生命健康，深入实施科教兴国战略、人才强国战略、创新驱动发展战略，完善国家创新体系，加快建设科技强国。"文件提出：要强化国家战略科技力量，提升企业技术创新能力，激发人才创新活力，完善科技创新体制机制。党的二十大报告提出："必须坚持科技是第一生产力、人才是第一资源、创新是第一动力，深入实施科教兴国战略、人才强国战略、创新驱动发展战略，开辟发展新领域新赛道，不断塑造发展新动能新优势。""坚持面向世界科技前沿、面向经济主战场、面向国家重大需求、面向人民生命健康，加快实现高水平科技自立自强。以国家战略需求为导向，集聚力量进行原创性引领性科技攻关，坚决打赢关键核心技术攻坚战。加快实施一批具有战略性全局性前瞻性的国家重大科技项目，增强自主创新能力。加强基础研究，突出原创，鼓励自由探索。提升科技投入效能，深化财政科技经费分配使用机制改革，激发创新活力。加强企业主导的产学研深度融合，强化目标导向，提高科技成果转化和产业化水平。强化企业科技创新主体地位，发挥科技型骨干企业引领支撑作用，营造有利于科技型中小微企业成长的良好环境，推动创新链产业链资金链人才链深度融合。"

多年来，我国药品监管部门持续推进监管创新。自2018年以来，全面完成《药品管理法》《疫苗管理法》《医疗器械监督管理条例》《化妆品监督管理条例》制修订，发布14部规章，着力打造药品监管法律制度的升级版、现代版，努力以高标准、优服务助力产业创新高质量发展。持续深化药品医疗器械审评审批制度改革，完善上市许可持有人制度，推进临床试验和临床评价管理改革，建立药械产品加快上市注册程序，探索真实世界数据研究应用，加大对创新药械产品研发的支持力度，更好满足新时代人民群众对"好药好械"的新需求。建立健全全生命周期的药品医疗器械质量管理体系，持续推进药品医疗器械质量合规体系建设，药品医疗器械安全形势稳中向好。深入实施中国药品监管科学行动计划，获批药品监管科学全国重点实验室，建设长三角、大湾区四个审评检查分中心，组建国家疫苗检查中心、特殊药品检查中心，驰而不息提升药品监管能力和水平。积极参与世界卫生组织（WHO）、国际药品监管机构联盟（ICMRA）、国际人用药品注册技术协调会（ICH）、药品检查合作计划（PIC/S）、国际医疗器械监管者论坛（IMDRF）、全球医疗器械法规协调会（GHWP）、国际化妆品监管合作组织（ICCR）等国际组织相关活动，努力推进全球药品监管趋同、协调和信赖。经过多年的共同努力，中国药品医疗器械产业实现了跨越式发展。今天，中国药品监管创新的基础更雄厚、动力更充沛，意志更坚定、信心更十足。

加快迈入制药强国行列，应当积极推进药品安全监管理念创新。理念是事物运行的灵魂，体现着对事物运行的哲学思考和应然判定。近年来，我国在药品安全领域持续创新监管理念，形成了风险治理、责任治理和智慧治理三大核心治理理念。当前我国正处于从制药大国向制药强国跨越的进程中，从以仿制药为主向创新药引领跨越的进程中，从高速增长向高质量发展跨越的进程中，从工业时代药品监管向信息时代药品监管跨越的进程中。全球化、信息化所形成的时空压缩和时空延伸，将使我国有可能在药品领域弯道前行，与发达国家间逐步形成跟跑、并跑和领跑并存的发展格局。

加快迈入制药强国行列，应当积极推进药品安全监管体制创新。体制是事物运行的格局，体现着对事物运行的宏观统筹和战略安排。实现从制药大国到制药强国的跨越，需要认真研究药品产业发展和药品监管的基本属性、基本规律，科学把握好普通产品与特殊产品、社会管理与专业管理、集中管理与分级管理、中国国情与世界趋势的关系，走出一条体现时代性、把握规律性、富于创造性的发展道路。未来几十年，大健康产业将是最具希望的产业之一。从世界的角度看，大健康产品统一监管是未来的发展趋势。

加快迈入制药强国行列，应当积极推进药品安全监管机制创新。机制是事物运行的动力，体现着事物运行的外在条件和内在要求。21世纪以来，围绕监管责任落实和治理合力构建，我国在药品安全监管机制创新方面进行了许多探索，如分类管理机制、量化分级机制、贡献褒奖机制、有奖举报机制、典型示范机制、考核评价机制、能力评价机制、信用奖惩机制、信息公开机制、首负责任机制、责任约谈机制、责任连带机制、惩罚赔偿机制、处罚到人机制、督查督办机制等。这些具体、生动、灵动的治理机制，有力推动了我国药品安全治理从一元到多元、从被动到主动的变革，开辟了新时代我国药品安全治理的新境界。未来要深入探索建立激励与约束、褒奖与惩戒、动力与压力、自律与他律相结合的更加高效的现代治理机制。

加快迈入制药强国行列，应当积极推进药品安全监管方式创新。方式是事物运行的方法，体现着事物运行的实现路径和基本手段。21世纪以来，互联网、云计算、大数据的快速发展，全球化、信息化的深度融合，正以前所未有的，甚至打破常规的力量，改变着人们认识和理解世界的方式。适应新趋势、新变化、新期待，必须以更积极、更主动、更开放、更富成效的方式，加快推进药品安全监管方式创新，努力实现从粗放治理到精细治理、从烦琐治理到简约治理、从传统治理到现代治理的转变。近年来，我国积极探索政策引导、许可默示、备案承诺、质量授权、全程追溯、延伸检查、飞行检查、驻厂监督、风险交流等一系列治理新方式，着力破解药品安全治理难题，取得了显著成效。

加快迈入制药强国行列，应当积极推进药品安全监管战略创新。战略是事物运行的谋略，体现着对事物运行的全局洞见和前瞻谋划。目前，我国正在深入实施科教兴国战略、人才强国战略、创新驱动发展战略、质量强国战略、健康中国战略等，这些为制药强国战略的实施奠定了良好的基础。有必要将制药强国战略确定为国家战略，并建立强有力的组织协调机制，加快全面实施步伐。

加快迈入制药强国行列，应当积极推进药品安全监管文化创新。文化是事物运行的生态，体现着事物运行的深厚基础和强劲力量。在监管使命上，《药品管理法》已确立"保护和促进公众健康"；在发展愿景上，《"健康中国2030"规划纲要》已提出，到2030年，我国要"跨入世界制药强国行列"；在发展道路上，我国正在积极推进药品监管的科学化、法治化、国际化和现代化；在监管文化上，我国正在努力追求健康、科学、创新、卓越，奋力提升药品安全监管工作的凝聚力、执行力、创造力和战斗力。

三、显著的制度优势

科学和法治是食品药品安全治理的两翼和双足。食品药品监管机构是以科学为基础、核心的监管机构。科学属性是食品药品产业发展和食品药品监管的第一属性。食品药品的研制、生产、经营、使用，食品药品的审评、检验、检查、监测评价，都离不开科学技术和科学证据的支撑。食品药品监管的权威源于食品药品监管的科学属性。食品药品产业发展和食品药品监管必须坚守科学原则、科学精神、科学品格和科学风范。

与此同时，必须深刻认识到，法律制度对加快推进我国从制药大国到制药强国的跨越具有至关重要的作用。当今世界，制药强国无一不高度重视法律在药品产业发展中的规范、保障、引领和助推作用，无一不着力以良好的法律体系为药物研发创新营造良好的生态环境。研究世界制药强国药品安全法律制度，可以初步得出以下结论：一是高度重视药品监管机构成长的法制保障。以法律形式明确药品监管部门的法定职责、监管职权和监管资源等，努力保持药品监管工作的稳定性、连续性和成长性。二是高度重视药品监管使命的法律塑造。明确药品监管部门的使命是保护和促进公众健康，并与时俱进地阐释药品监管部门的历史使命及时代价值，以使药品监管部门始终与时代同行，保持旺盛的生机和蓬勃的活力。三是高度重视药品安全法律制度的科学属性。强化药品监管各项法律制度以科学为基础，实施基于科学数据的全生命周期的风险管理，努力实现从经验治理到科学治理、从传统治理到现代治理的转变。四是高度重视特殊人群用药权益的法制保障。在制定药品管理基本法的同时，注重制定特别法，对特殊人群的健康权益保障给予特别关注，如婴幼儿用药用械保障、罕见病患者用药用械保障。五是高度重视药品安全法律制度的与时俱进。药品安全事件发生后，能够深刻汲取惨痛教训，及时弥补立法缺陷，推进法律制度的不断成长。

国家药品监督管理局自 2018 年新组建以来，认真贯彻党中央关于依法治国的基本方略，全力推进药品安全法律制度建设。一是坚持人民至上。全面落实习近平新时代中国特色社会主义思想，坚持以人民为中心，把最严谨的标准、最严格的监管、最严厉的处罚、最严肃的问责落到实处，全力保障人民群众用药安全、有效。二是坚持问题导向。着力以法治思维和法治方式破解药品安全领域突出问题，固根基，扬优势，补短板，强弱项，不断提升监管体系和监管能力的现代化水平。三是坚持国际视野。认真研究和借鉴当今世界制药强国的成功经验，以全球化视野持续强化药品安全法律制度建设。四是坚持立足国情。深刻认识我国药品产业发展和药品监管的现实国情，特别是我国中医药的独特资源优势，将中国的问题与世界的眼光有机结合起来，努力走出一条体现中国智慧和时代精神的新路子。五是坚持改革创新。坚持价值导向、目标导向、问题导向、结果导向的有机统一，持续推进理念创新、体制创新、制度创新、机制创新、方式创新、战略创新和文化创新。六是坚持科学发展。面对全球化、信息化时代不断出现的新技术、新工艺、新产品、新产业、新模式，不断推进监管制度、标准、工具、方法融合创新、集成创新，进一步增强监管工作的敏锐性、灵活性、适应性和前瞻性。

自 2018 年以来，我国药品监管部门积极推进法律制度创新。以新《药品管理法》为例，一是在监管使命上，将保护公众健康与促进公众健康结合。新《药品管理法》在"总则"第一条开宗明义："为了加强药品管理，保证药品质量，保障公众用药安全和合法权益，保护和促进公众健康，制定本法。"这是我国药品管理史上首次在立法中明确药品管理的庄严使命。这一庄严使命，既是药品监管部门的崇高使命，也是所有药品利益相关者的共同使命。二是在监管目标上，将保障药品质量安全与供给安全结合。新《药品管理法》总结了近年来我国短缺药品供应保障机制建设的探索实践，提出了综合管理制度和措施。新《药品管理法》第三条规定，药品管理应当以人民健康为中心，坚持风险管理、全程管控、社会共治的原则，建立科学、严格的监督管理制度，全面提升药品质量，保障药品的安全、有效、可及。这是我国药品管理史上第一次在法律"总则"中将药品的可及与药品的安全、有效摆在同等重要的地位。新《药品管理法》第九章"药品储备和供应"，明确国家实行药品储备制度、国家实行基本药物制度、国家建立药品供求监测体系、国家实行短缺药品清单管理制度、国家实施罕见病等用新药优先审评审批、国务院可以限制或者禁止短缺药品出口等。三是在监管内容上，将产品管理与信息管理结合。药品属于信赖品，消费者选择药品，很大程度上依赖于药品信息。新《药品管理法》在对药品本身提出具体要求的同时，也对药品信息提出明确要求。如规定从事药品研制、生产、经营、使用活动，应当遵守法律、法规、规章、标准和规范，保证全过程信息真实、准确、完整和可追溯。四是在管理事项上，将药品管理与队伍建设结合。新《药品管理法》在全面加强药品管理的同时，进一步强化药品监管队伍建设。新《药品管理法》第一百零四条明确规定，国家建立职业化、专业化药品检查员队伍。检查员应当熟悉药品法律法规，具备药品专业知识。这是我国首次在《药品管理法》中明确提出监管队伍的职业化专业化要求。五是在法律体系上，将企业责任与政府责任结合。新《药品管理法》在规定各类行政相对人义务和责任的同时，强化了各级人民政府的义务和责任。如规定县级以上地方人民政府对本行政区域内的药品监督管理工作负责，统一领导、组织、协调本行政区域内的药品监督管理工作以及药品安全突发事件应对工作，建立健全药品监督管理工作机制和信息共享机制。六是在监管方式上，将严格监管与灵活监管结合。新《药品管理法》认真贯彻"最严谨的标准、最严格的监管、最严厉的处罚、最严肃的问责"的要求，明确规定"建立科学、严格的监督管理制度"。与此同时，新《药品管理法》采取了许多灵活的监管制度和措施。如药品上市许可持有人可以自行生产药品，也可以委托药品生产企业生产；药品监督管理部门未及时发现药品安全系统性风险，未及时消除监督管理区域内药品安全隐患的，本级人民政府或者上级人民政府药品监督管理部门应当对其主要负责人进行约谈。七是在创新维度上，将制度创新与机制创新结合。新《药品管理法》确立了许多新制度，如药品上市许可持有人制度、药物警戒制度、药物临床试验默示许可制度、拓展性临床试验制度、出厂与上市双放行制度、职业化专业化药品检查员制度、违法行为处罚到人制度等。同时，新《药品管理法》确立了许多新机制，如贡献褒奖机制、责任连带机制、惩罚赔偿机制、行刑衔接机制等。八是在行政责任上，将单位责任与个人责任结合。新《药品管理法》在规定药品上市许可持有人、药品生产企业、药品经营企业、药物非临床安全性评价研究机构、药物临床试验机构等各类单位法律责任的同时，特别规定了相关自然人的法律责任，对违法行为实行"双罚制"，落实违法行为处罚到人的要求。九是在民事责任上，将补偿性赔偿与惩罚性赔偿结合。新《药品管理法》第一百四十四条规定，药品上市许可持有人、药品生产企业、药品经营企业或者医疗机构违反本法规定，给用药者造成损害的，依法承担赔偿责任。同时规定，生产假药、劣药或者明知是假药、劣药仍然销售、使用的，受害人或者其近亲属除请求赔偿损失外，还可以请求支付价款十倍或者损失三倍的赔偿金；增加赔偿的金额不足一千元的，为一千元。

加快推进我国从制药大国到制药强国的跨越，持续提升药品监管的科学化、法治化、国际化和现代化水平，打造我国药品法律法规的升级版、现代版。一要坚持大时代观。当今，我们正处于全球化、信息化的大时代。全面提升药品监管能力和水平，必须认真研究大时代，科学把握大时代，积极适应大时代，构建与新时代发展相适应的药品监管理念、体制、制度、机制、方式、战略和文化。二要坚持大健康观。大健康是围绕人的生老病死，对生命实施全过程、多方面、全要素的呵护，不仅追求身体健康，也追求心理健康和精神健康的过程。要将大健康观嵌入药品安全治理的全过程和各方面。三要坚持大风险观。要深刻认识风险的广泛性、复杂性、多样性、隐蔽性、叠加性、交叉性、放大性、关联性、高发性、跨界性、渗透性、流动性等特征，对风险进行全程治理、社会治理、能动治理、专业治理、分类治理、精细治理、动态治理、持续治理、灵活治理和智慧治理。四要坚持大安全观。要深刻认识安全的基础性、至上性、相对性、多维性、综合性、社会性、公共性、动态性、成长性、现代性，不断提升药品安全治理水平。五要坚持大质量观。当前，我国经济已由高速增长阶段转向高质量发展阶段，正处在转变发展方式、优化经济结构、转换增长动力的攻关期。必须坚持质量第一、效益优先，以供给侧结构性改革为主线，推动经济发展质量变革、效率变革、动力变革。六要坚持大治理观。治理是对监管的扬弃、提升和拓展。要坚持党委领导、政府监管、企业负责、行业自律、社会协同、公众参与、媒体监督、法治保障的大治理观，不断提升药品安全治理的广度和深度。

四、完善的监管体系

食品药品安全监管体系是对食品药品安全监管目标、原则、环境、制度、机制、方式等的系统安排。强化体系管理是食品药品安全治理的精髓和要义。党的十九届四中全会通过的《中共中央关于坚持和完善中国特色社会主义制度 推进国家治理体系和治理能力现代化若干重大问题的决定》，对国家治理体系和治理能力现代化作出全面系统安排。食品药品安全治理体系和治理能力现代化是我国国家治理体系的重要组成部分，应当将食品药品安全治理体系建设摆在优先发展的战略地位。同时，企业是生产经营的主体，要强化完善企业质量管理体系，全面塑造企业发展新动能、新优势。

加快迈入制药强国行列，需要建立更加完善的法律体系。法律是人类最伟大的发明。国家药品监督管理局自 2018 年新组建以来，坚持立法优先，全面加快立法工作，已有法律 2 部、行政法规 11 部、规章 40 多部。药品监管法律制度体系的"四梁八柱"基本确立，但内部"精装修"的任务仍然十分繁重，一些配套规章制度仍需加快制修订。加快我国由制药大国向制药强国跨越，需要加快打造我国药品管理法律的升级版、现代版。要继续以完善配套规章制度体系为重点，加快推进药品立法工作，使药品安全法律制度实现理念现代、价值和谐、制度完备、机制健全，更好地引领与助推我国药品产业高质量发展和药品监管现代化。

加快迈入制药强国行列，需要建立更加完善的标准体系。2020 年版《中华人民共和国药典》共收载品种 5 911 种，其中中药收载 2 711 种，化学药收载 2 712 种，生物制品收载 153 种，进一步满足了国家基本药物目录和医疗保险目录品种的需求，是目前世界上药品标准门类最齐全的药典。截至 2024 年 4 月底，中国医疗器械标准达 1 975 项，国际采标率已达到 95%。《国务院办公厅关于全面加强药品监管能力建设的实施意见》提出："提升标准管理能力。加快完善政府主导、企业主体、社会参与的相关标准工作机制。继续实施国家药品标准提高行动计划。强化药品标准体系建设，完善标准管理制度措施，加强标准制修订全过程精细化管理。完善医疗器械标准体系，构建化妆品标准体系，加强国家标准、行业标准、团体标准、企业标准统筹协调。积极参与国际相关标准协调，提升与国际标准一致性程度。加强标准信息化建设，提高公共标准服务水平。"《"十四五"国家药品安全及促进高质量发展规划》提出："持续推进标准体系建设。继续开展国家药品标准提高行动计划。编制 2025 年版《中华人民共和国药典》。加强标准的国际协调，牵头中药国际标准制定，化学药品标准达到国际先进水平，生物制品标准与国际水平保持同步，药用辅料和药包材标准紧跟国际标准。加强药品标准技术支撑体系建设，提升药品标准研究能力。优化医疗器械标准体系，鼓励新兴技术领域推荐性标准制定，加快与国际标准同步立项，提升国内外标准一致性。完善化妆品标准技术支撑体系，健全标准制修订工作机制。""制修订国家药品标准 2 000 个、通用技术要求 100 个。建立数字化的《中华人民共和国药典》和动态更新的国家药品标准数据平台。""制修订医疗器械标准 500 项，重点加强医疗器械基础通用、涉及人身健康与生命安全的强制性标准以及促进产业高质量发展的推荐性标准的研究制定。"

加快迈入制药强国行列，需要建立更加完善的审评体系。国家药品监督管理局新组建以来，适应健康产业发展和健康产品创新发展的需要，在长三角、大湾区分别设立药品、医疗器械审评检查分中心。药品审评中心增加 160 个编制。药品审评中心、医疗器械审评中心优化内设机构设置。如药品审评中心增设了合规处、临床试验管理处、数据管理处等；医疗器械审评中心增设了项目管理部、临床与生物统计一部、临床与生物统计二部，同时在综合业务部增挂了合规部的牌子。《国务院办公厅关于全面加强药品监管能力建设的实施意见》提出："提高技术审评能力。瞄准国家区域协调发展战略需求，整合现有监管资源，优化中药和生物制品（疫苗）等审评检查机构设置，充实专业技术力量。优化应急和创新药品医疗器械研审联动工作机制，鼓励新技术应用和新产品研发。充分发挥专家咨询委员会在审评决策中的作用，依法公开专家意见、审评结果和审评报告。优化沟通交流方式和渠道，增加创新药品医疗器械会议沟通频次，强化对申请人的技术指导和服务。健全临床急需境外已上市药品进口相关制度。建立国家药物毒理协作研究机制，强化对药品中危害物质的识别与控制。""优化中药审评机制。遵循中药研制规律，建立中医药理论、人用经验、临床试验相结合的中药特色审评证据体系，重视循证医学应用，探索开展药品真实世界证据研究。优化中成药注册分类，加强创新药、改良型新药、古代经典名方中药复方制剂、同名同方药管理。完善技术指导原则体系，加强全过程质量控制，促进中药传承创新发展。"《"十四五"国家药品安全及促进高质量发展规划》提出："持续推进以审评为主导，检验、核查、监测与评价等为支撑的药品注册管理体系建设，优化药品审评机构设置，充实专业技术审评力量。优化应急和创新药品医疗器械研审联动工作机制，鼓励新技术应用和新产品研发。继续开展药品审评流程导向科学管理体系建设工作，推动审评体系和审评能力现代化。"

加快迈入制药强国行列，需要建立更加完善的检查体系。近年来，我国高度重视药品检查员队伍建设。《药品管理法》第一百零四条规定，国家建立职业化、专业化药品检查员队伍。检查员应当熟悉药品法律法规，具备药品专业知识。《疫苗管理法》第七十一条规定，国家建设中央和省级两级职业化、专业化药品检查员队伍，加强对疫苗的监督检查。2019年 7 月 9 日，《国务院办公厅关于建立职业化专业化药品检查员队伍的意见》发布。国家药品监督管理局正在加快制定推进职业化专业化检查员建设的配套制度，着力打造一支高素质的职业化专业化检查员队伍。《国务院办公厅关于全面加强药品监管能力建设的实施意见》提出："完善检查执法体系。落实关于建立职业化专业化药品检查员队伍的有关部署，加快构建有效满足各级药品监管工作需求的检查员队伍体系。针对新冠肺炎疫情防控和重大案件查办中暴露的突出问题，各省（自治区、直辖市）要依托现有资源加强药品检查机构建设，充实检查员队伍，延伸监管触角。创新检查方式方法，强化检查的突击性、实效性。加强境外检查，把好进口药品质量关。建立检查力量统一调派机制。国家药品检查机构根据重大监管任务需要，统一指挥调派各级检查员。省级药品监管部门根据检查稽查工作需要，统筹调派辖区内药品检查员。鼓励市县从事药品检验检测等人员取得药品检查员资格，参与药品检查工作。"《"十四五"国家药品安全及促进高质量发展规划》提出："进一步加强国家和省两级药品检查机构建设。在药品产业集中区域增加国家级审核查验力量配置。完善检查工作协调机制，高效衔接稽查执法、注册审评，形成权责明确、协作顺畅、覆盖全面的药品监督检查工作体系。构建有效满足各级药品监管工作需求的检查员队伍体系，建立检查力量统一调派机制，统筹利用各级检查力量。鼓励市县从事药品检验检测等人员取得药品检查员资格，参与药品检查工作。"

加快迈入制药强国行列，需要建立更加完善的检验体系。目前，药品监管系统中有药品医疗器械检验机构 350 多家。2019 年国家药品监督管理局启动重点实验室建设，目前有国家药品监督管理局重点实验室 116 家。《国务院办公厅关于全面加强药品监管能力建设的实施意见》提出："提高检验检测能力。瞄准国际技术前沿，以中国食品药品检定研究院为龙头、国家药监局重点实验室为骨干、省级检验检测机构为依托，完善科学权威的药品、医疗器械和化妆品检验检测体系。加快推进创新疫苗及生物技术产品评价与检定国家重点实验室建设，纳入国家实验室体系。持续加强医疗器械检验检测机构建设，加快建设化妆品禁限用物质检验检测和安全评价实验室，补齐检验检测能力短板。省级检验检测机构要加强对市县级检验检测机构的业务指导，开展能力达标建设。"《"十四五"国家药品安全及促进高质量发展规划》提出："加强检验检测体系建设。加强药品、医疗器械检验检测关键技术和平台建设。以中国食品药品检定研究院为龙头、国家药监局重点实验室为骨干、省级检验检测机构为依托，完善科学权威的药品、医疗器械和化妆品检验检测体系。国家级检验机构着重瞄准国际技术前沿，强化重点专业领域检验能力建设。地方各级检验机构针对日常和应急检验需求，补齐能力短板，力争具备应对突发公共卫生事件'应检尽检'能力。围绕药品关联审评审批及监管需要，推动建立布局合理、重点突出的药用辅料和药包材检验检测体系。"

加快迈入制药强国行列，需要建立更加完善的监测评价体系。2020年7月28日，《国家药监局关于进一步加强药品不良反应监测评价体系和能力建设的意见》（国药监药管〔2020〕20号）提出，到2025年，要努力实现药品不良反应监测评价体系更加健全、药品不良反应监测评价制度更加完善、药品不良反应监测评价人才队伍全面加强、药品不良反应监测信息系统全面升级、药品不良反应监测评价方式方法不断创新、药品不良反应监测评价国际合作持续深化的主要目标。《国务院办公厅关于全面加强药品监管能力建设的实施意见》提出："建设国家药物警戒体系。加强药品、医疗器械和化妆品不良反应（事件）监测体系建设和省、市、县级药品不良反应监测机构能力建设。制定药物警戒质量管理规范，完善信息系统，加强信息共享，推进与疾控机构疑似预防接种异常反应监测系统数据联动应用。"《"十四五"国家药品安全及促进高质量发展规划》提出："建立健全药物警戒体系。健全国家药物警戒制度，落实药品上市许可持有人警戒主体责任。开展医疗器械警戒研究，探索医疗器械警戒制度。提升各级不良反应监测评价能力，探索市县药品不良反应监测机构由省级药品监管部门统一管理，构建以不良反应监测体系为基础的统一药物警戒体系和医疗器械不良事件监测体系。贯彻落实药物警戒质量管理规范，推进建设药品不良反应、医疗器械不良事件监测哨点，加强对药品不良反应聚集性事件的分析、研判、处置，持续推进上市后药品安全监测评价技术的研究与应用。积极探索开展主动监测工作。"

五、重大的国际影响

当今的世界是全球化的世界，当今的时代是全球化的时代。目前，中国是全球第二大医药消费市场。无论是药品产业，还是药品监管，我国在世界上的影响日益增加，地位日益提升。

我国在全球药物研发创新中的排名持续上升。2020年9月，通过对全球30 000家药企自2012年开始的追踪研究，全球性投资银行Torreya按估值发布《全球1 000强药企报告》。Torreya估计，全球医药行业的规模达1.24万亿美元。全球制药行业排名前五的国家是美国、中国、瑞士、日本和英国。在过去的数年间，中国的制药企业获得了快速增长。在前100家医药企业中，中国占据了21个席位，而在整个1 000家医药企业中，中国医药企业有208家，市值约占14.4%，全球制药产业价值正逐步转向中国。随着全球化、信息化步伐的加快，药品监管领域监管规则的趋同、协调、信赖步伐加快。我国已加入ICMRA、ICH、IMDRF、GHWP等相关国际组织，在国际药品监管规则制定中发挥日益重要的作用。2019年10月，中国国家药品监管机构与世界卫生组织签署合作意向声明，双方将合作加强监管能力和监管体系的建设。2015年5月，中国国家药品监管机构加入ICMRA，全面参与ICMRA监管规则趋同、协调和标准制定。2017年6月，中国国家药品监管机构加入ICH，2018年6月当选ICH管理委员会成员，2021年6月再次当选ICH管理委员会成员，先后派出多名专家全面参与ICH协调的多个议题的研究和讨论。2019年9月，中国国家药品监管机构加入IMDRF。在2019年IMDRF第16次管理委员会会议上，由中国牵头的临床评价工作组所起草的《临床证据-关键定义和概念》《临床评价》《临床研究》三份指南文件被正式批准成为国际指南。中国国家药品监管机构积极为国际药品监管规则的制定与完善贡献中国智慧和力量。2021年9月，中国国家药品监管机构申请预加入PIC/S，2023年9月，申请正式加入PIC/S。2023年2月，中国国家药品监管机构分管局领导担任新一届GHWP主席。

我国药品监管改革创新引发世界的广泛关注。2015年8月，我国启动药品医疗器械审评审批制度改革，得到了国际社会的广泛关注和积极评价。有关媒体指出，中国药品审评审批制度改革不断深化，"救命药"优先审评审批政策不断完善和落实，整个监管流程大幅提速，这使得在中国上市的创新药物数量持续攀升，同时也吸引全球各大药企不断加大在华药物研发创新投入。2019年11月，麦肯锡公司发布的医药年度报告《通往创新的桥梁》指出，中国国家药品监督管理局的持续改革引起新药上市高潮，上市滞后时间显著缩短，本土医药创新方兴未艾。中国正在成为全球药品市场增长的主要贡献者，未来中国药品市场对全球业务的战略重要性将不断上升，中国在全球药品研发中的作用将有望提升。

我国药品监管改革发展道路日益得到国际业界的广泛认同。2019年1月，国家药品监督管理局提出药品监管的科学化、法治化、国际化和现代化的发展道路。2019年4月，国家药品监督管理局启动中国药品监管科学行动计划，决定围绕药品审评审批制度改革，密切跟踪国际药品监管前沿，通过监管工具、标准、方法等创新，有效解决影响和制约我国药品监管的突出问题，全面提升药品监管的现代化水平。中国药品监管科学行动计划实施正在稳步向前推进。

自2015年起，我国已成为全球第二大药品市场，成为名副其实的制药大国。根据临床药物研发数据库 Pharmaprojects 的数据，截至2019年4月，全球在研药物管线项目数量达16 181个。从在研产品发起人所在区域看，中国以301家制药公司的规模排名第二，首次超越曾经排名第二的英国、德国、法国、意大利等国家。同时，必须看到，目前我国仍未进入世界制药强国行列。在世界药品、医疗器械百强企业榜单上，中国企业数量不足20个，且没有企业进入榜单前10强。随着审评审批制度改革创新的持续深化，我国药品医疗器械产业发展已经进入"黄金期"，呈现出强劲的成长后劲。制度优势是一个国家的最大优势，制度竞争是国家间最根本的竞争。应当按照立足新发展阶段、贯彻新发展理念、构建新发展格局的要求，以制药强国为目标，从制度资源、产业群体、创新能力、监管体系、国际影响等方面进行系统分析，找出差距，补齐短板，加快形成发展优势，加快推进我国从制药大国向制药强国的跨越，更好地满足新时代公众健康新需求。

坚持面向世界科技前沿、面向经济主战场、面向国家重大需求、面向人民生命健康，加快实现高水平科技自立自强。

——习近平

第四章 发 展 主 题

主题，通常是指事物的核心、焦点或者要旨。食品药品安全治理的五大主题是食品药品安全领域长期积累且需要集中力量重点解决的主要矛盾和突出问题。近年来，围绕"创新、质量、效率、体系和能力"五大主题，食品药品监管部门解放思想、锐意改革、奋发作为，采取了许多创新性举措，推进了许多变革性实践，取得了许多突破性进展，开创了新时代食品药品监管工作新局面。

马克思说："问题就是公开的、无畏的、左右一切个人的时代声音。问题就是时代的口号，是它表现自己精神状态的最实际的呼声。"改革开放以来，我国食品药品安全领域改革创新取得许多重要成就，同时也面临着许多突出问题。2015年8月9日，《国务院关于改革药品医疗器械审评审批制度的意见》（国发〔2015〕44号）发布。文件提出："近年来，我国医药产业快速发展，药品医疗器械质量和标准不断提高，较好地满足了公众用药需要。与此同时，药品医疗器械审评审批中存在的问题也日益突出，注册申请资料质量不高，审评过程中需要多次补充完善，严重影响审评审批效率；仿制药重复建设、重复申请，市场恶性竞争，部分仿制药质量与国际先进水平存在较大差距；临床急需新药的上市审批时间过长，药品研发机构和科研人员不能申请药品注册，影响药品创新的积极性。"文件的发布，拉开了我国药品医疗器械审评审批制度改革的序幕，确立了我国药品监管的五大主题——创新、质量、效率、体系和能力。2017年10月1日，《中共中央办公厅 国务院办公厅关于深化审评审批制度改革鼓励药品医疗器械创新的意见》（厅字〔2017〕42号）提出："当前，我国药品医疗器械产业快速发展，创新创业方兴未艾，审评审批制度改革持续推进。但总体上看，我国药品医疗器械科技创新支撑不够，上市产品质量与国际先进水平存在差距。"2019 年 5 月 9 日，《中共中央 国务院关于深化改革加强食品安全工作的意见》指出："我国食品安全工作仍面临不少困难和挑战，形势依然复杂严峻。微生物和重金属污染、农药兽药残留超标、添加剂使用不规范、制假售假等问题时有发生，环境污染对食品安全的影响逐渐显现；违法成本低，维权成本高，法制不够健全，一些生产经营者唯利是图、主体责任意识不强；新业态、新资源潜在风险增多，国际贸易带来的食品安全问题加深；食品安全标准与最严谨标准要求尚有一定差距，风险监测评估预警等基础工作薄弱，基层监管力量和技术手段跟不上；一些地方对食品安全重视不够，责任落实不到位，安全与发展的矛盾仍然突出。这些问题影响到人民群众的获得感、幸福感、安全感，成为全面建成小康社会、全面建设社会主义现代化国家的明显短板。"2021 年 4 月 27 日，《国务院办公厅关于全面加强药品监管能力建设的实施意见》（国办发〔2021〕16 号）提出："党的十八大以来，药品监管改革深入推进，创新、质量、效率持续提升，医药产业快速健康发展，人民群众用药需求得到更好满足。随着改革不断向纵深推进，药品监管体系和监管能力存在的短板问题日益凸显，影响了人民群众对药品监管改革的获得感。"2021 年 10 月 20 日，国家药品监督管理局等多部门联合印发的《"十四五"国家药品安全及促进高质量发展规划》（国药监综〔2021〕64 号）指出："必须清醒认识到我国医药产业发展不平衡不充分，药品安全性、有效性、可及性仍需进一步提高，全生命周期监管工作仍需完善。现代生物医药新技术、新方法、新商业模式日新月异，对传统监管模式和监管能力形成挑战。药品监管信息化水平需进一步提高，技术支撑体系建设有待加强。药品监管队伍力量与监管任务不匹配、监管人员专业能力不强的问题仍然较突出。新型冠状病毒肺炎疫情的暴发反映出人类面临的新型疾病风险越来越大，对药品研发、安全和疗效提出了新的需求。""当前，党中央、国务院对药品安全提出了新的更高要求，围绕加快临床急需药品上市、改革完善疫苗管理体制、中医药传承创新发展等作出一系列重大部署。人民群众对药品质量和安全有更高期盼，对药品的品种、数量和质量需求保持快速上升趋势。医药行业对公平、有序、可预期的监管环境有强烈诉求，迫切需要监管部门进一步完善优化审评审批机制，提升服务水平和监管效能，进一步提高审评过程透明度，通过强有力的监管支持医药产业实现高质量发展。"上述问题涉及诸多领域与方面，概括起来，就是创新、质量、效率、体系和能力。破解质量、效率、体系和能力四大难题，必须充分依靠创新这把"金钥匙"。

一、创新：引领发展的第一动力

创新，位居五大新发展理念之首，是引领发展的第一动力，是破解发展难题的"金钥匙"，是开创发展新局面的"加速器"。全面提升食品药品安全治理质量和效率，加快推进食品药品安全治理体系和治理能力现代化，核心路径和关键举措就是创新。唯有创新，才有未来；唯有创新，才有希望。必须适应新时代发展的需要，深入推进食品药品安全治理理念、体制、制度、机制、方式、战略和文化的融合创新、集成创新、开放创新，不断提升我国食品药品安全治理的内生动力。

第一，坚持创新在我国现代化建设全局中的核心地位。早在 2013 年 5 月 4 日，习近平总书记在同各界优秀青年代表座谈时强调："创新是民族进步的灵魂，是一个国家兴旺发达的不竭源泉，也是中华民族最深沉的民族禀赋，正所谓'苟日新，日日新，又日新'。生活从不眷顾因循守旧、满足现状者，从不等待不思进取、坐享其成者，而是将更多机遇留给善于和勇于创新的人们。"2014 年 8 月 18 日，习近平总书记在中央财经领导小组第七次会议上强调，创新始终是推动一个国家、一个民族向前发展的重要力量。2015 年 10 月 29 日，习近平总书记在党的十八届五中全会第二次全体会议上强调："我们必须把创新作为引领发展的第一动力，把人才作为支撑发展的第一资源，把创新摆在国家发展全局的核心位置，不断推进理论创新、制度创新、科技创新、文化创新等各方面创新，让创新贯穿党和国家一切工作，让创新在全社会蔚然成风。"2016 年 1 月 18 日，习近平总书记在省部级主要领导干部学习贯彻十八届五中全会精神专题研讨班开班式上强调，要着力实施创新驱动发展战略，抓住了创新，就抓住了牵动经济社会发展全局的"牛鼻子"。抓创新就是抓发展，谋创新就是谋未来。我们必须把发展基点放在创新上，通过创新培育发展新动力、塑造更多发挥先发优势的引领型发展，做到人有我有、人有我强、人强我优。2018年4月10日，习近平主席在博鳌亚洲论坛2018年年会开幕式上强调："变革创新是推动人类社会向前发展的根本动力。谁排斥变革，谁拒绝创新，谁就会落后于时代，谁就会被历史淘汰。"2018年4月13日，习近平总书记在庆祝海南建省办经济特区30周年大会上强调："发展是第一要务，创新是第一动力，是建设现代化经济体系的战略支撑。"2018年5月28日，习近平总书记在中国科学院第十九次院士大会、中国工程院第十四次院士大会上强调："我们坚持走中国特色自主创新道路，坚持创新是第一动力，坚持抓创新就是抓发展、谋创新就是谋未来，明确我国科技创新主攻方向和突破口，努力实现优势领域、关键技术重大突破，主要创新指标进入世界前列。""充分认识创新是第一动力，提供高质量科技供给，着力支撑现代化经济体系建设。"2018年11月5日，习近平主席在首届中国国际进口博览会开幕式上强调："创新是第一动力。只有敢于创新、勇于变革，才能突破世界经济发展瓶颈。"2018年12月18日，习近平总书记在庆祝改革开放40周年大会上强调："创新是改革开放的生命。""我们要坚持创新是第一动力、人才是第一资源的理念，实施创新驱动发展战略，完善国家创新体系，加快关键核心技术自主创新，为经济社会发展打造新引擎。"2020年10月26日，党的十九届五中全会通过的《中共中央关于制定国民经济和社会发展第十四个五年规划和二〇三五年远景目标的建议》提出："坚持创新在我国现代化建设全局中的核心地位"。2022年10月16日，习近平总书记在中国共产党第二十次全国代表大会上再次强调："坚持创新在我国现代化建设全局中的核心地位。"2023年4月10—13日，习近平总书记在广东考察时强调："实现高水平科技自立自强，是中国式现代化建设的关键。要深入实施创新驱动发展战略，加强区域创新体系建设，进一步提升自主创新能力，努力在突破关键核心技术难题上取得更大进展。"2023年9月6—8日，习近平总书记在黑龙江考察时首次提出"新质生产力"，指出要"整合科技创新资源，引领发展战略性新兴产业和未来产业，加快形成新质生产力"。2024 年 1 月 31 日，习近平总书记在主持中共中央政治局就扎实推进高质量发展进行第十一次集体学习时强调，发展新质生产力是推动高质量发展的内在要求和重要着力点，必须继续做好创新这篇大文章，推动新质生产力加快发展。科技创新能够催生新产业、新模式、新动能，是发展新质生产力的核心要素。必须加强科技创新特别是原创性、颠覆性科技创新，加快实现高水平科技自立自强，打好关键核心技术攻坚战，使原创性、颠覆性科技创新成果竞相涌现，培育发展新质生产力的新动能。伟大时代孕育伟大理论，伟大理论引领伟大实践。党的十八大以来，以习近平同志为核心的党中央高瞻远瞩、统揽全局、把握大势，提出一系列新理念、新思想、新战略。习近平总书记的创新理论，涉及创新的战略价值、创新体系、创新重点、创新主体、创新方法、创新精神、创新文化等，是一个内涵丰富、博大精深的理论体系与实践体系，是习近平新时代中国特色社会主义思想的重要组成部分，是新时代推进食品药品安全治理创新的根本遵循和行动指南。

第二，加快推进食品药品安全治理全链条创新、全领域创新、全方位创新。食品药品安全治理创新涉及理念创新、制度创新、法制创新、机制创新、方式创新、战略创新、文化创新等。多年来，食品药品监管部门积极推进食品药品安全治理的融合创新、集成创新、开放创新，努力以高效能治理推进食品药品产业的高质量发展、高水平安全。这里以治理理念创新、治理机制创新、治理方式创新为例，分析我国食品药品安全治理创新的目标、路径、方法和成效。

在治理理念创新方面，通过长期实践探索，我国逐步总结概括出食品药品安全治理的三大核心治理理念，即风险治理理念、责任治理理念和智慧治理理念。这三大核心治理理念派生出许多具体理念，如人本治理理念、全程治理理念、社会治理理念、分类治理理念、专业治理理念、综合治理理念、源头治理理念、系统治理理念、效能治理理念、能动治理理念、依法治理理念、阳光治理理念、精细治理理念、简约治理理念、灵活治理理念、审慎治理理念、动态治理理念、持续治理理念、衡平治理理念、递进治理理念、全球治理理念等。这些具体而细分的理念的提出与推进，折射出我国食品药品安全治理不断向纵深发展。

关于风险治理理念，2015 年 4 月 24 日，第十二届全国人民代表大会常务委员会第十四次会议修订的《食品安全法》规定，食品安全工作实行预防为主、风险管理、全程控制、社会共治，建立科学、严格的监督管理制度。这是我国食品安全法律制度首次确定基本原则。2019 年 6 月 29 日，第十三届全国人民代表大会常务委员会第十一次会议通过的《疫苗管理法》规定，国家对疫苗实行最严格的管理制度，坚持安全第一、风险管理、全程管控、科学监管、社会共治。2019 年 8 月 26 日，第十三届全国人民代表大会常务委员会第十二次会议第二次修订的《药品管理法》规定，药品管理应当以人民健康为中心，坚持风险管理、全程管控、社会共治的原则，建立科学、严格的监督管理制度，全面提升药品质量，保障药品的安全、有效、可及。这是首次在《药品管理法》中全面引入"风险管理"的概念，是我国药品管理法律制度的重大创新。2020 年 12 月 21日，国务院第 119 次常务会议修订通过的《医疗器械监督管理条例》规定，医疗器械监督管理遵循风险管理、全程管控、科学监管、社会共治的原则。风险管理是我国食品药品安全法律法规确定的食品药品安全治理的基本原则，实践中通常将风险治理理念称为食品药品安全治理的第一理念。对于食品药品安全治理而言，健康为上，产品为王，安全为魂，风险为要，体系为纲，能力为根。风险治理理念的提出，标志着我国食品药品安全治理从经验治理到科学治理、从传统治理到现代治理的重大转变。

关于责任治理理念，我国食品药品安全法律法规没有直接规定责任治理，但全部法律制度的设计都是围绕食品药品安全治理各利益相关者的责任而展开的。如果说风险治理理念是食品药品安全治理的明示理念，那么，责任治理理念则是食品药品安全治理的默示理念。责任治理包括责任配置、责任落实、责任保障、责任追究等。一部食品药品安全法，既是一部食品药品安全风险防控法，也是一部食品药品安全责任落实法。在明确企业责任上，如《食品安全法》规定，食品生产经营者应当依照法律、法规和食品安全标准从事生产经营活动，保证食品安全，诚信自律，对社会和公众负责，接受社会监督，承担社会责任。集中交易市场的开办者、柜台出租者和展销会举办者，应当依法审查入场食品经营者的许可证，明确其食品安全管理责任。网络食品交易第三方平台提供者应当对入网食品经营者进行实名登记，明确其食品安全管理责任。《药品管理法》规定："药品上市许可持有人应当依照本法规定，对药品的非临床研究、临床试验、生产经营、上市后研究、不良反应监测及报告与处理等承担责任。其他从事药品研制、生产、经营、储存、运输、使用等活动的单位和个人依法承担相应责任。药品上市许可持有人的法定代表人、主要负责人对药品质量全面负责。""药品生产企业的法定代表人、主要负责人对本企业的药品生产活动全面负责。""药品经营企业的法定代表人、主要负责人对本企业的药品经营活动全面负责。""药品上市许可持有人为境外企业的，应当由其指定的在中国境内的企业法人履行药品上市许可持有人义务，与药品上市许可持有人承担连带责任。""从事药品零售连锁经营活动的企业总部，应当建立统一的质量管理制度，对所属零售企业的经营活动履行管理责任。"在明确地方政府及其部门责任上，如《食品安全法》规定："县级以上地方人民政府实行食品安全监督管理责任制。""县级以上人民政府食品安全监督管理部门和其他有关部门应当加强沟通、密切配合，按照各自职责分工，依法行使职权，承担责任。"在明确监管部门责任上，如《药品管理法》规定，对申请注册的药品，国务院药品监督管理部门应当组织药学、医学和其他技术人员进行审评，对药品的安全性、有效性和质量可控性以及申请人的质量管理、风险防控和责任赔偿等能力进行审查。

关于智慧治理理念，我国食品药品安全法律法规没有明确规定，但食品药品安全法律制度设计，特别是治理方式与治理机制设计，充分体现了全面推进智慧治理、有效提升治理效能的基本思路。在创新治理方式上，如《食品安全法》规定："食品生产加工小作坊和食品摊贩等从事食品生产经营活动，应当符合本法规定的与其生产经营规模、条件相适应的食品安全要求，保证所生产经营的食品卫生、无毒、无害，食品安全监督管理部门应当对其加强监督管理。县级以上地方人民政府应当对食品生产加工小作坊、食品摊贩等进行综合治理，加强服务和统一规划，改善其生产经营环境，鼓励和支持其改进生产经营条件，进入集中交易市场、店铺等固定场所经营，或者在指定的临时经营区域、时段经营。食品生产加工小作坊和食品摊贩等的具体管理办法由省、自治区、直辖市制定。"这一规定，有效解决了我国作为超大型国家食品安全治理的原则性与灵活性相统一的问题。在创新治理机制上，如《食品安全法》规定，明知从事违法行为，仍为其提供生产经营场所或者其他条件的，使消费者的合法权益受到损害的，应当与食品、食品添加剂生产经营者承担连带责任。网络食品交易第三方平台提供者未对入网食品经营者进行实名登记、审查许可证，或者未履行报告、停止提供网络交易平台服务等义务的，使消费者的合法权益受到损害的，应当与食品经营者承担连带责任。食品检验机构出具虚假检验报告，使消费者的合法权益受到损害的，应当与食品生产经营者承担连带责任。认证机构出具虚假认证结论，使消费者的合法权益受到损害的，应当与食品生产经营者承担连带责任。广告经营者、发布者设计、制作、发布虚假食品广告，使消费者的合法权益受到损害的，应当与食品生产经营者承担连带责任。社会团体或者其他组织、个人在虚假广告或者其他虚假宣传中向消费者推荐食品，使消费者的合法权益受到损害的，应当与食品生产经营者承担连带责任。连带责任制度的设计，有利于强化食品安全责任的落实。《药品管理法》规定："对查证属实的举报，按照有关规定给予举报人奖励。药品监督管理部门应当对举报人的信息予以保密，保护举报人的合法权益。举报人举报所在单位的，该单位不得以解除、变更劳动合同或者其他方式对举报人进行打击报复。"全面贯彻智慧治理理念，必将进一步增强治理的主动性、创造性和适应性，有效提升食品药品安全治理的效能和水平。

在治理机制创新方面，我国食品药品安全法律法规高度重视治理机制创新，努力以良好的机制运行培育强大的引领力和驱动力，激活治理主体各方义务履行与责任落实的主动性和创造性，使纸面上的法律最大限度地转化为行动中的法律。对不同的治理主体，我国食品药品安全法律法规采用不同的治理机制，以进一步增强治理的针对性、靶向性和有效性。对企业，如《食品安全法》规定了分级管理机制，明确县级以上人民政府食品安全监督管理部门根据食品安全风险监测、风险评估结果和食品安全状况等，确定监督管理的重点、方式和频次，实施风险分级管理。《食品安全法》规定了贡献褒奖机制，明确对在食品安全工作中做出突出贡献的单位和个人，按照国家有关规定给予表彰、奖励。《食品安全法》规定了信用奖惩机制，明确县级以上人民政府食品安全监督管理部门应当建立食品生产经营者食品安全信用档案，记录许可颁发、日常监督检查结果、违法行为查处等情况，依法向社会公布并实时更新；对有不良信用记录的食品生产经营者增加监督检查频次，对违法行为情节严重的食品生产经营者，可以通报投资主管部门、证券监督管理机构和有关的金融机构。《食品安全法》规定了责任约谈机制，明确食品生产经营过程中存在食品安全隐患，未及时采取措施消除的，县级以上人民政府食品安全监督管理部门可以对食品生产经营者的法定代表人或者主要负责人进行责任约谈。食品生产经营者应当立即采取措施，进行整改，消除隐患。责任约谈情况和整改情况应当纳入食品生产经营者食品安全信用档案。如《药品管理法》规定了责任连带机制，明确药品上市许可持有人为境外企业的，应当由其指定的在中国境内的企业法人履行药品上市许可持有人义务，与药品上市许可持有人承担连带责任。《药品管理法》规定了责任落实机制，明确药品上市许可持有人和受托生产企业应当签订委托协议和质量协议，并严格履行协议约定的义务。药品上市许可持有人和受托经营企业应当签订委托协议，并严格履行协议约定的义务。药品上市许可持有人、药品生产企业、药品经营企业委托储存、运输药品的，应当对受托方的质量保证能力和风险管理能力进行评估，与其签订委托协议，约定药品质量责任、操作规程等内容，并对受托方进行监督。

在治理方式创新方面，我国食品药品安全法律法规高度重视治理方式创新，努力以良好的治理方式提高治理效能。如《食品安全法》规定："国家建立食品安全全程追溯制度。食品生产经营者应当依照本法的规定，建立食品安全追溯体系，保证食品可追溯。国家鼓励食品生产经营者采用信息化手段采集、留存生产经营信息，建立食品安全追溯体系。国务院食品安全监督管理部门会同国务院农业行政等有关部门建立食品安全全程追溯协作机制。""县级以上地方人民政府应当对食品生产加工小作坊、食品摊贩等进行综合治理，加强服务和统一规划，改善其生产经营环境，鼓励和支持其改进生产经营条件，进入集中交易市场、店铺等固定场所经营，或者在指定的临时经营区域、时段经营。""实行统一配送经营方式的食品经营企业，可以由企业总部统一查验供货者的许可证和食品合格证明文件，进行食品进货查验记录。""国家建立统一的食品安全信息平台，实行食品安全信息统一公布制度。国家食品安全总体情况、食品安全风险警示信息、重大食品安全事故及其调查处理信息和国务院确定需要统一公布的其他信息由国务院食品安全监督管理部门统一公布。食品安全风险警示信息和重大食品安全事故及其调查处理信息的影响限于特定区域的，也可以由有关省、自治区、直辖市人民政府食品安全监督管理部门公布。"《药品管理法》规定："国家建立健全药品追溯制度。国务院药品监督管理部门应当制定统一的药品追溯标准和规范，推进药品追溯信息互通互享，实现药品可追溯。""药品监督管理部门应当依照法律、法规的规定对药品研制、生产、经营和药品使用单位使用药品等活动进行监督检查，必要时可以对为药品研制、生产、经营、使用提供产品或者服务的单位和个人进行延伸检查，有关单位和个人应当予以配合，不得拒绝和隐瞒。"

通过 20 多年的改革探索，我国食品药品安全领域全链条、全环节、全要素、全领域、全方位接续创新、递进创新，食品药品安全治理实现了跨越式发展和历史性进步。今天，我国食品药品安全治理创新的基础更坚实、视野更开阔、动力更充沛、步伐更稳健。展望未来，适应推进中国式现代化建设的需要，我国食品药品安全治理文化创新，应当继续在治理理念、治理机制、治理方式、治理战略、治理文化等方面发力。

二、质量与效率：治理的永恒主题

质量和效率是食品药品安全治理的永恒主题。没有质量、没有效率的发展，不是科学的发展、真正的发展、持久的发展。无论是食品药品产业发展，还是食品药品监管，都需要高度重视高效能治理、高质量发展、高水平安全。

第一，必须把坚持高质量发展作为新时代的硬道理。2023 年 12 月召开的中央经济工作会议强调，必须把坚持高质量发展作为新时代的硬道理，完整、准确、全面贯彻新发展理念，推动经济实现质的有效提升和量的合理增长。多年来，党中央、国务院积极推进食品药品产业高质量发展。2012 年 12 月 29 日，《国务院关于印发生物产业发展规划的通知》（国发〔2012〕65 号）提出："坚持高品质发展。加强生命科学基础研究，加快生物科技创新，掌握核心关键技术及知识产权，逐步提高原创能力。大力发展新产品和新业态，占领产业发展制高点，增强产业核心竞争力，培育高附加值产业链。强化先进质量管理理念，推广先进质量标准，健全质量管理体系，推进产业高质量发展。"2016 年 2 月 6 日《国务院办公厅关于开展仿制药质量和疗效一致性评价的意见》（国办发〔2016〕8 号），2017 年 10 月 1 日《中共中央办公厅　国务院办公厅关于深化审评审批制度改革鼓励药品医疗器械创新的意见》（厅字〔2017〕42 号），2018 年 3 月 21 日《国务院办公厅关于改革完善仿制药供应保障及使用政策的意见》（国办发〔2018〕20 号），对全面加强药品质量管理提出了一系列要求。截至 2024 年 3 月 20 日，我国化学仿制药通过质量和疗效一致性评价的品种及视同通过的品种已达到 1 206 个。《食品安全法》规定："国家鼓励食品生产企业制定严于食品安全国家标准或者地方标准的企业标准，在本企业适用，并报省、自治区、直辖市人民政府卫生行政部门备案。"《药品管理法》规定："经国务院药品监督管理部门核准的药品质量标准高于国家药品标准的，按照经核准的药品质量标准执行；没有国家药品标准的，应当符合经核准的药品质量标准。"《医疗器械监督管理条例》规定："国家制定医疗器械产业规划和政策，将医疗器械创新纳入发展重点，对创新医疗器械予以优先审评审批，支持创新医疗器械临床推广和使用，推动医疗器械产业高质量发展。"《化妆品监督管理条例》规定："化妆品应当符合强制性国家标准。鼓励企业制定严于强制性国家标准的企业标准。"目前，在我国食品领域，执行的是《食品安全法》，食品安全标准属于保障食品安全的强制性标准。未纳入《食品安全法》的食品质量关系，则由其他法律法规调整。有学者建议，为适应高质量发展的需要，将"食品安全法"修改为"食品法"，以统筹食品安全、食品质量和食品营养管理，更好地保护和促进公众健康。

第二，加快推进我国经济发展方式重大转变实现高质量发展。2013年4月7日，习近平主席在博鳌亚洲论坛2013年年会上的主旨演讲中强调："要加大转变经济发展方式、调整经济结构力度，更加注重发展质量，更加注重改善民生。"2017年10月18日，习近平总书记在中国共产党第十九次全国代表大会上强调："必须清醒看到，我们的工作还存在许多不足，也面临不少困难和挑战。主要是：发展不平衡不充分的一些突出问题尚未解决，发展质量和效益还不高，创新能力不够强，实体经济水平有待提高，生态环境保护任重道远……""必须认识到，我国社会主要矛盾的变化是关系全局的历史性变化，对党和国家工作提出了许多新要求。我们要在继续推动发展的基础上，着力解决好发展不平衡不充分问题，大力提升发展质量和效益，更好满足人民在经济、政治、文化、社会、生态等方面日益增长的需要，更好推动人的全面发展、社会全面进步。""我国经济已由高速增长阶段转向高质量发展阶段，正处在转变发展方式、优化经济结构、转换增长动力的攻关期，建设现代化经济体系是跨越关口的迫切要求和我国发展的战略目标。必须坚持质量第一、效益优先，以供给侧结构性改革为主线，推动经济发展质量变革、效率变革、动力变革，提高全要素生产率，着力加快建设实体经济、科技创新、现代金融、人力资源协同发展的产业体系，着力构建市场机制有效、微观主体有活力、宏观调控有度的经济体制，不断增强我国经济创新力和竞争力。""建设现代化经济体系，必须把发展经济的着力点放在实体经济上，把提高供给体系质量作为主攻方向，显著增强我国经济质量优势。""解放和发展社会生产力，是社会主义的本质要求。我们要激发全社会创造力和发展活力，努力实现更高质量、更有效率、更加公平、更可持续的发展！"2017年12月18日，习近平总书记在中央经济工作会议上强调，中国特色社会主义进入了新时代，我国经济发展也进入了新时代，基本特征就是我国经济已由高速增长阶段转向高质量发展阶段。推动高质量发展，是保持经济持续健康发展的必然要求，是适应我国社会主要矛盾变化和全面建成小康社会、全面建设社会主义现代化国家的必然要求，是遵循经济规律发展的必然要求。2018

年 4 月 13 日，习近平总书记在庆祝海南建省办经济特区 30 周年大会上强调："我国经济已由高速增长阶段转向高质量发展阶段，这是党中央对新时代我国经济发展特征的重大判断。"2018 年 4 月 28 日，习近平总书记在湖北考察时强调："推动高质量发展是做好经济工作的根本要求。高质量发展就是体现新发展理念的发展，是经济发展从'有没有'转向'好不好'。"2018 年 5 月 18 日，习近平总书记在全国生态环境保护大会上强调："我国经济已由高速增长阶段转向高质量发展阶段，需要跨越一些常规性和非常规性关口。这是一个凤凰涅槃的过程。如果现在不抓紧，将来解决起来难度会更高、代价会更大、后果会更重。我们必须咬紧牙关，爬过这个坡，迈过这道坎。"2018 年 11 月 5 日，习近平主席在首届中国国际进口博览会开幕式上的主旨演讲中强调："中国经济发展健康稳定的基本面没有改变，支撑高质量发展的生产要素条件没有改变，长期稳中向好的总体势头没有改变。"2019 年 11 月 5 日，习近平主席在第二届中国国际进口博览会开幕式上的主旨演讲中强调："面向未来，中国将坚持新发展理念，继续实施创新驱动发展战略，着力培育和壮大新动能，不断推动转方式、调结构、增动力，推动经济高质量发展，为世界经济增长带来新的更多机遇。"2020 年 10 月 26 日，党的十九届五中全会通过的《中共中央关于制定国民经济和社会发展第十四个五年规划和二〇三五年远景目标的建议》强调，当前我国发展不平衡不充分问题仍然突出，创新能力不适应高质量发展要求。"十四五"时期经济社会发展，要"坚定不移贯彻创新、协调、绿色、开放、共享的新发展理念，坚持稳中求进工作总基调，以推动高质量发展为主题，以深化供给侧结构性改革为主线，以改革创新为根本动力，以满足人民日益增长的美好生活需要为根本目的，统筹发展和安全，加快建设现代化经济体系，加快构建以国内大循环为主体、国内国际双循环相互促进的新发展格局，推进国家治理体系和治理能力现代化，实现经济行稳致远、社会安定和谐，为全面建设社会主义现代化国家开好局、起好步"。2022 年 10 月 16 日，习近平总书记在中国共产党第二十次全国代表大会上强调："高质量发展是全面建设社会主义现代化国家的首要任务。""我们要坚持以推动高质量发展为主题，把实施扩大内需战略同深化供给侧结构性改革有机结合起来，增强国内大循环内生动力和可靠性，提升国际循环质量和水平，加快建设现代化经济体系，着力提高全要素生产率，着力提升产业链供应链韧性和安全水平，着力推进城乡融合和区域协调发展，推动经济实现质的有效提升和量的合理增长。"2023 年 9 月 8 日，习近平总书记在黑龙江考察时强调，要立足现有产业基础，扎实推进先进制造业高质量发展，加快推动传统制造业升级，发挥科技创新的增量器作用，全面提升三次产业，不断优化经济结构、调整产业结构。整合科技创新资源，引领发展战略性新兴产业和未来产业，加快形成新质生产力。2024 年 1 月 31 日，习近平总书记在主持二十届中共中央政治局第十一次集体学习时强调，必须牢记高质量发展是新时代的硬道理，全面贯彻新发展理念，把加快建设现代化经济体系、推进高水平科技自立自强、加快构建新发展格局、统筹推进深层次改革和高水平开放、统筹高质量发展和高水平安全等战略任务落实到位，完善推动高质量发展的考核评价体系，为推动高质量发展打牢基础。发展新质生产力是推动高质量发展的内在要求和重要着力点，必须继续做好创新这篇大文章，推动新质生产力加快发展。习近平总书记关于新时代新阶段从高速增长到高质量发展的重要论述，是对我国经济发展规律的深刻认识和准确把握，是重大的理论创新和实践创新，这必将对我国经济社会发展尤其是食品药品安全治理产生巨大而深远的影响。

第三，加快推进食品药品产业效率变革与动力变革实现高质量发展。质量高低与优劣是评价社会发展程度的一项重要指标。质量关乎明天和未来，质量决定兴衰与成败。在食品领域，食品安全、食品卫生、食品质量、食品营养是不同的概念。《食品安全法》将"食品安全"定义为"食品无毒、无害，符合应当有的营养要求，对人体健康不造成任何急性、亚急性或者慢性危害"。1996 年，世界卫生组织将"食品安全"定义为"对食品按其预期用途进行制作、食用时不会使消费者健康受到损害的一种担保"。GB/T 15091—94《食品工业基本术语》将"食品质量"定义为"食品满足规定或潜在要求的特征和特性总和。反映食品品质的优劣"。根据国际标准化组织有关质量的定义，可将"食品质量"定义为"食品的一组固有特性满足要求的程度"。《食品安全法》条文中使用"安全"一词有467处，使用"质量"一词只有7处，如"与食品安全有关的质量要求""婴幼儿配方食品生产企业应当实施从原料进厂到成品出厂的全过程质量控制，对出厂的婴幼儿配方食品实施逐批检验，保证食品安全""生产保健食品，特殊医学用途配方食品、婴幼儿配方食品和其他专供特定人群的主辅食品的企业，应当按照良好生产规范的要求建立与所生产食品相适应的生产质量管理体系，定期对该体系的运行情况进行自查，保证其有效运行，并向所在地县级人民政府食品安全监督管理部门提交自查报告"。从上述规定看，食品质量的有些内容属于食品安全的范畴，是食品安全的最低要求。从这一意义上讲，并不是食品质量的全部内容都涉及食品安全。尽管食品安全与食品质量密切相关，但食品安全与食品质量的管理思路、管理要求、管理方式等并不完全相同。在药品、医疗器械、化妆品领域，质量往往是"大安全"的重要内容。在《药品管理法》条文中，"质量"一词有66处，"安全"一词有56处。在《疫苗管理法》条文中，"质量"一词有44处，"安全"一词有41处。在《医疗器械监督管理条例》条文中，"质量"一词有37处，"安全"一词有40处。在《化妆品监督管理条例》条文中，"质量"一词有32处，"安全"一词有42处。在药品、医疗器械和化妆品领域，质量的稳定性、均一性等，与安全紧密相关，是"大安全"的重要组成部分。所以，在药品、医疗器械和化妆品领域，特别强调质量的稳定性、均一性和可控性。如《药品管理法》规定："国家对药品管理实行药品上市许可持有人制度。药品上市许可持有人依法对药品研制、生产、经营、使用全过程中药品的安全性、有效性和质量可控性负责。""申请药品注册，应当提供真实、充分、可靠的数据、资料和样品，证明药品的安全性、有效性和质量可控性。""对申请注册的药品，国务院药品监督管理部门应当组织药学、医学和其他技术人员进行审评，对药品的安全性、有效性和质量可控性以及申请人的质量管理、风险防控和责任赔偿等能力进行审查；符合条件的，颁发药品注册证书。""经国务院药品监督管理部门批准，药品上市许可持有人可以转让药品上市许可。受让方应当具备保障药品安全性、有效性和质量可控性的质量管理、风险防控和责任赔偿等能力，履行药品上市许可持有人义务。""对药品生产过程中的变更，按照其对药品安全性、有效性和质量可控性的风险和产生影响的程度，实行分类管理。属于重大变更的，应当经国务院药品监督管理部门批准，其他变更应当按照国务院药品监督管理部门的规定备案或者报告。药品上市许可持有人应当按照国务院药品监督管理部门的规定，全面评估、验证变更事项对药品安全性、有效性和质量可控性的影响。""药品上市许可持有人应当对已上市药品的安全性、有效性和质量可控性定期开展上市后评价。必要时，国务院药品监督管理部门可以责令药品上市许可持有人开展上市后评价或者直接组织开展上市后评价。"《疫苗管理法》规定："疫苗上市许可持有人应当加强疫苗全生命周期质量管理，对疫苗的安全性、有效性和质量可控性负责。""疫苗上市许可持有人应当建立健全疫苗全生命周期质量管理体系，制定并实施疫苗上市后风险管理计划，开展疫苗上市后研究，对疫苗的安全性、有效性和质量可控性进行进一步确证。""生产工艺、生产场地、关键设备等发生变更的，应当进行评估、验证，按照国务院药品监督管理部门有关变更管理的规定备案或者报告；变更可能影响疫苗安全性、有效性和质量可控性的，应当经国务院药品监督管理部门批准。""国务院药品监督管理部门可以根据疾病预防、控制需要和疫苗行业发展情况，组织对疫苗品种开展上市后评价，发现该疫苗品种的产品设计、生产工艺、安全性、有效性或者质量可控性明显劣于预防、控制同种疾病的其他疫苗品种的，应当注销该品种所有疫苗的药品注册证书并废止相应的国家药品标准。"

第四，加快企业质量管理体系建设并保证持续有效运行实现高质量发展。强化体系管理是食品药品安全治理的精髓和要义。世界制药强国高度重视质量管理体系建设。如《仿制药的真相》一书的第四章"品质的语言"指出："美国食品药品监督管理局备受夸赞的声誉源自其监管方法。它不是只拿着一张清单进行对照，或者只检查最终产品。它采用的是一套基于风险的复杂体系，审查的是整个生产过程。根据美国食品药品监督管理局的标准，只要生产过程出现了纰漏，就可以认为最终产品也有纰漏。""工厂里的产品，只要其生产过程不符合现行良好生产规范，就会被认定为掺杂使假。""从那（1962 年，美国颁布《基福弗-哈里斯修正案》，对《联邦食品药品化妆品法》进行增补）以后，生产过程成了决定品质的关键，这个标准一直沿用至今。""在这几十年追求品质的漫长征途中，最关键的转变就是从监管产品变为监管生产过程。制药商再也不能等到药物被制造出来之后做检验了，因为那是典型的不合格生产过程。"诚如司法领域所强调的"没有程序正义，就没有结果正义"，在食品药品安全领域，必须树立"没有过程安全，就没有结果安全"。这是对现代食品药品工业化大生产的经验与教训的深刻认知。

第五，深刻认识迟到的正义是非正义或者打折的正义。食品药品安全法律法规高度重视效率，努力以高效率提升监管和服务水平。一是明确规定具体行为时限。如《食品安全法》规定："利用新的食品原料生产食品，或者生产食品添加剂新品种、食品相关产品新品种，应当向国务院卫生行政部门提交相关产品的安全性评估材料。国务院卫生行政部门应当自收到申请之日起六十日内组织审查；对符合食品安全要求的，准予许可并公布；对不符合食品安全要求的，不予许可并书面说明理由。"《药品管理法》规定："对已确认发生严重不良反应的药品，由国务院药品监督管理部门或者省、自治区、直辖市人民政府药品监督管理部门根据实际情况采取停止生产、销售、使用等紧急控制措施，并应当在五日内组织鉴定，自鉴定结论作出之日起十五日内依法作出行政处理决定。""对有证据证明可能危害人体健康的药品及其有关材料，药品监督管理部门可以查封、扣押，并在七日内作出行政处理决定；药品需要检验的，应当自检验报告书发出之日起十五日内作出行政处理决定。""当事人对药品检验结果有异议的，可以自收到药品检验结果之日起七日内向原药品检验机构或者上一级药品监督管理部门设置或者指定的药品检验机构申请复验，也可以直接向国务院药品监督管理部门设置或者指定的药品检验机构申请复验。受理复验的药品检验机构应当在国务院药品监督管理部门规定的时间内作出复验结论。"《医疗器械监督管理条例》规定："受理注册申请的药品监督管理部门应当自收到审评意见之日起 20 个工作日内作出决定。对符合条件的，准予注册并发给医疗器械注册证；对不符合条件的，不予注册并书面说明理由。受理注册申请的药品监督管理部门应当自医疗器械准予注册之日起 5 个工作日内，通过国务院药品监督管理部门在线政务服务平台向社会公布注册有关信息。""直接申请第三类医疗器械产品注册的，国务院药品监督管理部门应当按照风险程度确定类别，对准予注册的医疗器械及时纳入分类目录。申请类别确认的，国务院药品监督管理部门应当自受理申请之日起 20 个工作日内对该医疗器械的类别进行判定并告知申请人。""受理生产许可申请的药品监督管理部门应当对申请资料进行审核，按照国务院药品监督管理部门制定的医疗器械生产质量管理规范的要求进行核查，并自受理申请之日起 20 个工作日内作出决定。""受理经营许可申请的负责药品监督管理的部门应当对申请资料进行审查，必要时组织核查，并自受理申请之日起 20 个工作日内作出决定。"《化妆品监督管理条例》规定："国务院药品监督管理部门应当自受理化妆品新原料注册申请之日起 3 个工作日内将申请资料转交技术审评机构。技术审评机构应当自收到申请资料之日起 90 个工作日内完成技术审评，向国务院药品监督管理部门提交审评意见。国务院药品监督管理部门应当自收到审评意见之日起 20 个工作日内作出决定。对符合要求的，准予注册并发给化妆品新原料注册证；对不符合要求的，不予注册并书面说明理由。化妆品新原料备案人通过国务院药品监督管理部门在线政务服务平台提交本条例规定的备案资料后即完成备案。国务院药品监督管理部门应当自化妆品新原料准予注册之日起、备案人提交备案资料之日起 5 个工作日内向社会公布注册、备案有关信息。""省级以上人民政府药品监督管理部门应当自特殊化妆品准予注册之日起、普通化妆品备案人提交备案资料之日起 5 个工作日内向社会公布注册、备案有关信息。""省、自治区、直辖市人民政府药品监督管理部门应当对申请资料进行审核，对申请人的生产场所进行现场核查，并自受理化妆品生产许可申请之日起 30 个工作日内作出决定。"二是确立默示许可制度。如《药品管理法》规定："开展药物临床试验，应当按照国务院药品监督管理部门的规定如实报送研制方法、质量指标、药理及毒理试验结果等有关数据、资料和样品，经国务院药品监督管理部门批准。国务院药品监督管理部门应当自受理临床试验申请之日起六十个工作日内决定是否同意并通知临床试验申办者，逾期未通知的，视为同意。"《医疗器械监督管理条例》规定："国务院药品监督管理部门审批临床试验，应当对拟承担医疗器械临床试验的机构的设备、专业人员等条件，该医疗器械的风险程度，临床试验实施方案，临床受益与风险对比分析报告等进行综合分析，并自受理申请之日起 60 个工作日内作出决定并通知临床试验申办者。逾期未通知的，视为同意。""接到延续注册申请的药品监督管理部门应当在医疗器械注册证有效期届满前作出准予延续的决定。逾期未作决定的，视为准予延续。"三是明确规定及时或者立即处置。食品药品安全法律法规对紧急事项的处置规定了许多"及时""立即"的情形。如《食品安全法》规定："食品安全风险监测结果表明可能存在食品安全隐患的，县级以上人民政府卫生行政部门应当及时将相关信息通报同级食品安全监督管理等部门，并报告本级人民政府和上级人民政府卫生行政部门。食品安全监督管理等部门应当组织开展进一步调查。""省级以上人民政府卫生行政、农业行政部门应当及时相互通报食品、食用农产品安全风险监测信息。国务院卫生行政、农业行政部门应当及时相互通报食品、食用农产品安全风险评估结果等信息。""对食品安全标准执行过程中的问题，县级以上人民政府卫生行政部门应当会同有关部门及时给予指导、解答。""对通过良好生产规范、危害分析与关键控制点体系认证的食品生产经营企业，认证机构应当依法实施跟踪调查；对不再符合认证要求的企业，应当依法撤销认证，及时向县级以上人民政府食品安全监督管理部门通报，并向社会公布。""食品经营者应当按照保证食品安全的要求贮存食品，定期检查库存食品，及时清理变质或者超过保质期的食品。""网络食品交易第三方平台提供者发现入网食品经营者有违反本法规定行为的，应当及时制止并立即报告所在地县级人民政府食品安全监督管理部门；发现严重违法行为的，应当立即停止提供网络交易平台服务。""发生食品安全事故的单位应当立即采取措施，防止事故扩大。事故单位和接收病人进行治疗的单位应当及时向事故发生地县级人民政府食品安全监督管理、卫生行政部门报告。""发生食品安全事故，设区的市级以上人民政府食品安全监督管理部门应当立即会同有关部门进行事故责任调查，督促有关部门履行职责，向本级人民政府和上一级人民政府食品安全监督管理部门提出事故责任调查处理报告。"《药品管理法》规定："第三方平台提供者发现进入平台经营的药品上市许可持有人、药品经营企业有违反本法规定行为的，应当及时制止并立即报告所在地县级人民政府药品监督管理部门；发现严重违法行为的，应当立即停止提供网络交易平台服务。""药品存在质量问题或者其他安全隐患的，药品上市许可持有人应当立即停止销售，告知相关药品经营企业和医疗机构停止销售和使用，召回已销售的药品，及时公开召回信息，必要时应当立即停止生产，并将药品召回和处理情况向省、自治区、直辖市人民政府药品监督管理部门和卫生健康主管部门报告。""发生药品安全事件，县级以上人民政府应当按照应急预案立即组织开展应对工作；有关单位应当立即采取有效措施进行处置，防止危害扩大。""被约谈的部门和地方人民政府应当立即采取措施，对药品监督管理工作进行整改。"《医疗器械监督管理条例》规定："发现使用的医疗器械存在安全隐患的，医疗器械使用单位应当立即停止使用，并通知医疗器械注册人、备案人或者其他负责产品质量的机构进行检修；经检修仍不能达到使用安全标准的医疗器械，不得继续使用。""医疗器械注册人、备案人发现生产的医疗器械不符合强制性标准、经注册或者备案的产品技术要求，或者存在其他缺陷的，应当立即停止生产，通知相关经营企业、使用单位和消费者停止经营和使用，召回已经上市销售的医疗器械，采取补救、销毁等措施，记录相关情况，发布相关信息，并将医疗器械召回和处理情况向负责药品监督管理的部门和卫生主管部门报告。""卫生主管部门应当对大型医用设备的使用状况进行监督和评估；发现违规使用以及与大型医用设备相关的过度检查、过度治疗等情形的，应当立即纠正，依法予以处理。"《化妆品监督管理条例》规定："化妆品注册人、备案人、受托生产企业应当定期对化妆品生产质量管理规范的执行情况进行自查；生产条件发生变化，不再符合化妆品生产质量管理规范要求的，应当立即采取整改措施；可能影响化妆品质量安全的，应当立即停止生产并向所在地省、自治区、直辖市人民政府药品监督管理部门报告。"从事食品药品安全治理工作，必须始终牢记：时间就是责任，时间就是期待，时间就是生命；没有效率的治理将会放大风险。

三、体系与能力：治理的关键要害

体系和能力是食品药品安全治理的关键要害。食品药品安全治理是以科学为基础的专业治理，这就要求必须高度重视治理体系和治理能力建设。从重结果安全到重过程安全，从重检验结论到重体系建设，从重要素配置到重能力建设，食品药品安全治理不断向纵深推进。

党的十八届三中全会提出推进国家治理体系和治理能力现代化的目标任务，党的十九届四中全会作出推进国家治理体系和治理能力现代化的重大决定，党的十九届五中全会进一步明确到2035年基本实现国家治理体系和治理能力现代化。党的二十大报告提出，未来五年的主要目标任务之一是国家治理体系和治理能力现代化深入推进；到2035年，我国发展的总体目标之一是基本实现国家治理体系和治理能力现代化。我国食品药品安全法律法规高度重视治理体系和治理能力建设。如果说，食品安全立法时关注的是风险与责任，那么药品管理立法时关注的是风险与责任、体系与能力。

《食品安全法》有关治理体系和治理能力建设的规定，除了涉及风险监测评估体系建设、安全标准体系建设、特殊食品审评体系建设、检查体系建设、检验体系建设，还主要有以下内容。一是食品安全追溯体系建设。法律规定，食品生产经营者应当建立食品安全追溯体系，保证食品可追溯。国家鼓励食品生产经营者采用信息化手段采集、留存生产经营信息，建立食品安全追溯体系。二是危害分析与关键控制点体系建设。法律规定，国家鼓励食品生产经营企业符合良好生产规范要求，实施危害分析与关键控制点体系，提高食品安全管理水平。三是食品生产质量管理体系建设。法律规定，生产保健食品，特殊医学用途配方食品、婴幼儿配方食品和其他专供特定人群的主辅食品的企业，应当按照良好生产规范的要求建立与所生产食品相适应的生产质量管理体系，定期对该体系的运行情况进行自查，保证其有效运行，并向所在地县级人民政府食品安全监督管理部门提交自查报告。四是境外食品安全管理体系评审。法律规定，国家出入境检验检疫部门可以对向我国境内出口食品的国家（地区）的食品安全管理体系和食品安全状况进行评估和审查，并根据评估和审查结果，确定相应检验检疫要求。五是食品安全事故处置指挥体系建设。法律规定，食品安全事故应急预案应当对食品安全事故分级、事故处置组织指挥体系与职责、预防预警机制、处置程序、应急保障措施等作出规定。六是食品安全监管能力建设。法律规定，县级以上人民政府应当将食品安全工作纳入本级国民经济和社会发展规划，将食品安全工作经费列入本级政府财政预算，加强食品安全监督管理能力建设，为食品安全工作提供保障。县级以上人民政府食品安全监督管理等部门应当加强对执法人员食品安全法律、法规、标准和专业知识与执法能力等的培训，并组织考核。不具备相应知识和能力的，不得从事食品安全执法工作。七是食品安全管理能力建设。法律规定，食品生产经营企业应当配备食品安全管理人员，加强对其培训和考核。经考核不具备食品安全管理能力的，不得上岗。

《药品管理法》有关治理体系和治理能力建设的规定，除了涉及标准体系建设、审评体系建设、检查体系建设、检验体系建设、监测评价体系建设，还主要有以下内容。一是药品行业诚信体系建设。法律规定，药品行业协会应当加强行业自律，建立健全行业规范，推动行业诚信体系建设，引导和督促会员依法开展药品生产经营等活动。二是技术评价体系建设。法律规定，国家鼓励运用现代科学技术和传统中药研究方法开展中药科学技术研究和药物开发，建立和完善符合中药特点的技术评价体系，促进中药传承创新。三是质量保证体系建设。法律规定，药品上市许可持有人应当建立药品质量保证体系，配备专门人员独立负责药品质量管理。四是质量管理体系建设。法律规定，药品上市许可持有人应当对受托药品生产企业、药品经营企业的质量管理体系进行定期审核，监督其持续具备质量保证和控制能力。从事药品生产活动，应当遵守药品生产质量管理规范，建立健全药品生产质量管理体系，保证药品生产全过程持续符合法定要求。从事药品经营活动，应当遵守药品经营质量管理规范，建立健全药品经营质量管理体系，保证药品经营全过程持续符合法定要求。五是追溯体系建设。法律规定，中药饮片生产企业履行药品上市许可持有人的相关义务，对中药饮片生产、销售实行全过程管理，建立中药饮片追溯体系，保证中药饮片安全、有效、可追溯。六是药品供求监测体系建设。法律规定，国家建立药品供求监测体系，及时收集和汇总分析短缺药品供求信息，对短缺药品实行预警，采取应对措施。七是药品监管能力建设。法律规定，县级以上人民政府应当将药品安全工作纳入本级国民经济和社会发展规划，将药品安全工作经费列入本级政府预算，加强药品监督管理能力建设，为药品安全工作提供保障。国务院药品监督管理部门应当完善药品审评审批工作制度，加强能力建设，建立健全沟通交流、专家咨询等机制，优化审评审批流程，提高审评审批效率。八是质量管理、风险防控和责任赔偿等能力建设。法律规定，对申请注册的药品，国务院药品监督管理部门应当组织药学、医学和其他技术人员进行审评，对药品的安全性、有效性和质量可控性以及申请人的质量管理、风险防控和责任赔偿等能力进行审查；符合条件的，颁发药品注册证书。药品上市许可持有人应当对受托药品生产企业、药品经营企业的质量管理体系进行定期审核，监督其持续具备质量保证和控制能力。药品上市许可持有人、药品生产企业、药品经营企业委托储存、运输药品的，应当对受托方的质量保证能力和风险管理能力进行评估，与其签订委托协议，约定药品质量责任、操作规程等内容，并对受托方进行监督。受让方应当具备保障药品安全性、有效性和质量可控性的质量管理、风险防控和责任赔偿等能力，履行药品上市许可持有人义务。

《医疗器械监督管理条例》有关治理体系和治理能力建设的规定，除了涉及标准体系建设、审评体系建设、检查体系建设、检验体系建设、监测评价体系建设，还主要有以下内容。一是创新体系建设。条例规定，国家完善医疗器械创新体系，支持医疗器械的基础研究和应用研究，促进医疗器械新技术的推广和应用，在科技立项、融资、信贷、招标采购、医疗保险等方面予以支持。支持企业设立或者联合组建研制机构，鼓励企业与高等学校、科研院所、医疗机构等合作开展医疗器械的研究与创新，加强医疗器械知识产权保护，提高医疗器械自主创新能力。二是诚信体系建设。条例规定，医疗器械行业组织应当加强行业自律，推进诚信体系建设，督促企业依法开展生产经营活动，引导企业诚实守信。三是质量管理体系建设。条例规定，受理注册申请的药品监督管理部门在组织对医疗器械的技术审评时认为有必要对质量管理体系进行核查的，应当组织开展质量管理体系核查。医疗器械注册人、备案人应当建立与产品相适应的质量管理体系并保持有效运行。医疗器械注册人、备案人、受托生产企业应当按照医疗器械生产质量管理规范，建立健全与所生产医疗器械相适应的质量管理体系并保证其有效运行；严格按照经注册或者备案的产品技术要求组织生产，保证出厂的医疗器械符合强制性标准以及经注册或者备案的产品技术要求。医疗器械注册人、备案人、受托生产企业应当定期对质量管理体系的运行情况进行自查，并按照国务院药品监督管理部门的规定提交自查报告。医疗器械的生产条件发生变化，不再符合医疗器械质量管理体系要求的，医疗器械注册人、备案人、受托生产企业应当立即采取整改措施；可能影响医疗器械安全、有效的，应当立即停止生产活动，并向原生产许可或者生产备案部门报告。从事医疗器械经营，应当依照法律法规和国务院药品监督管理部门制定的医疗器械经营质量管理规范的要求，建立健全与所经营医疗器械相适应的质量管理体系并保证其有效运行。四是监督管理能力建设。条例规定，县级以上地方人民政府应当加强对本行政区域的医疗器械监督管理工作的领导，组织协调本行政区域内的医疗器械监督管理工作以及突发事件应对工作，加强医疗器械监督管理能力建设，为医疗器械安全工作提供保障。五是质量管理能力建设。条例规定，受理注册申请的药品监督管理部门应当对医疗器械的安全性、有效性以及注册申请人保证医疗器械安全、有效的质量管理能力等进行审查。六是临床试验能力建设。条例规定，国家支持医疗机构开展临床试验，将临床试验条件和能力评价纳入医疗机构等级评审，鼓励医疗机构开展创新医疗器械临床试验。七是售后服务能力建设。条例规定，从事医疗器械生产活动，应当有与生产的医疗器械相适应的售后服务能力。

《化妆品监督管理条例》有关治理体系和治理能力建设的规定，除了涉及标准体系建设、审评体系建设、检查体系建设、检验体系建设、监测评价体系建设，还有企业质量管理体系建设。如化妆品注册申请人、备案人应当有与申请注册、进行备案的产品相适应的质量管理体系。化妆品注册人、备案人、受托生产企业应当按照国务院药品监督管理部门制定的化妆品生产质量管理规范的要求组织生产化妆品，建立化妆品生产质量管理体系，建立并执行供应商遴选、原料验收、生产过程及质量控制、设备管理、产品检验及留样等管理制度。

治理体系和治理能力之间存在相互促进、相互依存的关系。只有在良好的治理体系下，各种治理能力才能得到充分发挥和应用。治理体系和治理能力建设涉及多个治理主体。在食品药品安全立法时，体系与能力建设的制度设计较风险与责任的制度设计更为困难。2021 年 4 月 27 日，《国务院办公厅关于全面加强药品监管能力建设的实施意见》（国办发〔2021〕16 号）对药品治理体系和治理能力建设进行了全面安排与系统部署。文件提出，要"坚持人民至上、生命至上，落实'四个最严'要求，强基础、补短板、破瓶颈、促提升，对标国际通行规则，深化审评审批制度改革，持续推进监管创新，加强监管队伍建设，按照高质量发展要求，加快建立健全科学、高效、权威的药品监管体系，坚决守住药品安全底线，进一步提升药品监管工作科学化、法治化、国际化、现代化水平，推动我国从制药大国向制药强国跨越，更好满足人民群众对药品安全的需求"。文件明确规定了药品监管体系、法律法规制度体系、标准体系、审评审批体系、检查执法体系、检验检测体系、药物警戒体系、不良反应（事件）监测体系、监管质量管理体系、考核评估体系、教育培训体系、应急管理体系、技术指导原则体系、国家实验室体系、信息化追溯体系等。与此同时，文件也明确规定了药品监管能力、标准管理能力、技术审评能力、检验检测能力、生物制品（疫苗）批签发能力、不良反应（事件）监测能力、风险监测能力、应急处置能力、质量监管能力、办案能力等。必须坚持国际视野，按照强基础、补短板、破瓶颈、促提升的要求，明确总目标、路线图、时间表、责任人、方法论，加快推进我国食品药品安全治理体系和治理能力现代化。

方向决定前途，道路决定命运。我们要把命运掌握在自己手中，就要有志不改、道不变的坚定。

——习近平

第五章　发　展　道　路

新时代我国食品药品安全治理工作的目标是加快推进食品药品安全治理体系和治理能力现代化，加快实现从食品药品制造大国到食品药品制造强国的跨越。目标确定后，道路选择至关重要。2014 年 9 月 30 日，习近平总书记在庆祝中华人民共和国成立 65 周年招待会上强调："方向决定道路，道路决定命运。我们自己的路，就是中国特色社会主义道路。这条道路，是中国共产党带领中国人民历经千辛万苦、付出巨大代价开辟出来的，是被实践证明了的符合中国国情、适合时代发展要求的正确道路。" 2016 年 7 月 1 日，习近平总书记在庆祝中国共产党成立 95 周年大会上强调："中国特色社会主义不是从天上掉下来的，是党和人民历尽千辛万苦、付出巨大代价取得的根本成就。中国特色社会主义，既是我们必须不断推进的伟大事业，又是我们开辟未来的根本保证。" 2018 年 12 月 18 日，习近平总书记在庆祝改革开放 40 周年大会上强调："改革开放 40 年的实践启示我们：方向决定前途，道路决定命运。我们要把命运掌握在自己手中，就要有志不改、道不变的坚定。改革开放 40 年来，我们党全部理论和实践的主题是坚持和发展中国特色社会主义。在中国这样一个有着 5 000 多年文明史、13 亿多人口的大国推进改革发展，没有可以奉为金科玉律的教科书，也没有可以对中国人民颐指气使的教师爷。" 2022 年 10 月 16 日，习近平总书记在党的二十大报告中强调："中国人民和中华民族从近代以后的深重苦难走向伟大复兴的光明前景，从来就没有教科书，更没有现成答案。党的百年奋斗成功道路是党领导人民独立自主探索开辟出来的，马克思主义的中国篇章是中国共产党人依靠自身力量实践出来的，贯穿其中的一个基本点就是中国的问题必须从中国基本国情出发，由中国人自己来解答。我们要坚持对马克思主义的坚定信仰、对中国特色社会主义的坚定信念，坚定道路自信、理论自信、制度自信、文化自信，以更加积极的历史担当和创造精神为发展马克思主义作出新的贡献，既不能刻舟求剑、封闭僵化，也不能照抄照搬、食洋不化。"多年的食品药品安全治理实践启示我们，科学化、法治化、国际化、现代化是我国食品药品安全治理的发展道路。"化"，在中国哲学中，表达的是一个渐进的过程，展示的是一种成长的智慧。"动则变，变则化。""变，言其著；化，言其渐。"在全面推进食品药品安全治理"四化"的历史进程中，必须坚定目标、坚定道路、坚定意志、坚定步伐。

一、推进治理科学化

食品药品安全治理属于科学治理。食品药品安全治理是对食品药品安全与食品药品风险之间的比例关系所进行的选择，这种选择本身就是基于科学数据、科学证据的专业评价活动。食品药品安全治理是以科学为基础的专业治理，食品药品安全治理的全过程、各方面都必须尊重科学规律，坚持科学原则，采用科学方法。食品药品安全标准、审评、检验、检查、警戒（监测评价）等都离不开科学技术、科学标准和科学数据的支撑。科学属性是食品药品安全治理的第一属性，科学原则是食品药品安全治理的第一原则，科学精神是食品药品安全治理的第一精神，科学品格是食品药品安全治理的第一品格，科学风范是食品药品安全治理的第一风范。食品药品安全治理必须坚守科学原则、科学精神、科学品格和科学风范。

习近平总书记强调："科学的世界观和方法论是我们研究问题、解决问题的'总钥匙'。"2013年1月5日，习近平总书记在新进中央委员会的委员、候补委员学习贯彻党的十八大精神研讨班开班式上强调："马克思主义必定随着时代、实践和科学的发展而不断发展，不可能一成不变，社会主义从来都是在开拓中前进的。"2017年10月18日，习近平总书记在中国共产党第十九次全国代表大会上强调："发展是解决我国一切问题的基础和关键，发展必须是科学发展，必须坚定不移贯彻创新、协调、绿色、开放、共享的发展理念。"2021年5月28日，习近平总书记在中国科学院第二十次院士大会、中国工程院第十五次院士大会、中国科协第十次全国代表大会上强调："要健全社会主义市场经济条件下新型举国体制，充分发挥国家作为重大科技创新组织者的作用，支持周期长、风险大、难度高、前景好的战略性科学计划和科学工程，抓系统布局、系统组织、跨界集成，把政府、市场、社会等各方面力量拧成一股绳，形成未来的整体优势。"2021 年 9 月 27 日，习近平总书记在中央人才工作会议上强调："必须支持和鼓励广大科学家和科技工作者紧跟世界科技发展大势，对标一流水平，根据国家发展急迫需要和长远需求，敢于提出新理论、开辟新领域、探索新路径，多出战略性、关键性重大科技成果，不断攻克'卡脖子'关键核心技术，不断向科学技术广度和深度进军，把论文写在祖国大地上，把科技成果应用在实现社会主义现代化的伟大事业中。"

食品药品安全治理展现着科学的力量，闪耀着科学的光芒。科学化贯穿于食品药品安全法律制度的全过程和各方面。一是确立科学的监管制度或监管原则。如《食品安全法》规定："食品安全工作实行预防为主、风险管理、全程控制、社会共治，建立科学、严格的监督管理制度。"《药品管理法》规定："药品管理应当以人民健康为中心，坚持风险管理、全程管控、社会共治的原则，建立科学、严格的监督管理制度，全面提升药品质量，保障药品的安全、有效、可及。"《疫苗管理法》规定："国家对疫苗实行最严格的管理制度，坚持安全第一、风险管理、全程管控、科学监管、社会共治。"《医疗器械监督管理条例》规定："医疗器械监督管理遵循风险管理、全程管控、科学监管、社会共治的原则。"无论是科学的监管制度，还是科学的监管原则，都充分体现了食品药品安全治理的科学化要求。二是建立科学的专业监管队伍。食品药品安全治理是防控风险、保障安全的科学实证活动，只有专业机构和专业人员才能有效识别与控制各类安全风险。职业化专业化药品检查员是指经药品监管部门认定，依法对管理相对人从事药品研制、生产等场所、活动进行合规确认和风险研判的人员。如《药品管理法》规定："药品监督管理部门设置或者指定的药品专业技术机构，承担依法实施药品监督管理所需的审评、检验、核查、监测与评价等工作。""国家建立职业化、专业化药品检查员队伍。检查员应当熟悉药品法律法规，具备药品专业知识。"《疫苗管理法》规定："国家建设中央和省级两级职业化、专业化药品检查员队伍，加强对疫苗的监督检查。"《医疗器械监督管理条例》规定："国家建立职业化专业化检查员制度，加强对医疗器械的监督检查。"三是建立科学的标准体系。如《食品安全法》规定："制定食品安全标准，应当以保障公众身体健康为宗旨，做到科学合理、安全可靠。""食品安全国家标准审评委员会由医学、农业、食品、营养、生物、环境等方面的专家以及国务院有关部门、食品行业协会、消费者协会的代表组成，对食品安全国家标准草案的科学性和实用性等进行审查。"四是建立科学的产品创新制度。如《药品管理法》规定："国家支持以临床价值为导向、对人的疾病具有明确或者特殊疗效的药物创新，鼓励具有新的治疗机理、治疗严重危及生命的疾病或者罕见病、对人体具有多靶向系统性调节干预功能等的新药研制，推动药品技术进步。国家鼓励运用现代科学技术和传统中药研究方法开展中药科学技术研究和药物开发，建立和完善符合中药特点的技术评价体系，促进中药传承创新。"《化妆品监督管理条例》规定："国家鼓励和支持化妆品生产经营者采用先进技术和先进管理规范，提高化妆品质量安全水平；鼓励和支持运用现代科学技术，结合我国传统优势项目和特色植物资源研究开发化妆品。"五是建立科学的风险评估与监测制度。风险评估与监测是实施风险管理的重要基础。如《食品安全法》规定："国家建立食品安全风险评估制度，运用科学方法，根据食品安全风险监测信息、科学数据以及有关信息，对食品、食品添加剂、食品相关产品中生物性、化学性和物理性危害因素进行风险评估。""食品安全风险评估结果是制定、修订食品安全标准和实施食品安全监督管理的科学依据。"《化妆品监督管理条例》规定："国家建立化妆品安全风险监测和评价制度，对影响化妆品质量安全的风险因素进行监测和评价，为制定化妆品质量安全风险控制措施和标准、开展化妆品抽样检验提供科学依据。""根据科学研究的发展，对化妆品、化妆品原料的安全性有认识上的改变的，或者有证据表明化妆品、化妆品原料可能存在缺陷的，省级以上人民政府药品监督管理部门可以责令化妆品、化妆品新原料的注册人、备案人开展安全再评估或者直接组织开展安全再评估。"六是建立科学的风险交流制度。如《食品安全法》规定：
"县级以上人民政府食品安全监督管理部门和其他有关部门、食品安全风险评估专家委员会及其技术机构，应当按照科学、客观、及时、公开的原则，组织食品生产经营者、食品检验机构、认证机构、食品行业协会、消费者协会以及新闻媒体等，就食品安全风险评估信息和食品安全监督管理信息进行交流沟通。"《疫苗管理法》规定："省级以上人民政府药品监督管理部门、卫生健康主管部门等应当按照科学、客观、及时、公开的原则，组织疫苗上市许可持有人、疾病预防控制机构、接种单位、新闻媒体、科研单位等，就疫苗质量和预防接种等信息进行交流沟通。""公布重大疫苗安全信息，应当及时、准确、全面，并按照规定进行科学评估，作出必要的解释说明。"七是建立科学的审评制度。如《食品安全法》规定："保健食品声称保健功能，应当具有科学依据，不得对人体产生急性、亚急性或者慢性危害。""婴幼儿配方乳粉的产品配方应当经国务院食品安全监督管理部门注册。注册时，应当提交配方研发报告和其他表明配方科学性、安全性的材料。"《药品管理法》规定："对申请注册的药品，国务院药品监督管理部门应当组织药学、医学和其他技术人员进行审评，对药品的安全性、有效性和质量可控性以及申请人的质量管理、风险防控和责任赔偿等能力进行审查；符合条件的，颁发药品注册证书。"《化妆品监督管理条例》规定："国务院药品监督管理部门可以根据科学研究的发展，调整实行注册管理的化妆品新原料的范围，经国务院批准后实施。""注册申请人、备案人应当对所提交资料的真实性、科学性负责。""化妆品的功效宣称应当有充分的科学依据。"八是建立科学的检验制度。如《食品安全法》规定："检验人应当依照有关法律、法规的规定，并按照食品安全标准和检验规范对食品进行检验，尊重科学，恪守职业道德，保证出具的检验数据和结论客观、公正，不得出具虚假检验报告。"《药品管理法》规定："药品监督管理部门设置或者指定的药品专业技术机构，承担依法实施药品监督管理所需的审评、检验、核查、监测与评价等工作。"九是建立科学的检查制度。如《药品管理法》规定："药品监督管理部门应当依照法律、法规的规定对药品研制、生产、经营和药品使用单位使用药品等活动进行监督检查，必要时可以对为药品研制、生产、经营、使用提供产品或者服务的单位和个人进行延伸检查，有关单位和个人应当予以配合，不得拒绝和隐瞒。"十是建立科学的警戒（监测评价）制度。如《药品管理法》规定："国家建立药物警戒制度，对药品不良反应及其他与用药有关的有害反应进行监测、识别、评估和控制。""药品上市许可持有人应当开展药品上市后不良反应监测，主动收集、跟踪分析疑似药品不良反应信息，对已识别风险的药品及时采取风险控制措施。"十一是建立科学的事故调查制度。如《食品安全法》规定："调查食品安全事故，应当坚持实事求是、尊重科学的原则，及时、准确查清事故性质和原因，认定事故责任，提出整改措施。"上述规定中所确立的科学研究、科学原则、科学方法、科学依据、科学数据等，无一不体现着科学思维、科学精神、科学方法、科学品格，这是食品药品安全治理的鲜明属性和显著特色。

当前，我国在食品药品安全治理的科学化方面存在的突出问题如下：一是基层队伍专业素质不高。目前，基层药品监管队伍的专业人员比例不高，风险防控和质量管理能力还不足。二是技术支撑机构能力不足。在新材料、新技术、新工艺、新产品、新模式等方面，基层技术支撑机构、监管机构知识储备不足，还有许多短板弱项，急需加快补齐。三是重大决策高端智库支撑不足。食品药品安全治理涉及许多重大决策。目前，高端智库对食品药品安全治理的参谋支撑作用需要进一步加强。四是前沿科技发展需要加强。近年来，食品药品安全领域科学技术发展突飞猛进，细胞与基因治疗药物、创新疫苗、医疗机器人、医学影像、人工智能医疗器械、生物材料等日新月异，这给审评、检验、检查、警戒等都带来了许多新挑战。

面对新一轮科技革命和产业变革的深入发展，面对人民群众健康需求的日益增长，全面提升食品药品安全治理的科学化水平，需要强化以下方面。一是加快提升基层队伍专业素质。2019年5月9日，《中共中央　国务院关于深化改革加强食品安全工作的意见》提出："提高监管队伍专业化水平。强化培训和考核，依托现有资源加强职业化检查队伍建设，提高检查人员专业技能，及时发现和处置风险隐患。完善专业院校课程设置，加强食品学科建设和人才培养。加大公安机关打击食品安全犯罪专业力量、专业装备建设力度。"2021 年 4 月 27 日，《国务院办公厅关于全面加强药品监管能力建设的实施意见》（国办发〔2021〕16 号）提出："提升监管队伍素质。强化专业监管要求，严把监管队伍入口关，优化年龄、专业结构。加大培养力度，有计划重点培养高层次审评员、检查员，加强高层次国际化人才培养，实现核心监管人才数量、质量'双提升'。各省（自治区、直辖市）要结合本地医药产业发展和监管任务实际情况，完善省级职业化专业化药品检查员培养方案，加强对省、市、县各级药品监管人员培训和实训，不断提高办案能力，缩小不同区域监管能力差距。加强国家药品监管实训基地建设，打造研究、培训、演练一体的教育培训体系。充分运用信息化技术，建设并推广使用云平台，提升教育培训可及性和覆盖面。"二是加快提升技术支撑机构能力。《中共中央 国务院关于深化改革加强食品安全工作的意见》提出："加强技术支撑能力建设。推进国家级、省级食品安全专业技术机构能力建设，提升食品安全标准、监测、评估、监管、应急等工作水平。""推进'互联网+食品'监管。建立基于大数据分析的食品安全信息平台，推进大数据、云计算、物联网、人工智能、区块链等技术在食品安全监管领域的应用，实施智慧监管，逐步实现食品安全违法犯罪线索网上排查汇聚和案件网上移送、网上受理、网上监督，提升监管工作信息化水平。""完善问题导向的抽检监测机制……逐步将监督抽检、风险监测与评价性抽检分离，提高监管的靶向性。完善抽检监测信息通报机制，依法及时公开抽检信息，加强不合格产品的核查处置，控制产品风险。"《国务院办公厅关于全面加强药品监管能力建设的实施意见》提出："提高技术审评能力。瞄准国家区域协调发展战略需求，整合现有监管资源，优化中药和生物制品（疫苗）等审评检查机构设置，充实专业技术力量。""完善检查执法体系。落实关于建立职业化专业化药品检查员队伍的有关部署，加快构建有效满足各级药品监管工作需求的检查员队伍体系。""提高检验检测能力。瞄准国际技术前沿，以中国食品药品检定研究院为龙头、国家药监局重点实验室为骨干、省级检验检测机构为依托，完善科学权威的药品、医疗器械和化妆品检验检测体系。""建设国家药物警戒体系。加强药品、医疗器械和化妆品不良反应（事件）监测体系建设和省、市、县级药品不良反应监测机构能力建设。"三是充分发挥高端智库作用。《国务院办公厅关于全面加强药品监管能力建设的实施意见》提出："充分发挥专家咨询委员会在审评决策中的作用，依法公开专家意见、审评结果和审评报告。"四是积极推进药品监管科学研究。《国务院办公厅关于全面加强药品监管能力建设的实施意见》提出："紧跟世界药品监管科学前沿，加强监管政策研究，依托高等院校、科研机构等建立药品监管科学研究基地，加快推进监管新工具、新标准、新方法研究和应用。将药品监管科学研究纳入国家相关科技计划，重点支持中药、生物制品（疫苗）、基因药物、细胞药物、人工智能医疗器械、医疗器械新材料、化妆品新原料等领域的监管科学研究，加快新产品研发上市。"

二、推进治理法治化

习近平总书记强调："我们必须坚持把依法治国作为党领导人民治理国家的基本方略、把法治作为治国理政的基本方式，不断把法治中国建设推向前进。""法治工作是政治性很强的业务工作，也是业务性很强的政治工作。""每一种法治形态背后都有一套政治理论，每一种法治模式当中都有一种政治逻辑，每一条法治道路底下都有一种政治立场。"习近平法治思想内涵丰富、论述深刻、逻辑严密、系统完备，为全面依法治国提供了根本遵循和行动指南。一是全面依法治国是为子孙万代计、为长远发展谋。2014 年 10 月 23 日，习近平总书记在党的十八届四中全会第二次全体会议上强调："我们提出全面推进依法治国，坚定不移厉行法治，一个重要意图就是为子孙万代计、为长远发展谋。""综观世界近现代史，凡是顺利实现现代化的国家，没有一个不是较好解决了法治和人治问题的。相反，一些国家虽然也一度实现快速发展，但并没有顺利迈进现代化的门槛，而是陷入这样或那样的'陷阱'，出现经济社会发展停滞甚至倒退的局面。后一种情况很大程度上与法治不彰有关。""推进国家治理体系和治理能力现代化，必须坚持依法治国，为党和国家事业发展提供根本性、全局性、长期性的制度保障。"二是全面依法治国是国家治理的一场深刻革命。2022 年 11 月 1 日，习近平总书记在《求是》杂志（2022 年第 21 期）发表文章，强调："全面依法治国是国家治理的一场深刻革命，关系党执政兴国，关系人民幸福安康，关系党和国家长治久安。"2014 年 10 月 20—23 日，习近平总书记在十八届四中全会第一次全体会议上关于中央政治局工作的报告中强调："依法治国是坚持和发展中国特色社会主义的本质要求和重要保障，是实现国家治理体系和治理能力现代化的必然要求。我们要实现经济发展、政治清明、文化昌盛、社会公正、生态良好，必须更好发挥法治引领和规范作用。""法治是人类文明的重要成果之一，法治的精髓和要旨对于各国国家治理和社会治理具有普遍意义，我们要学习借鉴世界上优秀的法治文明成果。"2014 年 10 月 23 日，《中共中央关于全面推进依法治国若干重大问题的决定》提出："必须清醒看到，同党和国家事业发展要求相比，同人民群众期待相比，同推进国家治理体系和治理能力现代化目标相比，法治建设还存在许多不适应、不符合的问题，主要表现为：有的法律法规未能全面反映客观规律和人民意愿，针对性、可操作性不强，立法工作中部门化倾向、争权诿责现象较为突出；有法不依、执法不严、违法不究现象比较严重，执法体制权责脱节、多头执法、选择性执法现象仍然存在，执法司法不规范、不严格、不透明、不文明现象较为突出，群众对执法司法不公和腐败问题反映强烈；部分社会成员尊法信法守法用法、依法维权意识不强，一些国家工作人员特别是领导干部依法办事观念不强、能力不足，知法犯法、以言代法、以权压法、徇私枉法现象依然存在。这些问题，违背社会主义法治原则，损害人民群众利益，妨碍党和国家事业发展，必须下大气力加以解决。"三是发挥法治固根本、稳预期、利长远的保障作用。2018 年 8 月 24 日，习近平总书记在中央全面依法治国委员会第一次会议上强调："在统筹推进伟大斗争、伟大工程、伟大事业、伟大梦想，全面建设社会主义现代化国家的新征程上，我们要更好发挥法治固根本、稳预期、利长远的保障作用。"2022 年 11 月 1 日，习近平总书记在《求是》杂志（2022 年第 21 期）发表文章，强调："必须更好发挥法治固根本、稳预期、利长远的保障作用，在法治轨道上全面建设社会主义现代化国家。"四是在法治轨道上推动各项工作。

2012 年 12 月 4 日，习近平总书记在首都各界纪念现行宪法公布施行 30 周年大会上指出："各级领导干部要提高运用法治思维和法治方式深化改革、推动发展、化解矛盾、维护稳定能力，努力推动形成办事依法、遇事找法、解决问题用法、化解矛盾靠法的良好法治环境，在法治轨道上推动各项工作。"2015 年 2 月 2 日，习近平总书记在省部级主要领导干部学习贯彻十八届四中全会精神全面推进依法治国专题研讨班开班式上强调："党的十八大提出，领导干部要提高运用法治思维和法治方式的能力。这就要求领导干部把对法治的尊崇、对法律的敬畏转化成思维方式和行为方式，做到在法治之下、而不是法治之外、更不是法治之上想问题、作决策、办事情。"

第一，以法治化思维和方式加快推进科学立法工作。习近平总书记高度重视科学立法工作。2014 年 10 月 23 日，习近平总书记在党的十八届四中全会第二次全体会议上强调："小智治事，中智治人，大智立法。治理一个国家、一个社会，关键是要立规矩、讲规矩、守规矩。法律是治国理政最大最重要的规矩。推进国家治理体系和治理能力现代化，必须坚持依法治国，为党和国家事业发展提供根本性、全局性、长期性的制度保障。"一是党领导立法工作。2012 年 12 月 4 日，习近平总书记在首都各界纪念现行宪法公布施行 30 周年大会上强调："党领导人民制定宪法和法律，党领导人民执行宪法和法律，党自身必须在宪法和法律范围内活动，真正做到党领导立法、保证执法、带头守法。"2016 年 7 月 1 日，习近平总书记在庆祝中国共产党成立 95 周年大会上强调："全面依法治国，核心是坚持党的领导、人民当家作主、依法治国有机统一，关键在于坚持党领导立法、保证执法、支持司法、带头守法。"二是坚持科学立法、民主立法、依法立法。2014 年 9 月 5 日，习近平总书记在庆祝全国人民代表大会成立 60 周年大会上强调："要抓住提高立法质量这个关键，深入推进科学立法、民主立法，完善立法体制和程序，努力使每一项立法都符合宪法精神、反映人民意愿、得到人民拥护。""要坚持问题导向，提高立法的针对性、及时性、系统性、可操作性，发挥立法引领和推动作用。"2014 年 10 月 20 日，习近平总书记在《关于〈中共中央关于全面推进依法治国若干重大问题的决定〉的说明》中强调："科学立法的核心在于尊重和体现客观规律，民主立法的核心在于为了人民、依靠人民。要完善科学立法、民主立法机制，创新公众参与立法方式，广泛听取各方面意见和建议。"2020年2月5日，习近平总书记在中央全面依法治国委员会第三次会议上强调："我们要在坚持好、完善好已经建立起来并经过实践检验有效的根本制度、基本制度、重要制度的前提下，聚焦法律制度的空白点和冲突点，统筹谋划和整体推进立改废释各项工作，加快建立健全国家治理急需、满足人民日益增长的美好生活需要必备的法律制度。"三是重大改革要于法有据。2014年9月5日，习近平总书记在庆祝全国人民代表大会成立60周年大会上强调："我们要加强重要领域立法，确保国家发展、重大改革于法有据，把发展改革决策同立法决策更好结合起来。"2015年2月2日，习近平总书记在省部级主要领导干部学习贯彻十八届四中全会精神全面推进依法治国专题研讨班开班式上强调："我们要坚持改革决策和立法决策相统一、相衔接，立法主动适应改革需要，积极发挥引导、推动、规范、保障改革的作用，做到重大改革于法有据，改革和法治同步推进，增强改革的穿透力。"

　　近年来，食品药品监管部门高度重视食品药品安全立法，新时代食品药品监管法律制度体系的"四梁八柱"已经建立。2021年4月29日，第十三届全国人民代表大会常务委员会第二十八次会议第二次修正《食品安全法》。《食品安全法》确立了食品安全工作应当遵循的"预防为主、风险管理、全程控制、社会共治"的基本原则，是食品安全领域首部引入风险治理理念的法律。2019年6月29日，第十三届全国人民代表大会常务委员会第十一次会议通过《疫苗管理法》。《疫苗管理法》是全球首部综合性疫苗管理法律。这部法律确立了"国家对疫苗实行最严格的管理制度，坚持安全第一、风险管理、全程管控、科学监管、社会共治""国家坚持疫苗产品的战略性和公益性"。2019年8月26日，第十三届全国人民代表大会常务委员会第十二次会议第二次修订《药品管理法》。这部法律在药品领域首次引入风险治理理念和违法行为处罚到人的双罚制度，被称为"史上最严"的药品管理法律。2020年1月3日，国务院第77次常务会议通过《化妆品监督管理条例》，这是我国首部化妆品监督管理条例。这部法规建立了化妆品注册人备案人制度。2020 年 12 月 21 日，国务院第119 次常务会议审议修订通过《医疗器械监督管理条例》。这部法规巩固了医疗器械审评审批制度改革成果，建立了医疗器械注册人备案人制度，完善了医疗器械临床试验和临床评价制度，加大了对违法行为的惩戒力度。截至 2024 年 4 月底，食品安全领域有法律 2 部、行政法规 1 部、规章 15 部，药品安全领域有法律 2 部、行政法规 11 部、规章 44 部。食品药品安全领域法律法规体系已较为系统完备。

然而，法律自公布之日起，即与时代渐行渐远。"法与时转则治"，立法必须紧紧跟上时代。当前，我国正处在从食品药品制造大国向食品药品制造强国跨越的历史进程中，人民群众对食品药品安全的需求已经从"有没有"转变为"好不好"。必须加快建立适应高质量发展和高水平安全的法律制度体系，加快培育追求卓越质量文化的管理体系和运行机制，最大限度地满足人民群众对食品药品的新期待。必须适应时代快速变革的需要，深入开展监管政策法规研究，加快监管新工具、新标准、新方法转化为新政策、新制度、新机制，推动更多好产品早日上市，让人民群众的获得感、幸福感、安全感更加充实、更有保障、更可持续。必须认真研究借鉴国际经验，采取更加特殊的制度设计，激励更多企业持续加大对罕见病治疗药物、儿童用药、重大疾病治疗药物的研发、生产和供应力度，更好地保护和促进公众健康。

第二，以法治化思维和方式积极推进严格执法工作。2014 年 10 月 23日，习近平总书记在党的十八届四中全会第二次全体会议上强调："执法是把纸面上的法律变为现实生活中活的法律的关键环节，执法人员必须忠于法律、捍卫法律，严格执法、敢于担当。""推进严格执法，重点是解决执法不规范、不严格、不透明、不文明以及不作为、乱作为等突出问题。""要严格执法资质、完善执法程序，建立健全行政裁量权基准制度，确保法律公正、有效实施。""平等是社会主义法律的基本属性，是社会主义法治的基本要求。坚持法律面前人人平等，必须体现在立法、执法、司法、守法各个方面。任何组织和个人都必须尊重宪法法律权威，都必须在宪法法律范围内活动，都必须依照宪法法律行使权力或权利、履行职责或义务，都不得有超越宪法法律的特权。任何人违反宪法法律都要受到追究，绝不允许任何人以任何借口任何形式以言代法、以权压法、徇私枉法。"2019 年 5 月 7 日，习近平总书记在全国公安工作会议上强调："严格规范公正文明执法是一个整体，要准确把握、全面贯彻，不能畸轻畸重、顾此失彼。要树立正确法治理念，把打击犯罪同保障人权、追求效率同实现公正、执法目的同执法形式有机统一起来，坚持以法为据、以理服人、以情感人，努力实现最佳的法律效果、政治效果、社会效果。"2022 年 10 月 16 日，习近平总书记在中国共产党第二十次全国代表大会上强调："深化行政执法体制改革，全面推进严格规范公正文明执法，加大关系群众切身利益的重点领域执法力度，完善行政执法程序，健全行政裁量基准。强化行政执法监督机制和能力建设，严格落实行政执法责任制和责任追究制度。"

近年来，食品药品监管部门积极推进食品药品安全领域严格执法。2022 年 9 月 15 日，国家药品监督管理局和国家市场监督管理总局联合印发《关于进一步加强药品案件查办工作的意见》（国药监法〔2022〕34 号）；2023 年 1 月 10 日，国家药品监督管理局、国家市场监督管理总局、公安部、最高人民法院、最高人民检察院联合印发《药品行政执法与刑事司法衔接工作办法》（国药监法〔2022〕41 号）；2024 年 2 月 21 日，国家药品监督管理局印发《药品监督管理行政处罚裁量适用规则》（国药监法〔2024〕11 号）；2024 年 3 月 13 日，国家药品监督管理局和国家市场监督管理总局联合印发《关于加强跨区域跨层级药品监管协同的指导意见》（国药监法〔2024〕12 号）；2024 年 3 月 21 日，国家药品监督管理局和公安部联合印发《药品领域涉嫌犯罪案件检验认定工作指南》（国药监法〔2024〕13 号）。目前，在药品领域，案件联合查办、行政执法与刑事司法衔接、行政处罚裁量适用规则、跨区域跨层级监管协同、涉嫌犯罪案件检验认定等陆续出台，严格执法制度保障更加有力。

当前，食品药品安全行政执法领域存在的突出问题如下：有法不依、执法不严、违法不究的现象时有发生；基层执法人员素质不高、能力不强、自由裁量度过大，执法不规范、不严格、不透明、不文明的现象仍然在一定程度上存在；基层执法方式相对落后，信息化支撑手段严重不足。要按照 2023 年 9 月国务院办公厅印发的《提升行政执法质量三年行动计划（2023—2025 年）》，2024 年 2 月印发的《国务院关于进一步规范和监督罚款设定与实施的指导意见》，2024 年 5 月中共中央办公厅、国务院办公厅印发的《关于加强行政执法协调监督工作体系建设的意见》的要求，坚持人民至上、生命至上，落实"四个最严"要求，强基础、补短板、破瓶颈、促提升，进一步提升食品药品安全监管执法的科学化、法治化和现代化水平。

第三，以法治化思维和方式积极推进普法工作。2014 年 1 月 7 日，习近平总书记在中央政法工作会议上强调："法律要发挥作用，需要全社会信仰法律。卢梭说，一切法律中最重要的法律，既不是刻在大理石上，也不是刻在铜表上，而是铭刻在公民的内心里。我国是个人情社会，人们的社会联系广泛，上下级、亲戚朋友、老战友、老同事、老同学关系比较融洽，逢事喜欢讲个熟门熟道，但如果人情介入了法律和权力领域，就会带来问题，甚至带来严重问题。"2014 年 10 月 23 日，《中共中央关于全面推进依法治国若干重大问题的决定》指出："法律的权威源自人民的内心拥护和真诚信仰。人民权益要靠法律保障，法律权威要靠人民维护。必须弘扬社会主义法治精神，建设社会主义法治文化，增强全社会厉行法治的积极性和主动性，形成守法光荣、违法可耻的社会氛围，使全体人民都成为社会主义法治的忠实崇尚者、自觉遵守者、坚定捍卫者。"

近年来，食品药品监管部门积极开展食品药品安全宣传教育。国家药品监督管理局认真落实"谁执法谁普法"普法责任制，将法制宣传工作与监管工作同部署、同检查、同落实，在基层遴选 18 个药品法治宣传教育基地，组织动员全系统广泛、深入、持久开展药品安全法治宣传，法治观念日趋深入人心，依法治理取得明显成效。未来应当进一步加大对企业、监管部门等的法治宣传力度，努力提升有关方面的法治意识和法治水平。

三、推进治理国际化

全球化是不可逆转的时代潮流，是不可逆转的历史大势。经济全球化是人类社会发展的必由之路，合作共赢是人类发展的必然选择，携手构建人类命运共同体符合历史发展规律。

习近平总书记积极倡导和推进经济全球化。一是经济全球化是历史大势和历史潮流。2018 年 11 月 5 日，习近平主席在首届中国国际进口博览会开幕式上的主旨演讲中强调："世界上的有识之士都认识到，经济全球化是不可逆转的历史大势，为世界经济发展提供了强劲动力。说其是历史大势，就是其发展是不依人的意志为转移的。人类可以认识、顺应、运用历史规律，但无法阻止历史规律发生作用。"2019 年 11 月 5 日，习近平主席在第二届中国国际进口博览会开幕式上的主旨演讲中强调："经济全球化是历史潮流。长江、尼罗河、亚马孙河、多瑙河昼夜不息、奔腾向前，尽管会出现一些回头浪，尽管会遇到很多险滩暗礁，但大江大河奔腾向前的势头是谁也阻挡不了的。"2020 年 9 月 22 日，习近平主席在第七十五届联合国大会一般性辩论上指出："经济全球化是客观现实和历史潮流。面对经济全球化大势，像鸵鸟一样把头埋在沙里假装视而不见，或像堂吉诃德一样挥舞长矛加以抵制，都违背了历史规律。世界退不回彼此封闭孤立的状态，更不可能被人为割裂。我们不能回避经济全球化带来的挑战，必须直面贫富差距、发展鸿沟等重大问题。"2020 年 11 月 19 日，习近平主席在亚太经合组织工商领导人对话会上的主旨演讲中指出："当今世界，经济全球化潮流不可逆转，任何国家都无法关起门来搞建设，中国也早已同世界经济和国际体系深度融合。"2022 年 1 月 17 日，习近平主席在2022 年世界经济论坛视频会议上指出："经济全球化是时代潮流。大江奔腾向海，总会遇到逆流，但任何逆流都阻挡不了大江东去。动力助其前行，阻力促其强大。尽管出现了很多逆流、险滩，但经济全球化方向从未改变、也不会改变。世界各国要坚持真正的多边主义，坚持拆墙而不筑墙、开放而不隔绝、融合而不脱钩，推动构建开放型世界经济。"二是统筹国内、国外两个大局。2015 年 11 月 23 日，习近平总书记在主持十八届中共中央政治局第二十八次集体学习时强调："在经济全球化深入发展的条件下，我们不可能关起门来搞建设，而是要善于统筹国内国际两个大局，利用好国际国内两个市场、两种资源。要顺应我国经济深度融入世界经济的趋势，发展更高层次的开放型经济，积极参与全球经济治理，促进国际经济秩序朝着平等公正、合作共赢的方向发展。"2017 年 10 月 18 日，习近平总书记在党的十九大报告中强调："主动参与和推动经济全球化进程，发展更高层次的开放型经济，不断壮大我国经济实力和综合国力。"2020 年 11 月 4 日，习近平主席在第三届中国国际进口博览会开幕式上的主旨演讲中强调："面对经济全球化带来的挑战，不应该任由单边主义、保护主义破坏国际秩序和国际规则，而要以建设性姿态改革全球经济治理体系，更好趋利避害。要坚持共商共建共享的全球治理观，维护以世界贸易组织为基石的多边贸易体制，完善全球经济治理规则，推动建设开放型世界经济。"2022 年 10 月 16 日，习近平总书记在党的二十大报告中指出："构建人类命运共同体是世界各国人民前途所在。""当前，世界之变、时代之变、历史之变正以前所未有的方式展开。""我们要拓展世界眼光，深刻洞察人类发展进步潮流，积极回应各国人民普遍关切，为解决人类面临的共同问题作出贡献，以海纳百川的宽阔胸襟借鉴吸收人类一切优秀文明成果，推动建设更加美好的世界。"2023 年 1 月 24 日，习近平主席在向拉美和加勒比国家共同体第七届峰会作视频致辞时强调，当前，世界进入新的动荡变革期，只有加强团结合作才能共迎挑战、共克时艰。2023 年 2 月 14 日，习近平主席在同来华进行国事访问的伊朗总统莱希举行会谈时强调，中国正在以中国式现代化全面推进中华民族伟大复兴，坚定不移推动高质量发展和高水平开放，坚定不移维护世界和平、促进共同发展。2023 年 7 月 3 日，习近平主席在向第三届文明交流互鉴对话会暨首届世界汉学家大会致贺信时强调，在人类历史的漫长进程中，世界各民族创造了具有自身特点和标识的文明。不同文明之间平等交流、互学互鉴，将为人类破解时代难题、实现共同发展提供强大的精神指引。中方愿同各方一道，弘扬和平、发展、公平、正义、民主、自由的全人类共同价值，落实全球文明倡议，以文明交流超越文明隔阂、文明互鉴超越文明冲突、文明包容超

越文明优越，携手促进人类文明进步。2023 年 7 月 10 日，习近平主席在
向全球共享发展行动论坛首届高级别会议致贺信时强调，当今世界，百年
变局加速演进，世界经济复苏艰难，全球发展议程面临挑战。发展是人类
社会的永恒主题。共享发展是建设美好世界的重要路径。作为最大的发展
中国家，中国始终将自身发展置于人类发展的坐标系，以自身发展为世界
发展创造新机遇。中国将进一步加大对全球发展合作的资源投入，同国际
社会一道，持续推进全球发展倡议走深走实，为如期实现联合国 2030 年
可持续发展目标、推动构建人类命运共同体作出新贡献。

　　近年来，我国食品药品产业积极推进"走出去"的全球化战略。据中
国医药保健品进出口商会报告，2023 年，中国药品对外贸易总额为
1 122.36 亿美元，其中出口额为 565.32 亿美元，进口额为 557.04 亿美元，
全年贸易顺差为 8.28 亿美元；医疗器械对外贸易总额为 831.30 亿美元，
其中出口额为 455.25 亿美元，进口额为 376.05 亿美元，全年贸易顺差为
79.20 亿美元。在全球化、信息化时代，食品药品安全治理必须坚持国际
化发展道路，充分借鉴国际社会有益经验，积极参与国际食品药品安全治
理规则制定，努力贡献中国的智慧和力量。我国食品药品监管部门积极参
与 WHO、ICMRA、ICH、PIC/S、IMDRF、GHWP、ICCR 等的相关活动，
主动融入国际食品药品安全治理大格局，在国际舞台上拥有越来越多的话
语权和影响力。

　　2011 年 3 月 1 日，中国国家疫苗监管体系通过了世界卫生组织的评
估，满足了世界卫生组织对国家疫苗监管体系的指标要求，被认为能发挥
良好的监管作用。2014 年 7 月 4 日，世界卫生组织总干事陈冯富珍博士在
京宣布："经世卫组织专家评估，中国疫苗国家监管体系达到或超过世卫
组织按照国际标准运作的全部标准。这意味着，中国疫苗生产过程、安全
性、有效性均符合国际标准。""今天宣布的结果让我们对中国生产和使用
的疫苗的安全性和有效性充满了信心，中国疫苗将造福中国儿童和全世界
儿童！"为进一步提高我国食品药品监管水平、推动中国技术标准与国际
接轨，2014 年 7 月 4 日，国家食品药品监督管理总局和世界卫生组织签署
合作意向书，以加强双方在食品安全管理和医药产品监管领域的深入合

作。2015 年 4 月，国家食品药品监督管理总局和世界卫生组织联合启动制作"食品安全五要点"动漫视频，广泛深入推广世界卫生组织食品安全五要点，力图通过新颖的形式、丰富的画面、简洁的剧情和活泼的形象，让五要点更加深入人心，更有效地指导广大消费者和食品生产经营者树立自觉防范食品安全风险的意识，形成人人关注食品安全、人人重视食品安全的良好氛围。2019 年 10 月，国家药品监督管理局和世界卫生组织在世界卫生组织总部签署合作意向声明，加强双方在药品监管领域的良好合作，重点加强在风险评估、应急反应及向全球供应高质量药品等领域的合作，进一步提升中国人民健康水平和生活质量，并为全球公共卫生事业作出贡献。2022 年 8 月 23 日，国家药品监督管理局发出公告，世界卫生组织宣布中国通过疫苗国家监管体系（National Regulatory Authority，NRA）评估，这是中国第三次通过该评价体系。

2021 年 10 月 20 日，国家药品监督管理局会同 7 个部门联合印发的《"十四五"国家药品安全及促进高质量发展规划》（国药监综〔2021〕64 号）提出："深入参与国际监管协调，全面参与药品监管领域国际合作交流，积极做好对外宣传，提升国际社会对我国药品监管的认知度。积极参与国际规则制定，形成与国际规范相适应的监测与评价体系。加强与主要贸易国和地区、'一带一路'重点国家和地区药品监管的交流合作。积极推进加入药品检查合作计划，建设一支具有国际视野的高水平检查员队伍。加强与国际化妆品监管联盟交流合作。加强国际传统药监管的交流与合作，促进中药'走出去'。创新完善药品领域国际交流合作方式，提升国际交流合作水平，共建人类卫生健康共同体。"

在药品领域，2017 年 6 月，国家食品药品监督管理总局加入国际人用药品注册技术协调会（ICH），开始融入国际药品监管体系。2018 年 6 月 7 日，在日本神户举行的 ICH 2018 年第一次大会上，国家药品监督管理局当选为 ICH 管理委员会成员。2021 年 6 月 3 日，国家药品监督管理局连任 ICH 管理委员会成员。截至 2024 年 3 月底，国家药品监督管理局已全部转化实施 ICH 的技术指南文件。2021 年 9 月 24 日，国家药品监督管理局致函药品检查合作计划（PIC/S），申请启动预加入程序。2023 年 9 月下旬，国家药品监督管理局向 PIC/S 提交了正式申请材料。2023 年 11 月 8 日，PIC/S 致函国家药品监督管理局，确认国家药品监督管理局正式申请者身份。我国持续完善药品检查制度和标准，不断健全药品检查质量管理体系，稳步推进药品检查员队伍建设，努力提升药品监管现代化水平。

在医疗器械领域，2019 年 9 月，国家药品监督管理局加入国际医疗器械监管者论坛（IMDRF）。在 2019 年 IMDRF 第 16 次管理委员会会议上，由国家药品监督管理局牵头的临床评价工作组所起草的《临床证据-关键定义和概念》《临床评价》《临床研究》三份指南文件被批准成为国际指南。国家药品监督管理局积极参与全球医疗器械法规协调会（GHWP）及其前身亚洲医疗器械法规协调会（AHWP）的活动。2023 年 2 月，在 GHWP 第 26 届利雅得年会上，国家药品监督管理局分管局领导当选新一届 GHWP 主席。为推进成员国家和地区进一步提高产业及监管能力和水平，促进全球医疗器械监管趋同、协调和信赖，在 GHWP 第 27 届上海年会上，GHWP 批准设立 GHWP 广州学院。在化妆品领域，国家药品监督管理局已申请成为国际化妆品监管合作组织（ICCR）成员。

2019 年 2 月 14—17 日，美国科学促进会（AAAS）在美国华盛顿举行以"科学跨越边界"（Science Transcending Boundaries）为主题的年会。AAAS 主席玛格丽特·汉伯格（Margaret Hamburg，美国 FDA 前局长）强调以下几点：一是当今世界面临着更多更大的挑战。与过去面临的挑战相比，现在面临的挑战变化更快、涉及领域更多、要解决的难题更大更复杂，要有新的思想。二是迎接挑战和解决难题需要全球合作。我们面临的许多大的挑战都存在于更广泛的社会、伦理、政治和法律问题的交界处，而解决这些挑战需要我们跨越边界。三是科学共同体要承担自己的职责。仅仅埋头于实验室的工作，埋头于研究计划，眼睛盯着电脑屏幕是不够的，还需要更多。科学共同体要超越自己的边界，不仅仅关心自己的科学研究工作，还要以新的模式和新的路径发挥作用。她表示："科学在最好的时候是一项国际活动。最聪明的头脑之间的科学合作，无论他们在哪里，对科学的进步都是必不可少的。""希望继续支持和强调那种已经被证明非常有效的科学，而不是退回到一种真正专注于我们在国内所做事情的方法。"

2024 年 5 月 9 日，《中国医药报》刊发《中国医药国际合作致力构建人类卫生健康共同体》署名文章。该文提出，当前我国已完成由内向医药生产国向外向医药国际合作国的转变，具体表现如下：稳居全球前十大医药贸易国，跻身世界医药投资大国，是医药产品援助重要贡献国，首次成为技术转移的"顺差国"，是国际公共市场采购主要供应国，是接轨医药产品国际标准主要参与国，是医药产品创新新兴国，以及是多元化合作提供国。该文还提出，与此同时，我国医药工业的国际化之路也面临着诸多挑战。如欧洲、美国、日本等国家和地区在医药产品及设备方面拥有专利技术优势，不少高精尖药械产品为其所垄断；我国产业集群效应不明显，市场前沿技术和产品创新不足，企业规模偏小及国际合作能力薄弱，以及部分高端设备和器材、特精尖原料等研发、生产存在"卡脖子"问题，离塑造乃至引领国际医药市场发展仍有很长的路要走；地缘政治外溢影响日趋复杂，美国《生物安全法案》对部分头部生物医药企业的不公正待遇及其可能的波及影响，给中国药企在美国开展业务带来了更多变数。我国在与医药国际合作相关的主流国际组织中的影响力有进一步提升的空间。

未来，我国食品药品监管部门应当进一步推进国际化发展，积极参与相关国际组织和区域性组织的活动，牵头起草相关技术指南文件并积极转化实施。同时，应当积极与有关国家和地区开展双边或者多边合作，努力与国际社会一道推动全球药品医疗器械监管趋同、协调和信赖，为打造人类卫生健康共同体贡献更多的智慧和力量。

四、推进治理现代化

实现国家现代化，是中国共产党、中华民族和中国人民孜孜以求的伟大梦想。什么是现代化，国际社会并没有统一的标准。一般认为，现代化是指从传统农业社会向现代工业社会的转化过程，是以工业化的实现为核心的全面社会变革。也有人认为，现代化是指工业革命以来人类社会所发生的深刻变化，这种变化包括从传统经济向现代经济、从传统社会向现代社会、从传统政治向现代政治、从传统文明向现代文明等各个方面的转变。从国际社会的角度看，现代化具有以下特征。一是国际性。在全球化、信息化时代，任何国家都无法拒绝现代化。二是全面性。如果没有特指，现代化通常是指国家现代化。三是动态性。现代化是一个与时俱进、快速成长的概念。

早在 1954 年，中央人民政府政务院总理周恩来在所作的政府工作报告里就提出："如果我们不建设起强大的现代化的工业、现代化的农业、现代化的交通运输业和现代化的国防，我们就不能摆脱落后和贫困，我们的革命就不能达到目的。""只有依靠重工业，才能保证整个工业的发展，才能保证现代化农业和现代化交通运输业的发展，才能保证现代化国防力量的发展……""我们一定可以经过几个五年计划，把中国建设成为一个强大的社会主义的现代化的工业国家。""我国原来是一个落后的农业国，现在要把我国建设成为一个强大的社会主义的现代化的工业国家，这是一个很伟大的任务。"党的十一届三中全会后，实现"现代化"成为我国最响亮的口号。

2017 年 10 月 18 日，习近平总书记在党的十九大报告中指出："从全面建成小康社会到基本实现现代化，再到全面建成社会主义现代化强国，是新时代中国特色社会主义发展的战略安排。""新时代中国特色社会主义思想，明确坚持和发展中国特色社会主义，总任务是实现社会主义现代化和中华民族伟大复兴，在全面建成小康社会的基础上，分两步走在本世纪中叶建成富强民主文明和谐美丽的社会主义现代化强国……明确全面深化改革总目标是完善和发展中国特色社会主义制度、推进国家治理体系和治理能力现代化……""改革开放之后，我们党对我国社会主义现代化建设作出战略安排，提出'三步走'战略目标。解决人民温饱问题、人民生活总体上达到小康水平这两个目标已提前实现。在这个基础上，我们党提出，到建党一百年时建成经济更加发展、民主更加健全、科教更加进步、文化更加繁荣、社会更加和谐、人民生活更加殷实的小康社会，然后再奋斗三十年，到新中国成立一百年时，基本实现现代化，把我国建成社会主义现代化国家。""必须坚持和完善中国特色社会主义制度，不断推进国家治理体系和治理能力现代化，坚决破除一切不合时宜的思想观念和体制机制弊端，突破利益固化的藩篱，吸收人类文明有益成果，构建系统完备、科学规范、运行有效的制度体系，充分发挥我国社会主义制度优越性。"

2022 年 10 月 16 日，习近平总书记在党的二十大报告中指出："从现在起，中国共产党的中心任务就是团结带领全国各族人民全面建成社会主义现代化强国、实现第二个百年奋斗目标，以中国式现代化全面推进中华民族伟大复兴。""全面建成社会主义现代化强国，总的战略安排是分两步走：从二〇二〇年到二〇三五年基本实现社会主义现代化；从二〇三五年到本世纪中叶把我国建成富强民主文明和谐美丽的社会主义现代化强国。"首先，中国式现代化体现了中国的自信自强。中国式现代化体现出我国现代化建设的示范价值、引领功能，即中国式现代化"意味着中国特色社会主义道路、理论、制度、文化不断发展，拓展了发展中国家走向现代化的途径，给世界上那些既希望加快发展又希望保持自身独立性的国家和民族提供了全新选择，为解决人类问题贡献了中国智慧和中国方案"。中国式现代化，深深植根于中华优秀传统文化，体现科学社会主义的先进本质，借鉴吸收一切人类优秀文明成果，代表人类文明进步的发展方向，展现了不同于西方现代化模式的新图景，是一种全新的人类文明形态。中国式现代化，打破了"现代化＝西方化"的迷思，展现了现代化的另一幅图景，拓展了发展中国家走向现代化的路径选择，为人类对更好社会制度的探索提供了中国方案。中国式现代化蕴含的独特世界观、价值观、历史观、文明观、民主观、生态观等及其伟大实践，是对世界现代化理论和实践的重大创新。中国式现代化为广大发展中国家独立自主迈向现代化树立了典范，为其提供了全新选择。其次，中国式现代化体现了中国的历史责任。"中国共产党是为中国人民谋幸福、为中华民族谋复兴的党，也是为人类谋进步、为世界谋大同的党。我们要拓展世界眼光，深刻洞察人类发展进步潮流，积极回应各国人民普遍关切，为解决人类面临的共同问题作出贡献，以海纳百川的宽阔胸襟借鉴吸收人类一切优秀文明成果，推动建设更加美好的世界。"中国式现代化的世界意义是创造人类文明新形态。再次，中国式现代化体现了中国的斗争精神。中华民族伟大复兴绝不是轻轻松松、敲锣打鼓就能实现的。要战胜前进道路上的各种风险挑战，没有斗争精神不行。推进中国式现代化，是一项前无古人的开创性事业，必然会遇到各种可以预料和难以预料的风险挑战、艰难险阻甚至惊涛骇浪，必须增强忧患意识，坚持底线思维，居安思危、未雨绸缪，敢于斗争、善于斗争，通过顽强斗争打开事业发展新天地。

2023 年 2 月 7 日，习近平总书记在新进中央委员会的委员、候补委员和省部级主要领导干部学习贯彻习近平新时代中国特色社会主义思想和党的二十大精神研讨班开班式上强调，党的十八大以来，我们党在已有基础上继续前进，不断实现理论和实践上的创新突破，成功推进和拓展了中国式现代化。我们在认识上不断深化，创立了新时代中国特色社会主义思想，实现了马克思主义中国化时代化新的飞跃，为中国式现代化提供了根本遵循。我们进一步深化对中国式现代化的内涵和本质的认识，概括形成中国式现代化的中国特色、本质要求和重大原则，初步构建中国式现代化的理论体系，使中国式现代化更加清晰、更加科学、更加可感可行。我们在战略上不断完善，深入实施科教兴国战略、人才强国战略、乡村振兴战略等一系列重大战略，为中国式现代化提供坚实战略支撑。我们在实践上不断丰富，推进一系列变革性实践、实现一系列突破性进展、取得一系列标志性成果，推动党和国家事业取得历史性成就、发生历史性变革，特别是消除了绝对贫困问题，全面建成小康社会，为中国式现代化提供了更为完善的制度保证、更为坚实的物质基础、更为主动的精神力量。推进中国式现代化是一个系统工程，需要统筹兼顾、系统谋划、整体推进，正确处理好顶层设计与实践探索、战略与策略、守正与创新、效率与公平、活力与秩序、自立自强与对外开放等一系列重大关系。

中国食品药品安全治理现代化，是中国式现代化的重要组成部分。食品药品安全治理现代化，包括治理理念的现代化、治理制度的现代化、治理机制的现代化、治理方式的现代化、治理技术的现代化等。科学化、法治化、国际化是前提、是路径，现代化是目标、是结果。2023 年 5 月 12 日，习近平总书记在河北考察并主持召开深入推进京津冀协同发展座谈会时强调，生物医药产业是关系国计民生和国家安全的战略性新兴产业。要加强基础研究和科技创新能力建设，把生物医药产业发展的命脉牢牢掌握在我们自己手中。要坚持人民至上、生命至上，研发生产更多适合中国人生命基因传承和身体素质特点的"中国药"，特别是要加强中医药传承创新发展。2023 年 8 月 25 日，国务院常务会议审议通过《医药工业高质量发展行动计划（2023—2025 年）》和《医疗装备产业高质量发展行动计划（2023—2025 年）》。会议强调，医药工业和医疗装备产业是卫生健康事业的重要基础，事关人民群众生命健康和高质量发展全局。要着力提高医药工业和医疗装备产业韧性和现代化水平，增强高端药品、关键技术和原辅料等供给能力，加快补齐我国高端医疗装备短板。要着眼医药研发创新难度大、周期长、投入高的特点，给予全链条支持，鼓励和引导龙头医药企业发展壮大，提高产业集中度和市场竞争力。要充分发挥我国中医药独特优势，加大保护力度，维护中医药发展安全。要高度重视国产医疗装备的推广应用，完善相关支持政策，促进国产医疗装备迭代升级。要加大医工交叉复合型人才培养力度，支持高校与企业联合培养一批医疗装备领域领军人才。2023 年 12 月召开的中央经济工作会议强调，必须把坚持高质量发展作为新时代的硬道理，完整、准确、全面贯彻新发展理念，推动经济实现质的有效提升和量的合理增长。必须坚持深化供给侧结构性改革和着力扩大有效需求协同发力，发挥超大规模市场和强大生产能力的优势，使国内大循环建立在内需主动力的基础上，提升国际循环质量和水平。必须坚持依靠改革开放增强发展内生动力，统筹推进深层次改革和高水平开放，不断解放和发展社会生产力、激发和增强社会活力。必须坚持高质量发展和高水平安全良性互动，以高质量发展促进高水平安全，以高水平安全保障高质量发展，发展和安全要动态平衡、相得益彰。会议提出，要以科技创新推动产业创新，特别是以颠覆性技术和前沿技术催生新产业、新模式、新动能，发展新质生产力。完善新型举国体制，实施制造业重点产业链高质量发展行动，加强质量支撑和标准引领，提升产业链供应链韧性和安全水平。要大力推进新型工业化，发展数字经济，加快推动人工智能发展。打造生物制造等若干战略性新兴产业，开辟生命科学等未来产业新赛道。2024 年 3 月 5 日，国务院《政府工作报告》明确，加快创新药等产业发展，积极打造生物制造等新增长引擎，开辟生命科学等新赛道。

　　当前，新一轮科技革命和产业变革正在深入发展，医药产业创新方兴未艾，新技术、新材料、新工艺、新产品、新业态、新模式日新月异，新机遇与新挑战并存，稳定性和不确定性并存，满足高品质生活、推进高效能治理、实现高质量发展、保障高水平安全，对全面加强新时代食品药品安全治理提出了许多前所未有的新要求。必须立足新发展阶段，贯彻新发展理念，进一步解放思想，精心谋划制度改革创新，让食品药品安全治理工作更加充满时代气息，让食品药品产业创新高质量发展动力更加充沛，让人民健康权益保障更加有力。当前，我国食品药品产业正处于从制造大国到制造强国跨越的关键节点，这是我国食品药品安全治理史上的历史性进步。同时，必须看到，当前我国食品药品安全领域技术创新的成色和含量不足，创新产品企业占全球产业的比重还不高，创新发展的整体生态还有改进的空间。必须坚持问题导向，强化创新思维，增强改革创新的敏锐性和前瞻性，深入研究分析我国食品药品产业发展状况，精准摸清产业全链条、全环节、全领域中的突出问题，积极推动产业布局更加合理、产业结构更加优化、产业质量更加提升，进一步促进产业创新高质量发展。

面对快速变化的世界和中国，如果墨守成规、思想僵化，没有理论创新的勇气，不能科学回答中国之问、世界之问、人民之问、时代之问，不仅党和国家事业无法继续前进，马克思主义也会失去生命力、说服力。

——习近平

第六章　治　理　理　念

在食品药品安全治理文化中，治理理念占有特殊的地位。这是因为，理念是事物运行的灵魂，体现着对事物运行的哲学思考和应然判定，决定事物运行的方向。习近平总书记强调："发展理念是战略性、纲领性、引领性的东西，是发展思路、发展方向、发展着力点的集中体现。""贯彻落实新发展理念，涉及一系列思维方式、行为方式、工作方式的变革，涉及一系列工作关系、社会关系、利益关系的调整，不改革就只能是坐而论道，最终到不了彼岸。"国外学者认为，理念是"某种不变的本性""可感事物的原因""自在而自为的真理""逐渐接近而其本身又永远留在彼岸的目标"。"世界是包括一切的整体，它不是由任何神或任何人创造的，它的过去、现在和将来都是按规律燃烧着、按规律熄灭着的永恒的活火。"理念就是"永恒的活火"。我国许多专家学者认为，理念似"道"，"博也，厚也，高也，明也，悠也，久也""万物之所然也，万理之所稽也"。"万物得其本者生，百事得其道者成。"由此可见，在食品药品安全治理体系中，治理理念具有基础性、根本性、全局性、方向性、战略性、纲领性和引领性的重要地位，有不同的治理理念，就有不同的治理方向和治理道路，就有不同的治理动力和治理局面。如果说，体制是最大的机制，那么理念是最深的法则。

我国《食品安全法》规定，食品安全工作实行预防为主、风险管理、全程控制、社会共治，建立科学、严格的监督管理制度。《药品管理法》规定，药品管理应当以人民健康为中心，坚持风险管理、全程管控、社会共治的原则，建立科学、严格的监督管理制度，全面提升药品质量，保障药品的安全、有效、可及。《疫苗管理法》规定，国家对疫苗实行最严格的管理制度，坚持安全第一、风险管理、全程管控、科学监管、社会共治。《医疗器械监督管理条例》规定，医疗器械监督管理遵循风险管理、全程管控、科学监管、社会共治的原则。当今世界食品药品安全法律制度充分体现了风险治理理念、责任治理理念、智慧治理理念，以及人本治理理念、全程治理理念、社会治理理念、分类治理理念、专业治理理念、综合治理理念、源头治理理念、系统治理理念、效能治理理念、能动治理理念、依法治理理念、阳光治理理念、精细治理理念、简约治理理念、灵活治理理念、审慎治理理念、动态治理理念、持续治理理念、衡平治理理念、递进治理理念、全球治理理念等一系列治理理念。在这些治理理念中，风险治理理念、责任治理理念和智慧治理理念为三大核心治理理念，其他治理理念则由三大核心治理理念所派生或者延伸。践行这些治理理念，需要深刻把握各国食品药品安全治理的特殊时空，将普遍性与特殊性、原则性与灵活性、守正性与创新性等有机结合起来，不断开创食品药品安全治理的新局面。

一、坚守风险治理理念

风险治理是食品药品安全治理的理论基石。这是由食品药品安全治理的目标决定的。风险治理理念的提出，标志着我国食品药品安全治理从经验治理到科学治理、从结果治理到过程治理、从危机治理到问题治理、从应对治理到预防治理、从被动治理到能动治理、从传统治理到现代治理的重大转变。风险治理理念的提出，在我国食品药品安全治理进程中具有重要的里程碑、划时代意义。

第一，必须深刻认识现代社会是一个充满诸多挑战的风险社会。1986年，德国社会学家乌尔里希·贝克（Ulrich Beck）出版专著《风险社会》，其将后工业时代的人类生活生存状况用"风险社会"一词来概括，认为工业社会在为人类创造巨大财富的同时，也为人类带来巨大的风险。在工业社会以后，人为"制造"的风险充斥着整个世界，人类已进入一个以风险为本质特征的风险社会。有学者认为，在"风险社会"中，信任与怀疑、安全与风险无法达成长期平衡，它们永远处于一种紧张状态，需要通过持续不断的反思进行调适。也有学者主张，现代风险正在深刻改变着传统社会的运行逻辑和发展模式，建立符合"风险社会"需要的新型制度，已成为新时期社会治理创新的一项紧迫而艰巨的任务。总之，在全球化、信息化时代，随着时空的压缩或者延伸，各类风险呈现出前所未有的广泛性、多样性、复杂性、隐蔽性、交叉性、叠加性、高发性、放大性、跨界性、关联性、流动性、渗透性、传导性等特征。面对各种风险与挑战，习近平总书记强调："进入新发展阶段，国内外环境的深刻变化既带来一系列新机遇，也带来一系列新挑战，是危机并存、危中有机、危可转机。我们要辩证认识和把握国内外大势，统筹中华民族伟大复兴战略全局和世界百年未有之大变局，深刻认识我国社会主要矛盾发展变化带来的新特征新要求，深刻认识错综复杂的国际环境带来的新矛盾新挑战，增强机遇意识和风险意识，准确识变、科学应变、主动求变，勇于开顶风船，善于转危为机，努力实现更高质量、更有效率、更加公平、更可持续、更为安全的发展。""要教育引导各级领导干部增强政治敏锐性和政治鉴别力，对容易诱发政治问题特别是重大突发事件的敏感因素、苗头性倾向性问题，做到眼睛亮、见事早、行动快，及时消除各种政治隐患。要高度重视并及时阻断不同领域风险的转化通道，避免各领域风险产生交叉感染，防止非公共性风险扩大为公共性风险、非政治性风险蔓延为政治风险。""要保持战略清醒，对各种风险挑战做到胸中有数；保持战略自信，增强斗争的底气；保持战略主动，增强斗争本领。""增强驾驭风险本领，健全各方面风险防控机制，善于处理各种复杂矛盾，勇于战胜前进道路上的各种艰难险阻，牢牢把握工作主动权。"

第二，必须从可能性与严重性的组合上审视食品药品安全风险。1999年12月，国际标准化组织（ISO）和国际电工委员会（IEC）发布 ISO/IEC 指南 51《安全方面——纳入标准的指南》，将"风险"定义为"危害发生的可能性及其严重性的组合"。国际人用药品注册技术协调会于 2005年11月发布的 ICH Q9《质量风险管理指南》中有关"风险"的定义和世界卫生组织于 2013 年 5 月发布的《质量风险管理指南》中有关"风险"的定义，直接引用了 ISO/IEC 指南 51 中有关"风险"的定义。2018

年 2 月，国际标准化组织发布的 ISO 31000《风险管理指南》指出："风险是指不确定性对目标的影响"。对于风险，应当从"可能性"和"严重性"两个维度上把握。"可能性"是指风险发生的概率，"严重性"是指风险对预期目标的实现造成的损害程度。安全是风险与获益之间的数量关系、比例关系或者衡平关系。风险存在一个可接受、可容忍的"阈值"。风险既是一个科学意义上的概念，也是一个法律意义上的概念。无论从科学的角度看，还是从法学的角度看，安全和风险都是相对而非绝对的概念。从时间的维度看，人类社会对于安全和风险的认识，是随着科学技术的不断发展而发展，不断进步而进步的。昔日被认为是安全的食品药品，今日则未必是安全的。从空间的维度看，从农田到餐桌，从实验室到医院，食品药品安全风险往往是递进的，生产链、供应链越长，风险因素累积往往越多，风险程度往往就越高，必须对食品药品安全风险进行全生命周期、全产业链条的持续治理。在食品药品的全生命周期里，对商业利益的疯狂追逐，有可能使食品药品的商业生命与自然生命发生分离，任何一个环节存在缺陷或者漏洞，都有可能导致整个体系崩溃，防护网时刻面临着迸裂的可能。关注食品药品安全，必须关注食品药品产业链、价值链、利益链、风险链、责任链、监管链、治理链等，建立各链条内及相互间相衔接、相协调、相匹配的闭环治理体系。长期以来，在食品药品安全领域，从"可能性"或者"不确定性"的维度对风险的分析研究较多，而从"严重性"的维度认知风险则存在明显的不足。对"严重性"的判断，需要科学数据支撑，更需要科学决策判断。风险在眼前，决断最关键，如果一味等待数据支撑，就有可能小事被拖大，大事被拖炸，形成更为严重的风险。此外，在药品领域，对不同群体、不同个体而言，安全与风险之间的数量关系、比例关系或者衡平关系的"阈值"可能有所不同。风险控制既需要立足群体，也需要关注个体。食品药品安全风险管理的目的是控风险、保安全、提质量、促健康，最大限度地达到消费者的预期。食品药品安全事关民生福祉、经济发展、社会和谐、国家形象和民族尊严。研究食品药品安全风险问题，尤其是风险的可能性和严重性问题，需要从政治、经济、社会、民生、科技、国际等多维度进行全方位、宽领域、深层次的审视与研判。

第三，必须从风险与安全的对立统一关系中审视食品药品安全风险。从哲学的角度看，风险与安全，两者"自形质上观之，划然立于反对之两端；自精神上观之，纯然出于同体之一贯者"。毛泽东主席指出："没有什么事物是不包含矛盾的，没有矛盾就没有世界。"风险与安全对立统一、相生相克、须臾不离，共同构成事物存在和运动的状态。从绝对意义上看，风险无处不在，无时不有；从相对意义上看，风险有轻有重，有缓有急。从与安全对立的角度认识风险，有利于把握风险的真谛与要害；从与安全统一的角度认识风险，有利于把握风险的精髓和本质；从对立与统一的角度认识风险，有利于对风险进行全局性、整体性、系统性、统一性的思考，进而以联系而非割裂、全面而非局部、深刻而非肤浅、发展而非静止的观点认知和把握风险，进一步增强风险治理工作的科学性、全局性、系统性、思辨性和穿透性。从风险的角度研究安全，是一个渐进的历史过程。风险治理理论的产生经历了孕育萌芽、探索实践、逐步成熟的发展阶段。在全球化、信息化时代，应当特别关注系统性风险、区域性风险、社会性风险、源头性风险、次生性风险等，因为这些风险往往更容易给社会带来重大的危害。这里需要强调的是，在关注"基于风险的治理"的同时，也要关注"源于治理的风险"，因为风险治理者看待问题的方式、对待问题的态度、研判问题的视野、破解问题的能力，可能成为一种特殊的"人为风险"。

第四，必须深刻认识我国现代化进程中的特殊风险挑战。目前，处于社会主义初级阶段的我国，其经济社会发展呈现三个鲜明的特征。一是超大型国家。截至 2024 年 4 月底，我国有食品生产企业 19 万多家，食品经营企业 1 600 万多家；有药品生产企业 8 600 多家，药品经营企业 72 万多家；有医疗器械生产企业 4.4 万多家，医疗器械经营企业 186 万多家；有化妆品生产企业 5 812 家。如此庞大的产业规模，给我国食品药品安全治理带来了前所未有的挑战。二是多元型社会。目前，我国正处于农业社会、工业社会、信息社会并存的发展阶段，东南与西北、城市与乡村等差距巨大，食品药品安全治理必须把握好历史方位和基本方策，统筹兼顾、科学安排、稳步推进，对经济不发达地区要给予特别关注。三是快转型时代。改革开放以来，我国加快从农业社会向工业社会、信息社会转型。有学者指出，到 2020 年，我国已基本实现工业化。作为发展中大国，我国用短短几十年时间将工业化进程从初期推进到后期，这是人类工业化史上前所未有的奇迹。超大型、多元型、快转型的突出特征，决定了我国食品药品安全治理比许多发达国家更特殊、更复杂、更艰巨。习近平总书记强调："当代中国正在经历人类历史上最为宏大而独特的实践创新，改革发展稳定任务之重、矛盾风险挑战之多、治国理政考验之大都前所未有，世界百年未有之大变局深刻变化前所未有，提出了大量亟待回答的理论和实践课题。""当前和今后一个时期，我们在国际国内面临的矛盾风险挑战都不少，决不能掉以轻心。各种矛盾风险挑战源、各类矛盾风险挑战点是相互交织、相互作用的。如果防范不及、应对不力，就会传导、叠加、演变、升级，使小的矛盾风险挑战发展成大的矛盾风险挑战，局部的矛盾风险挑战发展成系统的矛盾风险挑战，国际上的矛盾风险挑战演变为国内的矛盾风险挑战，经济、社会、文化、生态领域的矛盾风险挑战转化为政治矛盾风险挑战，最终危及党的执政地位、危及国家安全。"我们必须深刻认识我国特殊发展阶段食品药品安全治理所面临的重大挑战。

第五，必须深刻认识食品药品安全风险的有效防控有赖于各方责任的全面落实。食品药品安全法律制度的核心要素可以概括为风险与责任。风险无处不在、无时不有，只有通过责任的全面落实，风险全面防控的目标才能得以实现。风险的全面防控，包括时间维度的全生命周期防控和空间维度的全生命要素防控。2009 年颁布的《食品安全法》首次引入国际社会普遍采纳的风险治理理念，确立了以风险评估、风险管理和风险交流为核心内容的风险治理模式。2019 年新修订的《药品管理法》首次引入风险治理理念，在"总则"中明确提出"坚持风险管理、全程管控、社会共治的原则，建立科学、严格的监督管理制度"。食品药品安全治理的重要任务是织密食品药品安全网，全面落实各方责任，有效防控食品药品安全风险。没有能力的全面提升和责任的全面落实，风险的全面防控只能是一句空话。

二、坚守责任治理理念

什么是责任？责任就是承担应当承担的任务，完成应当完成的使命，做好应当做好的工作。爱默生指出："责任是一种伟大的品格，它具有至高无上的价值，在所有价值中处于最高的位置。"法律关系是特定主体间的权利与义务关系。食品药品安全法律制度是围绕风险的全面防控和责任的全面落实而展开设计的。如果说风险的全面防控是食品药品安全法律制度的目标，那么，责任的全面落实则是食品药品安全法律制度的要义。责任治理体系包括责任配置、责任履行、履责保障和责任追究等。责任配置的基本要求是科学、清晰，责任履行的基本要求是全面、到位，履责保障的基本要求是充分、有力，责任追究的基本要求是恰当、公正。

第一，应当按照科学、清晰的要求配置法律责任。责任是使命的制度安排，是对使命的忠诚、担当和坚守。食品药品安全责任的配置涉及民事责任配置、行政责任配置和刑事责任配置。一是应当按照收益与风险平衡、权利与义务对等的原则，科学配置民事权利义务。食品药品企业在享有利益的同时，应当承担相应的义务。保障食品药品安全，是食品药品企业与生俱来的义务、天经地义的责任。食品药品企业对食品药品安全的责任，并不以政府监管和社会共治的存在为前提。任何强化政府监管和社会共治的举措，都不免除或者减轻食品药品企业应尽的责任。食品药品企业不仅要对产品的生产负责，还应当对产品的全生命周期安全依法承担责任。二是应当按照权、责、能、效一致的原则，科学配置行政监管权责。食品药品安全监管机构是各级人民政府及其承担食品药品安全监管职责的具体部门。具体职能部门的职责配置，包括横向配置和纵向配置两个方面。应当根据产品全生命周期不同阶段的风险类型及等级，合理配备监管职责、资源和力量，使权、责、能、效相协调、相匹配、相统一。从横向上看，主要是本级政府食品药品安全监管职责的具体配置问题，核心是统一监管还是多元监管。目前，我国对食品药品安全实行相对集中统一的监管模式。相关部门的职责配置依据主要是法律法规及各级人民政府有关部门的"三定"规定。从纵向上看，主要是同一监管体系内部上下级监管部门职责的具体划分问题，核心是垂直管理还是分级管理。纵向配置涉及具体职责的层级划分，这与依法行政、履职尽责密切相关。将食品药品安全监管职责中哪些职责配置给哪级监管部门，这主要取决于各级监管部门的监管资源、监管力量和监管手段等情况。从各国的监管实践来看，对于需要严格审评审批的药品，监管职责更多集中在中央政府的监管部门。推进监管体系和监管能力现代化，实现社会资源配置效用最大化，推进监管工作落实、落地、落细，有必要根据经济社会发展状况、监管体系和监管能力建设情况，对省、市、县三级监管部门的监管职责配置适时进行优化完善。

第二，应当按照全面、到位的要求履行法定责任。食品药品安全治理涉及诸多主体，应当建立各类主体责任清单，使各类主体按照法定权限、法定程序、法定方式、法定时效等全面履行法定职责，这是依法行政、依法治理的必然要求。应当将食品药品安全治理的各类主体最大限度地纳入法律体系内，减少法律体系之外存在法律关系主体。在关注企业、政府、监管部门、行业协会等"大众主体"法定义务履行的同时，要特别关注"小众主体"法定义务的履行。

第三，应当按照充分、有力的要求提供履责保障。食品药品安全监管属于科学性、系统性、专业性很强的监管，食品药品安全监管职责的履行需要有充足的资源作为保障。将食品药品安全治理的目标定位于秩序、安全，还是健康，在一定程度上体现着经济社会发展进步的程度。实践证明，只有建立起强大的食品药品监管部门，才能有效保障公众的饮食用药安全。最严格的法律必须由最强大的监管部门实施。强化食品药品安全监管职责履行到位，应当明确各级监管部门职权履行保障的基本条件，建立健全食品药品监管能力建设标准，明确各级监管部门，尤其是市、县两级监管部门履行监管职责所需要的人、财、物等基本条件。我国幅员辽阔，区域差别明显，可根据东部、中部和西部的不同情况，确定不同的配置标准，对各地监管能力进行考核评价并向社会公开，激励和约束地方政府加大对食品药品安全工作的投入。对达不到标准的地区，应当加大监督检查和行政问责力度。要加强省级药品监管部门对市县级监管部门药品监管工作的监督指导，健全信息通报、联合办案、人员调派等工作衔接机制，完善省、市、县药品安全风险会商机制，形成药品监管工作全国"一盘棋""一张网"的大格局。

第四，应当按照恰当、公正的要求追究法律责任。食品药品安全责任分为政治责任、社会责任和法律责任三大类。政治责任通常是指承担重大决策与管理的政府官员因决策失误或者失职渎职导致人民群众生命财产或者国家利益、公共利益遭受重大损失时所承担的消极法律后果。《食品安全法》第一百四十二条规定："违反本法规定，县级以上地方人民政府有下列行为之一的，对直接负责的主管人员和其他直接责任人员给予记大过处分；情节较重的，给予降级或者撤职处分；情节严重的，给予开除处分；造成严重后果的，其主要负责人还应当引咎辞职：（一）对发生在本行政区域内的食品安全事故，未及时组织协调有关部门开展有效处置，造成不良影响或者损失；（二）对本行政区域内涉及多环节的区域性食品安全问题，未及时组织整治，造成不良影响或者损失；（三）隐瞒、谎报、缓报食品安全事故；（四）本行政区域内发生特别重大食品安全事故，或者连续发生重大食品安全事故。"这里的"引咎辞职"，就是一种政治责任。社会责任通常是指企业在对股东利益负责的同时，对社会承担的其他责任。有学者主张，"促进公众健康"是食品药品企业应当承担的社会责任。食品药品企业的社会责任，主要是适应社会经济发展和社会多元消费的需要，生产经营更加安全有效、更高质量、更加经济、更加适宜的产品。《药品管理法》第二十八条第一款规定："经国务院药品监督管理部门核准的药品质量标准高于国家药品标准的，按照经核准的药品质量标准执行"。法律责任包括民事责任、行政责任和刑事责任。法律责任的追究，应当严格依法区分各类主体的不同责任，避免不同主体之间的责任连带。

第五，应当充分利用民事手段维护食品药品安全。在食品药品安全治理中，往往习惯采用具有一定权威性和威慑力的行政法律手段或者刑事法律手段。事实上，民事法律手段往往具有参与主体多、适用范围广、运行成本低、社会效果好的显著优势。保障食品药品安全，应当坚持市场作为配置资源的决定性地位，最大限度地利用民事法律手段。食品药品安全民事法律关系，主要是指食品药品生产经营企业与消费者之间的关系，以及食品药品生产经营企业之间的关系。从食品原料的种植养殖到食品的消费，从药品的研发到药品的使用，是一个涉及多主体、多环节、多链条的复杂体系。是所有的食品药品生产经营企业对消费者共同承担责任，还是由各生产经营企业依法承担各自的责任，或者是由其中一个生产经营企业对消费者承担全部责任，需要科学设计。食品药品安全民事法律制度的设计，存在一个基本前提——默示合同关系存在，即生产经营者生产经营的产品必须符合法定或者约定的要求。随着社会的发展和法律的进步，这种默示合同关系的一些重要内容已逐步纳入法律法规之中。食品药品安全民事法律制度设计主要包括以下方面。一是民事侵权赔偿问题。《食品安全法》第一百四十七条规定："违反本法规定，造成人身、财产或者其他损害的，依法承担赔偿责任。生产经营者财产不足以同时承担民事赔偿责任和缴纳罚款、罚金时，先承担民事赔偿责任。"第一百四十八条第一款规定："消费者因不符合食品安全标准的食品受到损害的，可以向经营者要求赔偿损失，也可以向生产者要求赔偿损失。接到消费者赔偿要求的生产经营者，应当实行首负责任制，先行赔付，不得推诿；属于生产者责任的，经营者赔偿后有权向生产者追偿；属于经营者责任的，生产者赔偿后有权向经营者追偿。"《药品管理法》第一百四十四条第一款规定："药品上市许可持有人、药品生产企业、药品经营企业或者医疗机构违反本法规定，给用药者造成损害的，依法承担赔偿责任。"第一百三十八条规定："药品检验机构出具的检验结果不实，造成损失的，应当承担相应的赔偿责任。"二是侵权责任连带问题。多种行为共同导致侵权行为发生时，可以设定行为人共同对侵权行为承担民事连带责任。《食品安全法》规定，明知从事违法行为，仍为其提供生产经营场所或者其他条件的，使消费者的合法权益受到损害的，应当与食品、食品添加剂生产经营者承担连带责任。集中交易市场的开办者、柜台出租者、展销会的举办者允许未依法取得许可的食品经营者进入市场销售食品，或者未履行检查、报告等义务的，使消费者的合法权益受到损害的，应当与食品经营者承担连带责任。网络食品交易第三方平台提供者未对入网食品经营者进行实名登记、审查许可证，或者未履行报告、停止提供网络交易平台服务等义务的，使消费者的合法权益受到损害的，应当与食品经营者承担连带责任。食品检验机构出具虚假检验报告，使消费者的合法权益受到损害的，应当与食品生产经营者承担连带责任。《药品管理法》第三十八条规定："药品上市许可持有人为境外企业的，应当由其指定的在中国境内的企业法人履行药品上市许可持有人义务，与药品上市许可持有人承担连带责任。"食品药品安全连带责任制度，不仅有利于保障消费者的合法权益，也有利于惩戒和警示相关责任主体。一方面，连带责任制度拓宽了消费者的维权路径，增加了责任人的数目，扩大了责任财产的数额，提高了债权的安全性和债权实现的便利性，将求偿不能的风险留在了债务人内部，确保了消费者救济权利实现的可能性。另一方面，通过对关联经营者的连带追究，强化食品药品生产经营者主体责任，形成经营者之间的互相监督机制，有利于将风险消灭于萌芽阶段，有效控制产业链条上有问题的产品流入市场。三是惩罚性赔偿问题。惩罚性赔偿是指生产不符合标准的食品药品，或者经营明知是不符合标准的食品药品，消费者除可以要求赔偿损失外，还可以向生产者或者经营者要求一定数量的赔偿金。《食品安全法》第一百四十八条第二款规定："生产不符合食品安全标准的食品或者经营明知是不符合食品安全标准的食品，消费者除要求赔偿损失外，还可以向生产者或者经营者要求支付价款十倍或者损失三倍的赔偿金；增加赔偿的金额不足一千元的，为一千元。但是，食品的标签、说明书存在不影响食品安全且不会对消费者造成误导的瑕疵的除外。"《药品管理法》第一百四十四条第三款规定："生产假药、劣药或者明知是假药、劣药仍然销售、使用的，受害人或者其近亲属除请求赔偿损失外，还可以请求支付价款十倍或者损失三倍的赔偿金；增加赔偿的金额不足一千元的，为一千元。"这是我国食品药品安全领域惩罚性赔偿制度发展的重要标志，对食品药品企业具有强大的威慑作用。从加害者的角度看，惩罚性赔偿加大了企业的违法成本。通过提高赔偿额度，挤压生产者和经营者的非法牟利空间，使其不仅难获收益，还要为违法行为付出惨痛代价，可以有效增加违法成本，减少食品药品安全事故发生。从受害者的角度看，可以激励受害者提起诉讼，使消费者的个人利益和社会公共利益得到保护。惩罚性赔偿制度的落实，对无视消费者安全、无视社会利益的食品药品企业判处高额的惩罚性赔偿金，将有利于惩恶扬善，维护消费者权益和社会公正。四是民事赔偿责任优先问题。行为人的行为违反食品药品安全法律规定，造成他人人身、财产或者其他损害，需要依法承担民事赔偿责任的，生产经营者的财产不足以同时承担民事赔偿责任和缴纳罚款、罚金时，生产经营者应当优先承担民事赔偿责任。《中华人民共和国民法典》（以下简称《民法典》）第一百八十七条规定："民事主体因同一行为应当承担民事责任、行政责任和刑事责任的，承担行政责任或者刑事责任不影响承担民事责任；民事主体的财产不足以支付的，优先用于承担民事责任。"五是首负责任制问题。《民法典》第一千二百二十三条规定："因药品、消毒产品、医疗器械的缺陷，或者输入不合格的血液造成患者损害的，患者可以向药品上市许可持有人、生产者、血液提供机构请求赔偿，也可以向医疗机构请求赔偿。患者向医疗机构请求赔偿的，医疗机构赔偿后，有权向负有责任的药品上市许可持有人、生产者、血液提供机构追偿。"《药品管理法》第一百四十四条第二款规定："因药品质量问题受到损害的，受害人可以向药品上市许可持有人、药品生产企业请求赔偿损失，也可以向药品经营企业、医疗机构请求赔偿损失。接到受害人赔偿请求的，应当实行首负责任制，先行赔付；先行赔付后，可以依法追偿。"

第六，应当积极创新行政手段以维护食品药品安全。目前，行政法律手段仍然是食品药品安全治理中广泛应用的手段。传统的食品药品安全行政监管手段主要有"审""查""罚"。"审"，包括审产品和审企业。药品上市许可制度是指在企业自我评估的基础上，利用国家资源和力量，对药品的安全性、有效性和质量可控性进行科学评价。这是保障药品安全的第一关口。《药品管理法》第一百二十三条规定："提供虚假的证明、数据、资料、样品或者采取其他手段骗取临床试验许可、药品生产许可、药品经营许可、医疗机构制剂许可或者药品注册等许可的，撤销相关许可，十年内不受理其相应申请，并处五十万元以上五百万元以下的罚款；情节严重的，对法定代表人、主要负责人、直接负责的主管人员和其他责任人员，处二万元以上二十万元以下的罚款，十年内禁止从事药品生产经营活动，并可以由公安机关处五日以上十五日以下的拘留。""查"，包括例行检查、飞行检查、体系检查、抽查检验等。近年来，检查制度包括检查的范围、事项、手段、频次、效用等不断创新。《食品安全法》《药品管理法》等对通过各种"查"的手段发现的各类违法行为的处罚作出了具体的规定。"罚"，包括财产罚、资格罚、声誉罚、自由罚等。近年来，食品药品安全领域的处罚力度明显加大，充分体现了"四个最严"要求。特别是违法行为处罚到人制度，进一步彰显了法治的尊严。除了上述手段，多年来，食品药品监管部门还积极探索分级管理、责任约谈、信息公开、信用奖惩、考核评价等新型机制，持续推进食品药品安全智慧监管。

第七，应当依法严厉打击食品药品安全领域违法犯罪行为。任何刑事责任制度的设定，都必须充分考量行为的社会危害后果。食品药品安全领域违法犯罪行为侵害的客体既包括公众健康，也包括社会管理秩序。《中华人民共和国刑法》规定了生产、销售有毒、有害食品罪和生产、销售不符合安全标准的食品罪。《中华人民共和国刑法修正案（十一）》明确了生产、销售假药罪，生产、销售劣药罪，以及妨害药品管理罪。全面提高食品药品安全水平，必须高扬利剑，加大对违法犯罪行为的打击力度。

第八，必须全面落实食品药品企业第一责任人的主体责任。食品药品企业是食品药品安全的第一责任人。《食品安全法》规定，食品生产经营者对其生产经营食品的安全负责。食品生产经营者应当依照法律、法规和食品安全标准从事生产经营活动，保证食品安全，诚信自律，对社会和公众负责，接受社会监督，承担社会责任。食品生产经营企业的主要负责人应当落实企业食品安全管理制度，对本企业的食品安全工作全面负责。《药品管理法》规定，国家对药品管理实行药品上市许可持有人制度。药品上市许可持有人依法对药品研制、生产、经营、使用全过程中药品的安全性、有效性和质量可控性负责。从事药品研制、生产、经营、使用活动，应当遵守法律、法规、规章、标准和规范，保证全过程信息真实、准确、完整和可追溯。药品上市许可持有人应当依法对药品的非临床研究、临床试验、生产经营、上市后研究、不良反应监测及报告与处理等承担责任。《药品管理法》规定了一系列制度，如药品上市许可持有人应当建立药品质量保证体系，并对质量管理体系进行定期审核；委托生产或者经营的，应当与受托生产企业或者受托经营企业签订委托协议、质量协议。药品上市许可持有人应当建立药品上市放行规程，对药品生产企业出厂放行的药品进行审核，经质量受权人签字后方可放行。药品上市许可持有人应当建立药品追溯制度，保证药品可追溯。药品上市许可持有人应当建立年度报告制度，依法履行报告义务。药品上市许可持有人应当制定药品上市后风险管理计划，主动开展药品上市后研究，加强对已上市药品的持续管理，在规定期限内按照要求完成附条件审批药品的相关研究。药品上市许可持有人应当按照规定全面评估、验证变更事项的影响，并依法进行处理；药品上市许可持有人应当开展药品上市后不良反应监测，对已识别风险的药品及时采取风险控制措施。药品存在质量问题或者其他安全隐患的，药品上市许可持有人应当立即停止销售，并履行告知、召回和报告等义务。药品上市许可持有人应当定期开展药品上市后评价。这些制度是保证药品上市许可持有人全面履行药品全生命周期质量主体责任的重要制度安排。《药品管理法》规定，药品上市许可持有人的法定代表人、主要负责人对药品质量全面负责。药品生产企业的法定代表人、主要负责人对本企业的药品生产活动全面负责。药品经营企业的法定代表人、主要负责人对本企业的药品经营活动全面负责。

第九，必须全面落实地方政府食品药品安全属地管理责任。地方政府之所以对食品药品安全负总责，是因为，地方政府是党和国家大政方针的贯彻执行者，是本地区经济社会发展和社会平安稳定的组织领导者，是本地区公共产品、公共服务的组织提供者。党和国家的路线、方针、政策，需要地方政府加以落实；地区经济社会发展，需要地方政府加以领导，地区社会平安稳定，需要地方政府加以担当；广大人民群众的权利和利益，需要地方政府加以维护和发展。近年来，我国食品药品安全法律法规高度重视地方政府食品药品安全属地管理责任制度设计。以药品安全为例，《药品管理法》规定，县级以上地方人民政府对本行政区域内的药品监督管理工作负责，统一领导、组织、协调本行政区域内的药品监督管理工作以及药品安全突发事件应对工作，建立健全药品监督管理工作机制和信息共享机制。县级以上人民政府应当制定药品安全事件应急预案。发生药品安全事件，县级以上人民政府应当按照应急预案立即组织开展应对工作。县级以上人民政府应当将药品安全工作纳入本级国民经济和社会发展规划，将药品安全工作经费列入本级政府预算，加强药品监督管理能力建设，为药品安全工作提供保障。各级人民政府应当加强药品安全宣传教育，开展药品安全法律法规等知识的普及工作。县级以上人民政府对在药品研制、生产、经营、使用和监督管理工作中做出突出贡献的单位和个人，按照国家有关规定给予表彰、奖励。药品监督管理部门未及时发现药品安全系统性风险，未及时消除监督管理区域内药品安全隐患的，本级人民政府或者上级人民政府药品监督管理部门应当对其主要负责人进行约谈。地方人民政府未履行药品安全职责，未及时消除区域性重大药品安全隐患的，上级人民政府或者上级人民政府药品监督管理部门应当对其主要负责人进行约谈。总体看，地方政府对食品药品安全的主要职责可以概括成：领导组织协调食品药品监管工作；建立并落实食品药品安全责任制；提供食品药品监管资源和条件保障；定期评估分析食品药品安全状况并采取有效监管措施；统一领导组织协调突发事件应对；支持食品药品监管部门依法履行职责；维护食品药品生产经营统一大市场；加强食品药品安全宣传教育；对突出贡献者依法给予表彰奖励。

第十，必须充分落实社会各方责任以共同维护食品药品安全。食品药品安全拥有广泛的利益相关者，应当建立紧密的命运共同体。食品药品安全社会共治大格局包括党委领导、政府监管、企业负责、行业自律、社会协同、公众参与、媒体监督、法治保障等。如《食品安全法》规定，食品行业协会应当加强行业自律，按照章程建立健全行业规范和奖惩机制，提供食品安全信息、技术等服务，引导和督促食品生产经营者依法生产经营，推动行业诚信建设，宣传、普及食品安全知识。消费者协会和其他消费者组织对违反本法规定，损害消费者合法权益的行为，依法进行社会监督。新闻媒体应当开展食品安全法律、法规以及食品安全标准和知识的公益宣传，并对食品安全违法行为进行舆论监督。有关食品安全的宣传报道应当真实、公正。任何组织或者个人有权举报食品安全违法行为，依法向有关部门了解食品安全信息，对食品安全监督管理工作提出意见和建议。《药品管理法》规定，各级人民政府及其有关部门、药品行业协会等应当加强药品安全宣传教育，开展药品安全法律法规等知识的普及工作。新闻媒体应当开展药品安全法律法规等知识的公益宣传，并对药品违法行为进行舆论监督。有关药品的宣传报道应当全面、科学、客观、公正。药品行业协会应当加强行业自律，建立健全行业规范，推动行业诚信体系建设，引导和督促会员依法开展药品生产经营等活动。

三、坚守智慧治理理念

食品药品安全问题是经济社会问题的反映与折射，破解食品药品安全难题需要高超的治理艺术。面对错综复杂的食品药品安全问题，既要有高度的政治敏锐性，也要有高超的智慧艺术性。智慧治理是全球化、信息化时代政府治理创新的重大选择。智慧治理，不仅涉及技术创新，而且涉及理念创新、体制创新、制度创新、机制创新、方式创新、战略创新、文化创新等。智慧治理理念与风险治理理念、责任治理理念一并为食品药品安全治理的三大核心治理理念。这是因为，智慧治理理念是对风险治理理念和责任治理理念的智慧赋能，其使风险治理理念和责任治理理念在高度、深度、广度等方面进一步拓展与升华。智慧治理理念要求在坚守治理使命、治理愿景的大前提下，运用灵活、巧妙、睿智的方式方法，以前瞻性、创新性和突破性变革，有效破解食品药品安全治理难题。

第一，必须科学把握食品药品安全治理的历史方位。食品药品安全治理具有鲜明的政治性、科学性、法治性和社会性。在全球化、信息化时代，从事食品药品安全治理工作，必须坚持时代性、把握规律性、富于创造性。当今，我国正处于从食品药品制造大国向食品药品制造强国跨越、从工业时代食品药品监管到信息时代食品药品监管跨越、从高速增长到高质量发展跨越的历史进程中，这既是一个充满挑战的过程，也是一个彰显智慧的进程。我国食品药品产业是世界食品药品产业的缩影，我国食品药品安全治理是我国社会治理的缩影。"两个缩影"深刻表明，我国食品药品产业发展和食品药品安全治理正在从传统向现代快速转轨。坚守食品药品安全智慧治理，必须始终认清我国食品药品产业发展和食品药品安全治理的历史方位，要仰望星空，更要俯视大地，将理想主义的目标与现实主义的道路有机结合起来。

当今的中国正处于从农业社会、工业社会向信息社会快速转变的历史进程中，中国食品药品安全治理，既面临着全球普遍存在的共性问题，也面临着自身发展阶段的特殊问题。在全力推进中国食品药品安全治理国际化的同时，必须注意将食品药品安全治理基本原理与我国食品药品安全基本国情紧密结合，以有效解决我国食品药品安全治理所面对的特殊矛盾和问题。如《食品安全法》规定："食品生产加工小作坊和食品摊贩等从事食品生产经营活动，应当符合本法规定的与其生产经营规模、条件相适应的食品安全要求，保证所生产经营的食品卫生、无毒、无害，食品安全监督管理部门应当对其加强监督管理。县级以上地方人民政府应当对食品生产加工小作坊、食品摊贩等进行综合治理，加强服务和统一规划，改善其生产经营环境，鼓励和支持其改进生产经营条件，进入集中交易市场、店铺等固定场所经营，或者在指定的临时经营区域、时段经营。食品生产加工小作坊和食品摊贩等的具体管理办法由省、自治区、直辖市制定。"《药品管理法》规定："国家鼓励运用现代科学技术和传统中药研究方法开展中药科学技术研究和药物开发，建立和完善符合中药特点的技术评价体系，促进中药传承创新。""城乡集市贸易市场可以出售中药材，国务院另有规定的除外。""地区性民间习用药材的管理办法，由国务院药品监督管理部门会同国务院中医药主管部门制定。""生产、销售的中药饮片不符合药品标准，尚不影响安全性、有效性的，责令限期改正，给予警告；可以处十万元以上五十万元以下的罚款。"实现从食品药品制造大国到食品药品制造强国的跨越，必须立足中国现实国情，坚持将中国的问题与世界的眼光、本土化措施与全球化视野相结合，努力探索出一条尊重科学规律、体现时代特征、凝聚中国智慧、彰显民族力量的中国式现代化道路。

第二，必须积极创新食品药品安全治理方式。有学者指出："虽然我们仍然认为我们生活在工业社会里，但是事实上我们已经进入一个以创造和分配信息为基础的经济社会。""大数据正在改变我们的生活及我们理解世界的方式，成为新发明和新服务的源泉，而更多的改变正蓄势待发。"近年来，面对食品药品安全问题呈现出的新特点，国际社会不断探索食品药品安全智慧治理，坚守硬实力，拓展软实力，运筹妙实力，着力提升食品药品安全治理的影响力、凝聚力和感召力。如2010年10月，美国卫生及公共服务部（HHS）与美国FDA联合发布《推进公共健康的监管科学：FDA监管科学行动计划框架》。报告指出："没有一个发现能解决我们独特的现代科学监管挑战。但有一点是明确的：如果我们要解决我们今天面临的最紧迫的公共健康问题，我们需要新的方法、新的合作和新的方式，以利用21世纪的技术。我们现在就需要它们。"2011年6月，FDA发布《通向全球产品安全和质量之路》。报告指出："全球化已从根本上改变经济和安全格局，要求FDA对固有的工作方式作出重大调整。""数十年来，在产品安全标准方面，FDA始终是世界公认的领跑者，但展望未来，FDA不能再依靠以往管理产品的手段、行动及策略。"2013年7月，FDA发布《推进药品监管科学的战略及实施方案》。报告指出："药品监管科学的作用是开发必要的知识、方法、标准和工具，以提高监管决策的确定性、一致性，促进基础发现转化为切实可用的药品。"2020年3月，欧洲药品管理局（EMA）发布《监管科学2025：战略思考》。报告指出："近些年，创新步伐急剧加速，越来越多的药物通过整合不同技术而提供医疗解决方案，监管机构需要做好准备，以支持日益复杂的药物研发，促进和保护人类和动物健康。"

第三，必须大力推进食品药品安全智慧治理。习近平总书记指出："随着互联网特别是移动互联网发展，社会治理模式正在从单向管理转向双向互动，从线下转向线上线下融合，从单纯的政府监管向更加注重社会协同治理转变。"2019年7月9日发布的《国务院办公厅关于建立职业化专业化药品检查员队伍的意见》（国办发〔2019〕36号）提出："进一步加强药品全过程质量安全风险管理，专项检查、飞行检查等工作要全面推行'双随机、一公开'监管，加快推进基于云计算、大数据、'互联网+'等信息技术的药品智慧监管，提高监督检查效能。"2021年10月20日发布的《"十四五"国家药品安全及促进高质量发展规划》（国药监综〔2021〕64号）提出，加强智慧监管体系和能力建设，要建立健全药品信息化追溯体系，推进药品全生命周期数字化管理，建立健全药品监管信息化标准体系，提升"互联网+药品监管"应用服务水平。推进智慧监管工程，要加强国家药品监管大数据应用，加强国家药品追溯协同服务及监管，健全药品、医疗器械和化妆品基础数据库。

第四，必须加快推进食品药品监管科学研究。当前，我国正处于科学技术迅猛发展的新时代，大数据、云计算、物联网"正在改变我们的生活及我们理解世界的方式，成为新发明和新服务的源泉，而更多的改变正蓄势待发"。面对互联网、云计算、大数据的蓬勃发展，必须树立强烈的机遇意识，紧紧把握时代发展的脉搏，驰而不息加快推进我国食品药品监管科学行动计划。随着全球化、信息化的快速发展，食品药品安全领域新材料、新技术、新工艺、新产品、新业态层出不穷，世界各国食品药品监管普遍面临着如何"跟得上时代""联得紧社会""转得快应用"的难题。从"新时代"的角度看，食品药品监管科学概念的出现标志着食品药品安全治理融合创新时代的到来。从"新力量"的角度看，食品药品监管科学概念的出现标志着食品药品安全治理协同力量的产生。

2019年4月，国家药品监督管理局启动中国药品监管科学行动计划，拉开了我国药品监管科学研究的大幕，得到业界的高度关注和积极响应。药品监管科学以药品监管决策为特定研究对象，以提升药品监管质量和水平为研究目标，以创新监管工具、标准和方法为研究任务。中国药品监管科学行动计划实施以来，国家药品监督管理局与著名高等院校和科研院所合作建立14个监管科学研究基地，两批共认定116个国家药品监督管理局重点实验室，已启动实施3批重点药品监管科学项目，药品监管科学研究日趋走向深入，重要研究成果正在助推药品产业创新高质量发展。发展药品监管科学，要以监管新工具、新标准和新方法为核心圈，以监管新理念、新制度和新机制为生态圈，要突出问题导向和结果导向。药品监管科学是立足实践、服务决策的科学。药品监管科学研究能否真切回应监管实践需求、能否破解监管难题、能否满足公众健康需要，决定着药品监管科学的生命力。必须认真倾听药品产业发展和药品监管的迫切需求，通过与时俱进的监管工具、标准、方法创新，持续提升药品监管和服务能力，助力产业创新高质量发展，更好地保护和促进公众健康。

第五，必须努力塑造食品药品安全治理文化。实现从食品药品制造大国到食品药品制造强国的跨越，需要守正创新，坚持继承文化传统与推进文化创新的有机结合。食品药品安全治理文化创新属于食品药品安全治理体系创新中最为艰难、最具创造性、最富智慧的创新。新时代食品药品安全治理，要以习近平总书记的"四个最严"为根本遵循，以保护和促进公众健康为崇高使命，以加快推进我国从制造大国到制造强国跨越为发展目标，以创新、质量、效率、体系和能力为发展主题，以科学化、法治化、国际化和现代化为发展道路，以风险治理理念、责任治理理念和智慧治理理念为核心治理理念，加快建设高素质的职业化专业化监管队伍，努力打造健康、科学、创新、卓越的食品药品监管文化，全面提升食品药品安全治理的凝聚力、创造力和执行力，加快推进食品药品安全治理体系和治理能力现代化。

在食品药品安全治理理念中，风险治理理念是核心，责任治理理念是要义，智慧治理理念是艺术。所有食品药品安全治理活动都要围绕食品药品安全风险防控来谋篇，所有的责任配置都要围绕食品药品安全风险防控来布局，所有的智慧治理都要助力风险的全面防控和责任的全面落实。智慧治理的赋能将使风险治理、责任治理产生"幂指数"效益。全面践行风险治理理念、责任治理理念和智慧治理理念，积极创新治理制度、治理机制、治理方式和治理文化，食品药品安全治理定会与时俱进，不断上台阶、上层次、上水平，为保护和促进公众健康作出更大的贡献。

科学的世界观和方法论是我们研究问题、解决问题的"总钥匙"。

——习近平

第七章 监 管 科 学

当今的世界是全球化、信息化的世界。新一轮科技革命和产业变革以来，以大数据、云计算、物联网、人工智能等为代表的高新技术的发展日新月异。在急速变革的时代，全球食品药品安全监管普遍面临着如何跟上时代发展的难题。2019 年 4 月，国家药品监督管理局启动中国药品监管科学行动计划，紧紧围绕新时代药品监管新需求，密切跟踪国际药品监管前沿，积极创新监管工具、标准、方法，努力解决影响和制约我国药品质量安全的突出问题，加快实现药品安全治理现代化，更好保护和促进公众健康。

什么是食品药品监管科学？这是一个需要深入思考的重要问题。多年前，原国家食品药品监督管理局提出"食品药品科学监管"这一理念，当时主要回答的是食品药品安全监管领域中"为何监管、怎样监管"这一基本问题，主要解决的是食品药品安全领域监管理念偏差的问题。多年后，国家药品监督管理局提出"药品监管科学"。"食品药品监管科学"与"食品药品科学监管"，两者之间究竟是什么关系？"食品药品监管科学"产生的时代背景和直接动因是什么？其研究对象、研究范畴和科学体系是什么？这些都需要进一步追问和解答。从生成的角度看，"食品药品科学监管"理念的提出源于我国，而"食品药品监管科学"概念的提出源自国外。科学把握"食品药品监管科学"与"食品药品科学监管"之间的关系，有利于推进食品药品监管科学研究与应用行稳致远。

一个新概念的出现，绝不是事物内涵和外延的简单调整；一个新概念的出现，往往标志着一个新时代的到来和新力量的产生。研究"食品药品监管科学"与"食品药品科学监管"之间的关系，经典的方法是比较两者内涵与外延的不同。然而，这一传统方法有时会存在一定的缺陷。食品药品监管科学的概念是时代发展到一定阶段时出现的新生事物。从"新时代"的角度看，食品药品监管科学概念的出现标志着食品药品监管融合创新时代的到来。从"新力量"的角度看，食品药品监管科学概念的出现呼唤着食品药品监管协同力量的产生。推进食品药品监管科学，是加快推进我国从食品药品制造大国向食品药品制造强国迈进的客观需要，是全面提升我国食品药品安全治理体系和治理能力现代化的客观需要，是实现食品药品高效能治理、高质量发展和高水平安全的客观需要，是加快推进健康中国建设、更好保护和促进公众健康的客观需要，是积极参与国际交流与合作，促进全球食品药品安全监管趋同、协调和信赖的客观需要。为进一步推动我国食品药品监管科学发展，有必要对食品药品监管科学的发展进程、基本定位和运行机制进行深入的探讨。

一、科学把握发展进程

积极稳妥推进我国食品药品监管科学发展，首先需要厘清国际食品药品监管科学的发展脉络。近年来，国内外专家学者对国际食品药品监管科学发展进行了一些回溯式研究。

（一）监管科学概念的出现

关于"监管科学"一词的起源，目前学界主要有以下几种观点：

一是由美国温伯格博士、莫吉西博士于20世纪70年代提出。阿尔文·温伯格（Alvin Weinberg）是美国著名的核物理学家，于1939年获芝加哥大学博士学位，先后在美国多个科研机构、专业学会工作，担任多个咨询委员会的委员，业界认为其"拥有广泛的好奇心，对人类福祉给予持久的关注，并将这些特质应用于解决科学与社会交叉的复杂问题"。作为核能开发的先驱，温伯格博士积极推动将"技术方法"应用于解决各类社会问题。1972年，温伯格博士发表《科学与跨越科学》（*Science and Trans-Science*）一文，首次提出"跨越科学"（trans-science）的概念。后来，他又提出"大科学"（big science）的概念。温伯格博士将科学分为传统科学（traditional science）和跨越科学两类，传统科学主要关注客观世界中的自然现象和物质，而跨越科学主要解决社会问题和政策制定中的科学问题。温伯格博士提出过一个著名论断："很多问题可以被科学所发问，但却不能仅靠科学来解答。"温伯格博士将用于评估电离辐射影响的科学过程描述为"跨越科学"。温伯格博士的突出贡献是建立了依靠科学知识解决社会问题的决策框架，为后来监管科学的发展提供了重要理论支撑，其被称为第一位认识到监管科学本质的研究者。但严格说来，温伯格博士并没有提出"监管科学"的概念，其所提出的"跨越科学""大科学"观点，为后来"监管科学"的诞生提供了多领域、多学科融合发展的独特视角，"跨越科学""大科学"论成为"监管科学"的重要理论来源。后来许多学者秉承这一思维，认为"监管科学"是一种跨学科或者多学科融合的新兴科学。

也有学者认为，"监管科学"一词是由美国环境保护署（EPA）创始人之一的艾伦·莫吉西（Alan Moghissi）提出的。20 世纪 60 年代，美国环境污染严重。1962 年，美国著名女作家蕾切尔·卡逊（Rachel Carson）发表《寂静的春天》，披露美国环境污染的严重状况，震惊美国朝野上下。蕾切尔·卡逊提出："自然的平衡是人类生存的重要力量。"为全面改善环境，1969 年，美国国会通过《国家环境政策法》，将环境保护确定为国家政策，决定设立环境质量委员会，促进人类与环境之间的充分和谐。该法要求联邦政府制定对环境有重大影响的法律时，应当开展环境影响评价。1970 年初，尼克松总统向国会提出有关加强环境保护的多项建议，并于 7 月签署重组法案，决定将联邦政府多部门负责的环境保护职责整合到一个部门。同年 12 月，EPA 宣告成立，将联邦政府的环境研究、监测和执行职责整合到一个单一机构。EPA 的使命是通过保护环境来保护人类健康。EPA 属于基于科学的监管机构，进行重大决策时需充分依靠专家咨询委员会的意见和建议。EPA 经常向科学合作伙伴提供基金，支持其开展高质量的环境保护研究，以提升国家环境问题决策的科学水平。在科学合作伙伴研究成果的支持下，EPA 能够更加准确地识别新兴的环境问题，提高环境风险评估和风险管理的科技水平。同时，凭借分布于全国各地的实验室，

EPA 开展环境评估，以研究与解决当前和未来的环境问题。基于所面临的科学挑战，在 EPA 成立后不久，莫吉西博士提出"监管科学"的概念，用于描述 EPA 制定相关法规时为其提供支持的科学。2009 年，监管科学研究所所长莫吉西在《科学家》杂志上发表文章，提出"监管科学"是科学在各个层面对社会决策过程的独特应用。所以，有学者主张，莫吉西博士为第一个明确提出"监管科学"概念的人。

二是由日本内山充博士于 20 世纪 80 年代提出。在日本，学界普遍认为监管科学是"科学与社会的桥梁"。1987 年，日本国立医药食品卫生研究所副所长内山充（Mitsuru Uchiyama）发表了一篇关于监管科学的文章。他认为监管科学可分为两个方面：一是能够准确预测与评估科学技术的积极和消极影响，并作出最佳决策的"评价科学"；二是能够支持政府机构制定政策，推动并倡导公众和社会关系的"合理限制科学"。日本药品监管的使命是从现有的许多新产品中为大众提供最理想的产品。支持这一使命的科学活动可以被视为监管科学——评估和评价的科学。就监管科学而言，这种有助于产生准确评估结果的研究实际上比基础研究或者应用研究更有价值。监管科学的存在，不仅是为了监管，也是为了支持发展。1995年，内山充博士在《药物技术》一文中进一步阐述了监管科学的概念，认为监管科学是以促进公众健康为目标、优化科学技术发展的科学，其存在的意义不仅是要服务监管，更是要助力产业发展，客观中立的、接受公众监督的规则制定必须通过行业、学者和监管人员共同协作完成。2010 年10 月，日本医药品医疗器械综合机构（PMDA）设立监管科学研究部，着力提高 PMDA 决策的透明度并加强监管科学研究。同年同月，日本成立医疗产品监管科学协会，着力促进学术界、工业界和监管机构对监管科学的公开讨论。目前，日本业界普遍认为，PMDA 前理事长近藤达也（Tatsuya Kondo）对日本监管科学发展起到了实质性的推动作用。近藤达也博士于 2013 年 11 月在日本东京召开的第 10 届 DIA 日本年会上做了《未来药品研发与监管科学》报告，于 2016 年 6 月在美国费城召开的第 52届 DIA 全球年会上做了《日本最新监管与 PMDA 未来发展方向》报告，这些报告集中阐释了日本对于监管科学的思考与探索。近藤达也博士的突出贡献是运用"监管科学"理论对 PMDA 的组织框架进行了革新，同时扩展了 PMDA 的组织队伍。

三是由美国贾萨诺夫教授于 20 世纪 90 年代提出。1990 年，美国哈佛大学教授希拉·贾萨诺夫（Sheila Jasanoff）出版《第五部门：作为政策制定者的科学顾问》一书，将科学分为"学术科学"（academic science）和"监管科学"（regulatory science）两类。其认为监管科学不仅是监管和决策过程中不断研究和创新而形成的学科，同时还具有包含科学、社会和政治相互关系的学科属性。贾萨诺夫教授认为，监管科学是"为监管决策服务的科学技术知识体系"。贾萨诺夫教授被认为是对"监管科学"进行学科构建的第一人。

无论监管科学的概念最终如何表述，从目前的研究成果看，以下几点是基本明确的：第一，监管科学是有特定内涵和外延的一种科学，不是所谓的"监管"加"科学"的简单"拼牌式""泛科学"组合。第二，监管科学是支撑解决"演进科学""边缘科学"发展所带来的"不确定性"或者"复杂问题"的一种科学，缺乏前沿性、边缘性、未知性和复杂性的领域没有监管科学生存的空间。第三，监管科学是支撑"科学决策"的一种科学，审评审批、检查检验、监测评价等专业活动，都依赖专业技术人员的专业判断或者专家活动。第四，监管科学是解决监管实践中常规或者突出问题的一种科学，不同国家、不同时代、不同阶段、不同产品所面临的问题不同，监管科学关注的领域和采取的措施可能有所不同。第五，监管需要解决的问题并不完全是自然科学问题，监管科学提出的解决措施也不完全局限于自然科学领域。第六，领先型国家倾向于创新监管科学理论和成果，将监管科学从监管事务中独立出来或者将监管事务从监管科学中剥离出去，而跟进型国家注重监管科学理论和成果的应用，有的国家甚至将监管科学与监管事务混同，尚未真正理解监管科学的真谛。

（二）美国食品药品监管科学发展

在蕾切尔·卡逊的《寂静的春天》发表后，美国食品药品监督管理局（FDA）几乎面临着与 EPA 同样的压力。长期以来，FDA 的食品药品监管基本属于被动式、应对式和回溯式的监管，难以满足社会发展和公众健康的需要。在经历多年的探索实践后，FDA 决定走出一条主动式、驾驭式和前瞻式的监管道路。监管科学的提出和监管道路的探索成为美国食品药品监管领域的"天作之合"，这给 FDA 带来了"改天换地"的思维变革。1991 年，FDA 将监管科学确定为 21 世纪重点推动的工作。

2004 年 3 月，美国 FDA 发布《创新/停滞：新医疗产品关键路径上的机遇和挑战》（Innovation/Stagnation: Challenge and Opportunity on the Critical Path to New Medical Products）白皮书，提出实施关键路径倡议。白皮书系统分析了新的科学发现与创新性医疗产品、方法之间出现日益扩大的鸿沟的原因，确立了监管科学发展的重点任务，包括加强对产品安全性和有效性的评价及监管能力建设、提升现有监管方式的现代化水平、加快构建全新监管路径等。此后，FDA 相继发布了《关键路径机遇清单》《关键路径机遇报告》等多部白皮书，进一步推动了药品监管科学的实施。

2007 年，美国医学研究院（IOM）发布《药品安全的未来：促进和保护公众健康》（The Future of Drug Safety: Promoting and Protecting the Health of the Public）报告。IOM 确认在 FDA 内改进药物评估的科学基础的需要，包括与学界合作的内部资源和外部资金。同年，美国 FDA 科学委员会向国会报告该机构需要提升的科学基础，包括基础设施开发、多部门合作和能够快速应对药物发现与研发的庞大队伍。

2007 年 11 月，美国 FDA 科学委员会科学与技术分会发布《风险科学与使命》（Science and Mission at Risk）报告，将"监管科学"解释为履行公共健康机构职责所需的基于科学的决策过程。报告指出，FDA 必须拥有科技人员和资源进行监管研究，为以下方面提供基础：提高拟上市产品、上市产品的安全性和有效性的评估及监测能力；使现有监管途径现代化；在目前没有监管途径的情况下开发新的监管途径。

2010 年，美国国立卫生研究院（NIH）和美国 FDA 向公众发布合作建立快速通道推进创新的公告。在该公告中，监管科学被解释为"开发和使用新的工具、标准和方法以更有效地开发产品，并更有效地评估产品的安全性、疗效和质量"。

2010 年 2 月，美国 IOM 召开研讨会，审视药品监管的科学状况，研究提升监管决策科学基础的方法。研讨会为深入探讨监管科学的概念、如何利用监管科学改进监管决策、寻求监管科学发展及应用的替代机制和体制框架提供了重要机遇。

2010 年 8 月，美国 FDA 局长玛格丽特·汉伯格（Margaret Hamburg）在北京大学演讲时指出："我们是公共健康的最后一道防线，我们必须充分、负责地履行职责。这意味着我们必须利用最先进的科学创造最大的公共健康效益""作为以科学为基础的监管机构，我们在工作中面临着更大的挑战，因为我们监管的产品是公众真正需要、真正关心以及关系到他们自身健康、安全和福利的产品""监管科学是连接尖端科学技术与开发安全有效的新产品和新疗法的纽带""作为 FDA 的局长，我将监管科学作为我工作的重中之重，以增加美国对这方面的关注，推动建立更加强大、充满活力的领域，并期望该领域能够进一步激励创新医药产品的开发"。

2010 年 10 月，美国 FDA 发布《推进公共健康的监管科学》（*Advancing Regulatory Science for Public Health*）白皮书，提出监管科学的基本架构。白皮书指出，科学技术的最新突破，有潜力改变 FDA 预防、诊断和治疗疾病的能力。为使科技进步充分发挥其潜力，FDA 必须发挥日益重要的整合作用，不仅致力于确保安全和有效的产品，而且要促进公众健康，更加积极地参与以新的治疗方案和干预措施为导向的科学研究事业。同时，FDA 必须使审评审批程序现代化，以确保创新产品在患者需要时能够及时送达。这些新的科学工具、技术和方法构成了通往 21 世纪公共健康进步的桥梁，形成了监管科学，即开发评估 FDA 监管产品的安全性、有效性、质量和性能的新工具、标准和方法的科学。该白皮书由监管科学的前景和协同实施框架两部分组成。第一部分介绍监管科学的新兴领域和发展前景，提出推进监管科学研究的 7 个公共健康领域，这些领域的进步可以助力提供更好、更安全、更创新的产品。第二部分提出战略框架，指导 FDA 在全国范围内加快推进监管科学，更好履行 FDA 的基本使命，即促进和保护公众健康。

2011 年 8 月，美国 FDA 发布《促进 FDA 监管科学：战略计划》

（*Advancing Regulatory Science at FDA: A Strategic Plan*）报告，提出监管科学的 8 个优先领域（2013 年增加了第 9 个领域：强化全球产品安全网）：推进毒理学现代化以提高产品安全性；鼓励临床评价和个性化医疗方面的创新以改善产品开发和使患者获益；支持改进产品制造和质量的新方法；确保 FDA 准备好评估创新的新兴技术；通过信息科学，利用各种数据来改善健康结果；实施以预防为主的新食品安全体系以保护公众健康；促进制定医疗对策以防范对美国和全球健康与安全的威胁；加强社会和行为科学以帮助消费者和专业人士就受监管的产品作出明智的决策。该战略计划指出，"科学的进步正在使医学治疗和诊断方法的开发和使用方式发生本质上的变化"，"监管科学必须先一步让 FDA 准备好必需的工具和方法，以便可靠地评估这些在新的科学进步下诞生的产品的安全性和有效性"，"对产品开发和评价中使用的科学技术进行彻底的现代化改革"。

为进一步推进 FDA 监管科学研究，FDA 在首席科学家办公室下设立监管科学与创新办公室，其主要职能包括：支持高质量、协作的科学活动，以解决与 FDA 监管产品有关的重要公共健康和监管问题，包括产品的价值、质量、安全性和有效性等；支持核心科研能力和基础设施建设；促进创新技术在产品研发和评估中的开发与使用；通过支持 FDA 内部及外部高质量的、同行评审的科研项目，解决科学和公共健康方面的重要问题；通过联系其他机构、全球监管合作伙伴、学术界、创新者和消费者等各方，促进科学推广和研究协作活动，以促进 FDA 使命的实现；寻求来自 FDA 项目方、利益相关主体和外部顾问的投入，以帮助确定、审查、满足 FDA 的科学需求和优先事项。

为进一步强化监管科学研究的社会合作，从 2011 年开始，FDA 在一些高等院校和非营利性医院设立监管科学与创新卓越中心（CERSI）。CERSI 是 FDA 与学术机构合作沟通的桥梁，通过开展创新性研究、培训和科学交流，促进监管科学发展。目前，FDA 拥有 4 个监管科学与创新卓越中心，分别为约翰斯·霍普金斯大学中心、加利福尼亚大学旧金山分校与斯坦福大学合作中心、马里兰帕克分校大学中心、耶鲁大学与梅奥诊所合作中心。

为进一步强化监管科学研究的国际合作，2011 年 8 月，FDA 发起监管科学全球峰会（GSRS），为全球食品药品监管者、科学家、尖端科技创业者提供国际交流合作平台。2013 年 9 月，在第三届 GSRS 上，美国 FDA 局长玛格丽特·汉伯格指出："监管科学非常重要。对我们大家而言，肯定是重中之重。监管科学可以加速创新，改进监管决策，加强我们为需求人群提供安全有效产品的能力。然而，对很多人而言，这是一个未被充分理解或者未被加以重视的概念""监管科学将 FDA 工作的几个核心原则汇聚到一起""FDA 从成立伊始，驱动力之一便是懂得'科学'必须成为我们工作的标杆，这就是为什么我们为促进和保护公众健康这一使命作出的决策都基于最可用的科学"。

2012 年 7 月，美国国会通过《美国食品药品监督管理局安全及创新法》（*Food and Drug Administration Safety and Innovation Act*）。该法第 1124 条规定"推动监管科学，维护公众健康"，同时提出"在本法出台一年后，健康与人类服务部部长应当提出推动药品监管科学的战略和实施规划"。

2013 年 7 月，美国 FDA 发布《推动药品监管科学的战略和实施规划》（*Strategy and Implementation Plan for Advancing Regulatory Science for Medicinal Products*），促进医药创新成果的转化和临床应用，大力推进监管科学研究落地。此后，美国 FDA 陆续发布监管科学年度进展报告、专题报告，对《推动药品监管科学的战略和实施规划》中优先领域的研究进展进行总结和评估。

2014 年 11 月，美国 FDA 局长玛格丽特·汉伯格在北京大学发表《应对全球化挑战，加强国际协作，促进健康和安全》演讲时指出："在强化监管科学领域的方向上，通过训练新思维，凭借这样的新思维能够发展、制定和研发出确保对患者生活产生影响的新型医药产品安全性、研发速度、审评审批所需的科学、标准和工具，IPEM（国际药物工程管理）项目取得了长足进步。这正是我们寄希望在将来的全球化经济中确保最高水准的监管与科学标准的前瞻性思维。"

2018 年 1 月，美国 FDA 发布战略政策路线图（*FDA's 2018 Strategic*

Policy Roadmap），局长斯科特·戈特利布（Scott Gottlieb）指出："我们的工作发生在科学和政策的一个转折点上。我们比以往任何时候都有更多的机会兑现对科学的承诺。""我们在未来几年内所做的工作将决定我们如何推进这些新技术和转型技术，使患者能够受益于基因和细胞治疗等平台，同时解决他们的新风险和不确定性。FDA 将在利用科学方法提高研发过程的效率和可预测性方面发挥重要作用，同时提升我们的能力，以确保新产品的安全性得到仔细评估。当涉及再生医学、基因治疗和数字健康等新领域时，我们将负责全面建立现代监管方法，对这些产品进行适当评估，并将这些指导方针付诸实施。在某些情况下，这将要求我们对传统的监管方式进行现代化转型，以确保我们的政策能够适应新的挑战。"

（三）欧盟药品监管科学发展

作为欧盟地区的公共健康机构，欧洲药品管理局（EMA）自 1995 年成立以来高度重视科学对药品监管的支撑和促进作用。通过支持科学研究活动，EMA 致力于提升人用药和兽药的创新性、可及性。

2005 年 3 月，EMA 发布《EMA 2010 路线图：为未来铺路》，明确了 EMA 在未来五年内支持药品监管和创新有关科学活动的优先领域。

2010 年 12 月，EMA 发布《2015 路线图：EMA 在科学、药品和健康方面的投入》，开篇即将"促进科学创新"作为 EMA 监管使命的组成部分予以强调，同时在其第三部分明确指出"研究机构和学术团体越来越多地参与 EMA 事务，推动监管科学发展"。

2015 年 12 月，EMA 与欧盟药品管理首脑机构（HMA）联合发布《欧盟药品监管网络 2020 战略》，双方首次联合明确欧盟药品监管共同的关键领域，并制定出高端路线图。该战略聚焦围绕促进人类健康、促进兽药发展、优化协作网络和全球监管环境四大主题，促使欧盟药品监管网络到 2020 年进一步改善公众和动物健康。该战略指出，为确保监管科学在相关领域的发展得到适当的支持，监管者需要进一步加大与学术团体、专家、患者、厂家等利益相关者的接触与合作。作为产品开发和监管的一种路径，监管科学将发挥越来越重要的作用。

目前，EMA 参与推进药品监管科学研究的主要举措包括：组织各利益相关方参与科学研讨会和学术会议；为研究项目委员会和学术委员会提供专家指导；参与和支持建立卓越的研究网络；协调和支持相关学术网络的活动；参与欧洲其他或者国际公共健康机构的监管科学倡议；发布药品评价相关文献综述及数据库研究结果；分析、发布内部数据以促进新药研发及加强药品评价和监管；开展科学、政策咨询和为公益、半公益资金项目研究确定监管科学研究优先领域；在 EMA 内部发起监管科学有关倡议；等等。

多年来，EMA 一方面不断强化与制药企业、患者、消费者、医疗行业专家等利益相关者的沟通交流，另一方面进一步整合相关研究机构、学术团体等的力量参与推动监管科学发展。2007 年 6 月，EMA 发起建立欧洲药物流行病学和药物警戒网络中心（ENCePP），发布关于药物流行病学和药物警戒的研究方法标准指导手册，为药物流行病学和药物警戒提供方法指导。

2011 年 3 月，EMA 建立欧洲儿科研究网络（ENPR），促进包括欧盟内外网络之间的合作和高质量研究，增加儿童药品的供应。同时，EMA 注重加强与其他利益相关方的交流互动，重视用临床试验结果引导相关标准、评价方法的开发和应用，构建临床试验反馈机制，推进监管科学转化。

近些年，EMA 同样面临着诸多监管挑战：一方面，新药研发成本激增、人口老龄化加剧、药品供应链更加复杂等因素为药品的可及性带来新的问题；另一方面，细胞治疗、基因治疗、药械组合产品、真实世界数据以及大数据和人工智能等新科技、新产品、新方法带来新的挑战。EMA 以更加积极的姿态推进监管科学研究。

2020 年 3 月，EMA 发布《监管科学 2025 战略》（*Regulatory Science Strategy to 2025*）报告。EMA 意识到，近年来药物创新步伐显著加快，迫切需要监管机构支持越来越复杂的药物的开发和评估，这些药物通过融合不同的技术越来越多地提供医疗保健解决方案。为更好履行促进和保护人类与动物健康的使命，EMA 与广泛的利益相关者协商制定，努力为未来五年内推进监管科学提供战略计划。该报告旨在建立一个具有更强适应性的监管体系，鼓励人用药与兽药药物创新。报告指出，监管科学是指应用于药品质量、安全性和疗效评估的一系列科学学科，并在药品的整个生命周期内为管理决策提供信息。为强化保护人类健康的使命，EMA 必须积极推动监管科学和创新转化为不断发展的医疗体系中患者对药物的可及性。EMA 在应对创新带来的共同挑战方面开展国际合作，有助于通过联合解决问题、资源汇集、能力建设以及监管工具、标准的趋同，解决这些复杂问题。该战略提出监管科学发展的五个主要目标：一是促进科学与技术在药品研制中的融合。包括支持精准医学、生物标志物和组学的发展，支持将先进治疗药物产品（ATMPs）转化为患者治疗方案，推广和投资优先药物（PRIME）计划，促进新型制造技术的应用，为医疗器械、体外诊断试剂和临界产品的评估创建综合评估途径，发展对纳米技术和医药新材料的理解与监管响应，在开放过程中提供多样化和融合性的监管建议。二是推动协同证据生成，提高评价的科学性。包括利用非临床模型和"3Rs"原则，促进临床试验的创新，为新出现的临床数据生成制定监管框架，扩大效益、风险评估和交流，投资特殊人群倡议，优化建模、模拟和外推能力，在决策中开发数字技术和人工智能。三是与医疗系统合作推进以患者为中心的药物获取。包括为卫生技术评估的准备工作和创新药物的下游决策做贡献，通过与支付者合作架起从评估到获取的桥梁，加强证据生成中的患者相关性，促进在决策中使用高质量的真实世界数据（RWD），发展网络能力和专家协作以处理大数据，促进医疗系统中生物类似物的可及性和支持吸收，进一步发展外部参与和沟通以促进对欧盟监管制度的信任和信心，以电子格式（ePI）提供经改良的产品资讯。四是应对新出现的健康威胁和可及性/治疗挑战。包括执行 EMA 健康威胁计划及划定资源并完善准备方法，继续支持开发新的抗菌剂及其替代品，促进全球合作以预测和解决供应问题，支持疫苗开发、审批和上市后监测的创新方法，支持再利用框架的开发和实现。五是支持和利用监管科学的研究和创新。包括与学术界建立网络领导的伙伴关系以在监管科学的战略领域开展基础研究，利用学术界和网络科学家之间的合作来解决迅速出现的监管科学研究问题，识别并帮助获得欧洲和国际上最好的专业知识，通过网络及其利益相关者传播与交流知识、专长和创新。

2023 年，EMA 对《监管科学 2025 战略》实施中期（2020 年 3 月—2022 年 12 月）情况进行了报告。该报告表明 EMA 在推进监管科学的目标上取得大量成果。在人用药品领域，取得以下五个方面的成果：促进临床试验的创新；促进在决策中使用高质量的真实世界数据；加强证据生成中的患者相关性；促进卫生技术评估机构对创新药物的准备和下游决策；支持精准医学、生物标志物和组学的发展。

（四）日本药品监管科学发展

日本医药品医疗器械综合机构（PMDA）是日本的药品医疗器械审评机构。PMDA 认为，监管科学是其一切监管活动的基础。PMDA 所有的科学活动必须基于清晰的证据、结合最新的科学发现，以做出准确的预测、评估和判断。

2011 年 8 月，日本通过《科学与技术基本项目》。该文件确定了 PMDA 开展基本研究的政策，确保 PMDA 推进监管科学研究的准确性、公平性和透明性。文件认为，监管科学能够基于事实证据做出准确的预测、评估和判断，在推动新技术成果以最优路径实现转化，适应和满足社会和人类需求方面发挥着重要作用。

2014 年 5 月，日本发布《促进保健和医疗战略法》。该法第十三条第二款规定：“当通过医学研究和开发获得的产品应用于实际用途时，监管科学有助于根据科学发现对产品的质量、功效和安全性作出适当和及时的预测、评估和判断。”

为促进监管科学发展和培养监管科学家，PMDA 采取了一系列措施，主要包括：扩大员工培训项目；组织研究 PMDA 的三大服务职能（产品审评、安全对策、健康损害救济）；发挥科学委员会作用；与高等院校通过项目合作的方式开展教育活动。自 2012 年开始，为促进创新药物、医疗器械、人体细胞和组织产品的研发，PMDA 进一步加大与高等院校及研究机构之间的人员交换和交流力度。PMDA 员工可以去高等院校攻读监管科学专业硕士、博士学位，强化监管科学理论学习；在监管科学方面有所建树的 PMDA 员工，则可以以访问学者的身份去高等院校任教。这些政策促进了研究人员在高等院校、研究机构和 PMDA 之间的流动，推动监管科学研究成果转化为现实生产力。通过以上一系列举措，PMDA 进一步开发相关指导原则，同时培养精通创新性科技和监管科学的人才队伍。

2012 年 5 月，PMDA 成立科学委员会，作为一个高端咨询机构研究讨论药品医疗器械审评中的科学问题。科学委员会下设专题小组委员会，组成人员为各领域前沿专家。这些小组委员会成员帮助 PMDA 员工共同研究工作中遇到的实际问题。基于为公众提供安全有效的药品医疗器械和促进药品医疗器械积极创新的理念，PMDA 设立科学委员会的目的是通过加强学术机构和医疗机构之间的合作交流，以合适的方式运用先进的科学技术来提升药品医疗器械监管水平，推进监管科学发展。PMDA 设置各专题小组委员会的举措凸显了监管科学的学科交叉和融合性，如第一届小组委员会包括药品组、医疗器械组、生物制品组、细胞和组织产品组；第二届小组委员会包括安慰剂对照研究组、非临床试验研究组、数值分析在非临床评估中的应用组、儿科医疗器械评估组、细胞培养中心组；第三届小组委员会包括罕见癌症组、药品开发组、人工智能组；第四届小组委员会包括抗体介导排斥反应组、基因组学编辑组。为适应时代需要，2019 年，PMDA 又专门增设计算机模拟组。

（五）中国药品监管科学发展

全球食品药品监管科学兴起之后，中国药品监管部门、专家学者迅速开展相关研究。如 2018 年 8 月，国家药品监督管理局召开医疗器械监管科学研讨会。会议立足我国医疗器械产业和监管实际，聚焦创新与安全，谋划我国医疗器械监管科学体系，围绕监管科学与创新发展的主题，从科技前沿动态、产品研发创新、审评审批制度改革、上市后监管等方面的科学问题进行了深入研讨。会议强调，面对科技创新的风起云涌，面对医疗器械产品推陈出新步伐的加快，监管部门必须紧紧跟踪了解当今世界科技发展的趋势，不断提高对新技术、新产品的把握能力，不断开发新的监管路径、工具和方法；必须深入思考政府监管如何确保采用高效的监管模式和方法用于评估与批准新型医疗器械，既推动优质产品的开发上市，同时又能有效剔除无法证明其安全有效的产品；必须细化研究如何优化对新型医疗器械技术审评要求，明确需要提供的科学研究和数据要求；必须加快推进通过管理科学支持产品质量提升，在监管工作中引入更科学、更新颖的方法，以科学的态度、专业的精神，加强医疗器械全生命周期的风险防控，提高医疗器械质量安全水平，满足临床使用需求。与会专家一致认为，开展系统的监管科学研究，建立医疗器械监管科学体系，对于完善规范、高效、高水准监管，推动监管事业可持续发展意义重大。

2019 年 4 月，国家药品监督管理局启动中国药品监管科学行动计划，决定开展药品、医疗器械、化妆品监管科学研究。行动计划明确建设药品监管科学研究基地，启动监管科学重点项目，推出药品审评与监管新制度、新工具、新标准、新方法等 3 项重点任务。首批重点项目包括细胞和基因治疗产品技术评价与监管体系研究、纳米类药物安全性评价及质量控制研究、以中医临床为导向的中药安全评价研究、上市后药品的安全性监测和评价方法研究、药械组合产品技术评价研究、人工智能医疗器械安全有效性评价研究、医疗器械新材料监管科学研究、真实世界数据用于医疗器械临床评价的方法学研究、化妆品安全性评价方法研究等 9 项任务。药品监管科学研究基地将依托国内知名高等院校、科研机构，围绕药品全生命周期，开展监管科学重点项目研究，开发系列新工具、新标准和新方法，夯实我国药品监管科学基础，助力药品监管科学可持续发展。同时，深入开展药品监管科学基础理论研究，推进监管科学学科建设，培养监管科学领军人才。

2020 年 10 月，国家药品监督管理局召开药品监管科学工作座谈会，听取各药品监管科学研究基地工作进展，研究部署下一步工作。会议积极评价了中国药品监管科学行动计划进展，明确要坚持国际视野，紧扣国际发展前沿，以更加开放的视野推进监管科学工作，更好地服务监管、服务产业、服务公众；要加强顶层设计，适时制定监管科学规划，将立足当前与谋划长远有机结合，科学安排，稳步推进；要突出特色优势，各药品监管科学研究基地要聚焦药品监管工作实际，突出专业优势，发挥基地优势，强化优势互补，形成推进合力；要完善运行机制，坚持开放共享理念，加强国家局相关司局和直属单位与各研究基地以及各研究基地之间的沟通交流，推进信息与资源共享；要强化对外宣传，及时向社会传递药品监管科学研究成果，更好地服务产业发展和公众需求；要深化国际交流，积极参与国际药品监管科学研究，充分借鉴国际药品监管科学的最新成果，同时为国际药品监管科学发展贡献中国的智慧和力量。

2021 年 4 月，国家药品监督管理局召开中国药品监管科学行动计划首批重点项目工作汇报会。会议听取了中国药品监管科学行动计划首批重点项目研究成果及应用转化情况，总结监管科学研究经验，研究部署下一阶段工作思路和重点。经过 2 年努力，药品监管科学研究重点项目已取得重要成果，自首批重点项目启动以来，研究制定新工具、新方法、新标准 100 多项，其中 30 多项已发布。会议要求，要按照立足新发展阶段、贯彻新发展理念、构建新发展格局的要求，立足当前、兼顾长远，以解决问题为导向，深入推进中国药品监管科学行动计划，尽快启动实施第二批药品监管科学研究重点项目；要充分依靠药品监管科学研究基地和国家药品监督管理局重点实验室，拓展药品监管科学研究的资源和力量，多出成果、快出成果、出好成果；要注重国际交流，紧跟国际药品监管最新发展动态，积极参与国际药品监管规则的制定，努力贡献中国智慧和中国力量；要加大宣传力度，积极报道药品监管科学研究最新成果，广泛凝聚鼓励药品监管创新、助推产业高质量发展的社会共识。

2021 年 6 月，国家药品监督管理局发布中国药品监管科学行动计划第二批重点项目。其包括中药有效性安全性评价及全过程质量控制研究，干细胞和基因治疗产品评价体系及方法研究，真实世界数据支持中药、罕见病治疗药物、创新和临床急需医疗器械评价方法研究，新发突发传染病诊断及治疗产品评价研究，纳米类创新药物、医疗器械安全性有效性和质量控制评价研究，基于远程传输、柔性电子技术及医用机器人的创新医疗器械评价研究，新型生物材料安全性有效性评价研究，化妆品新原料技术指南研究和化妆品安全监测与分析预警方法研究，恶性肿瘤等常见病、多发病诊疗产品评价新工具、新标准和新方法研究，药品、医疗器械警戒技术和方法研究等 10 个重点项目，重点项目执行周期原则上为 2 年。合作单位原则上依托国家药品监督管理局药品监管科学研究基地和重点实验室。

2023 年 11 月，国家药品监督管理局召开"中药监管科学研究——中药新药审评审批新工具、新标准、新方法研讨会"。会议强调，药品监管科学是应对监管挑战的主动变革性措施，中药监管科学不仅是监管科学在中药监管领域应用的新兴前沿学科，更是中西医融合研究的新策略、新措施和新范式。要明确中药监管科学重点方向，加强政产学研用各方协作，开发符合中药特点的监管新工具、新标准、新方法，加速临床急需产品上市，促进中医药传承创新发展。

2023 年 12 月，国家药品监督管理局相关司局和美国 FDA 相关单位共同举办中美医疗器械监管科学和立法研讨会。国家药品监督管理局代表介绍了新修订的《医疗器械监督管理条例》实施情况，以及中国医疗器械标准建设情况。美国 FDA 驻华办代表介绍了美国医疗器械相关法律法规和立法程序，以及医疗器械监管科学重点领域和具体问题。

2024 年 1 月，国家药品监督管理局发布药品监管科学体系建设重点项目立项通知，确定 40 个课题立项。其中，化药领域有 8 个，生物制品领域有 6 个，中药领域有 8 个，医疗器械领域有 10 个，化妆品领域有 6 个，监管科学基础研究领域有 2 个。通知要求各牵头单位、实施单位加强项目管理，注重实施成效，加快药品监管科学新方法、新工具和新标准研究，强化成果转化应用，为药品监管实践提供科技支撑，进一步提升药品监管能力和水平。

二、科学把握基本定位

21 世纪以来，许多国家和地区的食品药品监管机构出台了关于加快推进食品药品监管科学的文件，有的明确了食品药品监管科学的概念。如 2010 年 10 月，美国 HHS 与美国 FDA 联合发布的《推进公共健康的监管科学：FDA 监管科学行动计划框架》明确："监管科学是指开发评估 FDA 所监管产品的安全性、有效性、质量和疗效的新工具、新标准和新方法的科学。"报告提出："监管科学的进步将有助于提高审评审批效率，帮助向患者更快地提供安全的新产品，并加强监测产品使用和提高疗效的能力，从而提高患者的治疗效果。"2011 年 8 月，美国 FDA 发布的《FDA 推进监管科学：战略计划》报告指出：监管科学为"开发新工具、新标准、新方法以评估 FDA 所监管产品的安全性、有效性、质量和疗效"。FDA 的决策制定必须基于现有最佳科学数据，并使用现有的最佳工具和最佳方法，以确保产品符合消费者的最高质量标准，同时还要促进和推动其所监管产品的创新。2013 年 7 月，美国 FDA 发布的《推进药品监管科学的战略及实施方案》，对药品监管科学的作用进行了深入剖析，指出"药品监管科学为开发必要的知识、方法、标准和工具，以提高监管决策的确定性、一致性，促进基础发现转化为切实可用的药品"。2022 年，美国 FDA 发布《推进监管科学：监管科学重点领域报告》，再次明确"监管科学是开发用于评估 FDA 监管产品的安全性、有效性、质量和疗效的新工具、标准和方法的科学"。2011 年 1 月，EMA 发布的《通向 2015 年路线图》指出："药品监管科学为应用于药品质量、安全性和有效性评估的一系列科学学科，并为药品全生命周期提供监管决策。它包括基础和应用医学和社会科学，并有助于监管标准和工具的开发。"2020 年 3 月，EMA 发布的《监管科学 2025：战略思考》指出："监管科学是指应用于药品质量、安全性和疗效评估的一系列科学学科，其在药品全生命周期为监管决策提供信息。它包括基础和应用生物医学以及社会科学，有助于监管标准和工具的开发。"2011 年 8 月，日本公布的《科学技术基本计划》明确监管科学是"为获取和分析数据以支持为安全有效的治疗方法的批准和监测相关决策提供信息的科学"。

对于国际药品监管科学的概念，需要关注以下几个方面。一是有的在"科学"体系中定义"监管科学"，或者说将"监管科学"与自然科学、社会科学、人文科学、管理科学相并列，将其定位为一门新兴科学。也有的将"监管科学"作为"管理科学"中的前沿部分，认为"监管科学"的基本理念、基本范畴并没有突破"管理科学"的基本理念、基本范畴。二是有的从决策的角度审视"监管科学"，将"监管科学"作为科学监管决策的理论依据或者科学依据。如认为"监管科学是公共健康机构为履行职责所需的基于科学的决策过程""监管科学是科学在社会决策过程各个层面的独特应用""监管科学是通过获取和分析足够的数据，以指导与批准安全有效的治疗产品、医疗器械和化妆品以及确保食品供应安全和营养价值有关的知情决策"。美国哈佛大学莫里斯教授指出："定义的目的不在于定义本身，而在于定义所要服务的目的。"研究国际药品监管科学的定义，可以得出如下启示。

（一）监管科学具有目标性

食品药品监管科学是一门解决监管领域中复杂问题的实用科学。马克思指出："问题就是公开的、无畏的、左右一切个人的时代声音。问题就是时代的口号，是它表现自己精神状态的最实际的呼声。"食品药品监管科学研究的目的是解决监管工作中面临的突出问题。能否有效破解监管难题、能否切实回应监管实践需求、能否促进产业健康发展、能否提升公众健康福祉，是判定监管科学是否具有创造力和生命力的试金石。食品药品监管科学从诞生之日起就坚持问题导向，直面现实问题。为促进药品监管科学研究和应用，美国等发达国家开发了一系列科学研究、成果转化等模式，如 FDA 注重监管数据和医疗保险数据的有机整合，注重监管科学和精准医学、转化医学等学科的深度融合，值得借鉴。在食品药品安全领域，各国产业基础、发展阶段、现实国情不同，所需要解决的实际问题有所不同，食品药品监管科学关注的重点也有所不同。如在美国，食品药品监管科学重点关注审评工具、标准和方法的创新，而在日本，药品监管科学被视为监管机构与社会之间的"桥梁"，药品监管科学研究除了关注监管工具、标准和方法创新外，还关注监管机构的组织体系和运行机制创新。目前我国药品医疗器械领域正处于从仿制为主到创新引领的发展新阶段，"创新、质量、效率、体系和能力"是当前和今后一个时期药品医疗器械监管工作的主题。我国药品监管科学研究应当始终围绕这一主题展开，在监管新工具、新标准和新方法开发上下功夫，尽快提升我国药品医疗器械审评和监管能力，助推创新产品早日上市和全生命周期质量监管，更好地满足公众健康需求。

（二）监管科学具有实用性

食品药品监管科学是一门直接服务监管决策的实用科学。食品药品监管科学是以食品药品监管为研究对象的科学。离开"食品药品监管"这一阵地的监管科学，不是真正意义上的食品药品监管科学。研究食品药品监管科学必须聚焦于服务"食品药品监管"这一主题，时刻关注和准确把握食品药品监管的发展方向，紧扣审评审批、检查检验、监测评价等重点工作。在食品药品安全监管中，不同的监管工具、标准和方法，对于质量安全风险分析的影响往往有所不同。食品药品监管工作要坚持基于最新工具、最新标准和最新方法产生的数据说话。从核心圈看，食品药品监管科学包括监管工具、监管标准和监管方法的创新，这是食品药品监管科学的核心。同时，也必须看到，食品药品监管科学发展行稳致远，则离不开监管理念、监管制度和监管机制的创新，这是食品药品监管科学发展的生态圈。核心圈和生态圈的营造都要服务并服从于保护和促进公众健康的崇高使命，服务并服从于加快推进我国从食品药品制造大国到食品药品制造强国跨越的目标。

（三）监管科学具有前瞻性

食品药品监管科学是一门前沿科学或者新兴科学。前沿科学或者新兴科学通常是指近期出现的在某些方面对于人类社会技术进步具有明显的引导、推动作用的科学。如有的专家指出，"药品监管科学是国际新兴前沿交叉学科，是监管机构利用有限的已知科学（证据）去进行面向未来决策的工具，其核心是将科学发现转化为监管证据或者依据，纳入监管审评视野"。有的专家认为，"近年来，随着新技术、新材料、新工艺的发展，纳米产品、抗体药品、细胞治疗、免疫治疗、基因治疗、再生医学、药械组合等创新药品和医疗器械不断出现并投入临床应用，对这些新兴医疗产品如何监管，是新科技带来的重大挑战。监管科学研究必须紧跟科技进步和产业发展的步伐，开发新工具、制定新标准、研究新方法，助力提升药品监管工作的前瞻性、适应性和创造性"。食品药品安全监管属于科学与法治有机结合的一种现代监管。进入新时代，新技术、新材料、新工艺、新产品、新业态层出不穷，监管理念、制度、机制、工具、标准、方法存在相对滞后的风险，监管科学研究必须紧跟科技前沿，努力应对科学技术快速发展所带来的新挑战。

（四）监管科学具有创新性

食品药品监管科学是一门边缘科学或者交叉科学。边缘科学或者交叉科学是在两个或两个以上不同学科的边缘交叉领域生成的新科学的统称。从阿尔文·温伯格的"跨越科学""大科学"的萌芽期开始，食品药品监管科学就被称为交叉科学或者转化科学。有学者提出："药品监管科学是一门应用性的交叉学科，其应用多学科理论，研究从监管机构角度如何创新监管工具、标准、方法，促进医学科学发现尽快转化为有临床价值的治疗产品，提高监管机构对治疗产品安全性、有效性和质量评价的科学性和效能。监管科学涉及诸多自然科学学科群，包括医学、药学、统计学、诊断技术、信息技术等；也涉及诸多社会科学学科群，包括经济学、决策学、伦理学、法学等。""药品监管科学是一门跨界科学或者边缘科学，很难单纯用自然科学和社会科学进行严格区分，通过跨越交叉学科产生的新知识，已经不再单纯是自然科学范畴，虽然监管科学知识的产生很大程度上基于自然科学，但监管科学领域的新知识的产生过程则更多地通过社会科学的研究程序，如调研、意见征询、评论、共识程序、社会科学测量方法等得以实现，且最终的监管科学决策过程带有明显的文化背景、价值判断等社会科学特征。""监管科学是具有跨学科和多学科属性的一门学科，其依赖于大量的基础科学和应用科学，同时还包括了哲学、政治学、伦理学等人文学科或社会科学。"

（五）监管科学具有融合性

食品药品监管科学属于多领域、多学科融合的科学。日本学者认为，监管科学必须与实际监管相关。换句话说，它必须满足社会的需求，并将协助监管决策作为其首要任务。监管科学的研究结果在传统科学中可能不一定有价值，因为传统科学并不直接关注监管。无论是自然科学、社会科学、人文科学、管理科学，还是监管科学，都有其独特的研究范畴和发展规律。自然科学是研究大自然中有机或者无机的事物和现象的科学，其研究的对象是整个自然界，即自然界物质的类型、状态、属性及运动形式。社会科学是指以社会现象为研究对象的科学，其任务是研究并阐述各种社会现象及其发展规律。人文科学是一门研究人类社会、文化、价值观念和思想的综合性学科。它通过对人类历史、哲学、文学、艺术等领域的研究，探讨人类存在的意义和价值，推动人类文化的发展和传承。管理科学是以管理活动为研究对象的科学，是以科学方法应用为基础的各种管理决策理论和方法的统称，是自然科学与社会科学相互渗透并在其边缘上发展起来的学科。监管科学是以监管活动及其规律为研究对象，以提升监管工作质量与效率为目标，以监管工具、标准和方法创新为重点的一门新科学。

食品药品安全监管可以分为农业时代的食品药品安全监管、工业时代的食品药品安全监管和信息时代的食品药品安全监管。工业时代的食品药品安全监管强调科学性、统一性和规范性，信息时代的食品药品安全监管强调敏锐性、灵活性和适应性。面对新一轮科技革命和产业变革，国际食品药品安全监管工作面临着时空维度的双重困境。从时间上看，主要表现为监管理念、制度、机制和方式等跟不上时代的发展和社会的进步，监管工作日益相对滞后；从空间上看，主要表现为监管的碎片化，即统一监管的要求被人为分割成若干相互独立的社会单元。食品药品监管科学就是要有效解决监管工作如何"跟得上""联得紧""转得快"等诸多难题。

研究国际食品药品监管科学的定义，可以收获如下启示：第一，从新时代到来的角度看，食品药品监管科学概念的出现标志着食品药品监管融合创新时代的到来。食品药品监管科学概念的出现意味着或者标志着什么？有的认为，标志着科技化时代、职业化时代、标准化时代的到来；有的认为，标志着工业4.0时代的到来；有的认为，标志着食品药品研发与创新时代的到来；有的认为，标志着食品药品安全治理体系和治理能力现代化时代的到来；有的认为，标志着大数据监管时代的到来；有的认为，标志着中国食品药品产业新时代的到来。从"新时代"到来的角度看，食品药品监管科学的到来，意味着融合创新时代的到来。食品药品监管科学是科学与法治高度融合的一门专业性监管。从广义的角度来看，监管工具、监管标准和监管方法，属于体现科学属性的监管规则，为广义的"法治"。作为监管规则，其具有普遍性、稳定性、成熟性的优势，但其往往存在敏锐性、灵活性、适应性方面的不足。随着新一轮科技革命和产业革命的到来，新材料、新技术、新工艺、新产品、新业态日新月异，监管工作如果跟不上时代进步，食品药品监管部门就有可能成为产业创新发展的拦路虎和绊脚石。为适应新一轮科技革命和产业革命的到来，必须加快创新监管工具、标准和方法，努力提升监管的前瞻性、敏锐性、灵活性和适应性，让监管成为产业创新发展的引领者和助推者。监管科学解决的是食品药品监管的方法论问题，发展食品药品监管科学的根本目的就是推进食品药品监管融合创新，实现食品药品科学监管，促进产业创新发展。从这个意义上讲，食品药品监管科学是食品药品监管事业科学发展的重要基石。第二，从新力量产生的角度看，食品药品监管科学概念的出现呼唤着协同力量的产生。食品药品安全问题是重大的社会问题，食品药品安全问题的产生、问题的影响、问题的破解，具有很强的公共性和社会性，这就决定了食品药品安全治理需要社会多元力量的共同参与和协同推进。食品药品监管科学作为新时代食品药品监管工作的基础和路径，需要社会多元力量积极投入和深度参与。在推进食品药品监管科学发展中，高等院校、科研机构、食品药品企业、医疗机构等，是可以大有作为的"新力量"。无论是发达国家，还是发展中国家，加快推进食品药品监管科学研究，必须充分调动相关方的积极性和创造性。当前，在推进我国食品药品监管科学研究中，应当建立更加科学有效的机制，充分发挥监管科学研究基地和重点实验室的作用。

三、科学把握运行机制

党的十八大以来，我国食品药品产业快速发展，创新创造创业方兴未艾，监管改革创新疾步前行，成效显著。但必须清醒地看到，与新时代广大人民群众对幸福美好生活的要求相比，与发达国家推进食品药品监管战略相较，我国食品药品监管工作的基础还相对薄弱，监管资源和监管力量严重不足的问题仍然突出。2016 年 10 月，中共中央、国务院印发的《"健康中国 2030"规划纲要》明确提出，到 2030 年，我国要"跨入世界制药强国行列"，这一目标的提出对我国药品监管工作提出了更高的要求。为实现这一宏伟目标，新时代食品药品监管工作必须坚持以问题为导向，以创新为引领，大力发展监管科学，推进药品监管新工具、新标准和新方法的研究应用，加快实现药品监管体系和监管能力现代化。加快推进我国食品药品监管科学发展，在解决了基本定位和发展目标后，工作重心必将是完善运行机制，进一步提升监管工作的科学化、法治化、国际化、现代化水平。

（一）新型的合作交流机制

研究食品药品监管科学的发展史，可以深刻感受到，现有的食品药品监管机构，无论多么庞大与强大，都无法囊括所有领域的高端科技人才。科技越发达，社会越进步，食品药品监管机构资源越显得不足。食品药品监管机构是以科学为基石的专业监管机构，专业监管工作本身就体现着高端服务。这种高端服务包括制定监管政策、法律、标准、工具、方法、战略等，由监管执法人员、技术审评人员、检查检验人员、监测评价人员、食品药品企业等共同执行、一体遵循，以减少运行成本，提高治理效能。

我国食品药品产业规模巨大，但企业单体实力不强，食品药品监管部门面临着比发达国家更大的压力。与发达国家相比，目前我国食品药品监管机构最缺乏的就是"研究型"人才。以药品医疗器械审评审批工作为例，近几年，随着我国药品医疗器械审评审批制度改革的不断深化，药品医疗器械审评审批队伍不断壮大。国家药品监督管理局药品审评中心和医疗器械技术审评中心的审评员数量有所增加，但高级职称人员则有大幅度下降，审评人员队伍整体专业能力水平有待提升。药品医疗器械审评机构缺乏高端"研究型"人员，就难以抢占全球药品医疗器械审评高地。从发展战略看，深化我国药品医疗器械审评审批改革，必须充分利用社会资源，着力弥补目前研究型资源的严重不足。

在推进食品药品监管科学方面，食品药品监管部门和高等院校、科研机构都是供给方，也都是需求方，双方各有所短、各有所长。食品药品监管部门熟悉监管政策法规和管理，具有丰富的监管经验，但缺乏足够的研究人才和力量，应当积极与高等院校、科研机构合作，将部分研究任务交给科研人员。高等院校、科研机构熟悉科研技术和方法，具有科学研究的优势，但缺乏食品药品监管实践经验，应当积极与食品药品监管部门合作，在原有"基础研究"的基础上，加强"转化应用研究"，弥补自身监管经验的不足。这种合作属于理论与实践结合的高端合作，应当建立健全工作交流和沟通机制，密切协作，有效联动。同时，要认真研究推进企业等社会相关方参与的有效机制。食品药品监管科学离不开食品药品企业和行业的参与，对食品药品企业和行业缺乏深入了解和深刻洞察，就不可能产生真正的食品药品监管科学。发展食品药品监管科学，应当探索建立人才引进机制，把具有强烈的使命担当和宽广的研究视野，积极投身食品药品监管事业改革创新，致力于食品药品监管新制度、新工具、新标准、新方法研究的优秀人才，聚集到食品药品监管科学的旗帜下。

（二）科学的项目遴选机制

我国药品监管科学行动计划确定的重点研究项目，兼顾了我国药品监管急需和国际药品监管前沿，体现了目标需求、问题导向和突出重点、综合平衡的基本要求。在全球化、信息化时代，任何国家和地区都不可能完全垄断全球食品药品领域研发新技术、新产品。多年来，美国、欧盟、日本等发达国家和组织以及 ICH、IMDRF、GHWP 等国际监管协调机构不断开发食品药品监管新工具、新标准、新方法，在推进食品药品监管科学研究方面已取得不少成果。我们应当以更加开放的心态，充分利用好这些智慧成果，加快推进我国食品药品监管科学的发展。要坚持有所为有所不为，集中有限资源和宝贵力量，科学遴选确立我国食品药品监管科学重点项目，着力解决我国食品药品监管工作中面临的突出问题和特色需求。食品药品监管科学项目的遴选，应当坚持产业、研究、监管等多方面的有机结合。要认真倾听食品药品产业的意见，因为企业是先进生产力的代表。要认真倾听高等院校和科研机构的意见，因为他们是国际食品药品监管研究的"哨兵"。要认真倾听审评、检验、检查、评价机构的意见，因为他们是食品药品监管科学的直接需求方和直接受益者。

（三）有效的考核评价机制

中国药品监管科学行动计划启动以来，国家药品监督管理局先后在 14 所高等院校、科研机构建立了药品、医疗器械、化妆品监管科学研究基地。目前，各基地药品监管科学在研项目进展顺利，参与方研究热情高涨。然而，拿出掷地有声的研究成果，满足当前药品监管工作的急迫需求，则需要参与各方脚踏实地、精耕细作，久久为功。从目前研究项目看，除食品药品监管部门相关技术机构之外，高等院校、科研机构已成为我国发展食品药品监管科学重要的支撑力量。这些机构有自己独特的教学科研评价制度，应当在政策层面鼓励其积极探索创新，对从事食品药品监管科学研究的专家学者，采取特殊的评价和奖励政策，鼓励和支持更多的专家学者投入监管科学研究。监管部门应当加强项目管理，加大对各研究基地研究项目的投入，并对项目研究情况进行考核评价，跟踪问效，争取早出成果，快出成果，出好成果。

（四）高效的成果转化机制

促进食品药品监管科学更快更好发展，应当建立高效的科研成果转化平台。在这方面，FDA、EMA 有些做法值得借鉴。为促进监管科学成果快速转化为新工具，FDA 药品审评和研究中心下设转化科学办公室，该办公室下设生物统计学办公室、临床药理学办公室、计算科学办公室及研究完整性和监测办公室。转化科学办公室在促进科学技术转移、科学数据保存和挖掘、知识管理方面发挥领导作用，其主要职责之一就是促进药品审评研究中心内部各部门之间及药品审评研究中心与其他科学团体的科学合作，确保临床试验设计等监管科学研究成果的有效性，创新新药审评方式方法。长期以来，我国科研成果的转化相对滞后。当前，要积极借鉴发达国家的有益经验，建立监管部门、高等院校、科研机构、行业协会、生产经营企业共同参与的成果转化机制，以监管质量和效率的提升作为重要考核评价指标，不断强化食品药品监管科学成果的有效应用。

加强干部斗争精神和斗争本领养成，着力增强防风险、迎挑战、抗打压能力，带头担当作为，做到平常时候看得出来、关键时刻站得出来、危难关头豁得出来。

——习近平

第八章　治理能力

治理能力建设是食品药品安全治理的永恒主题。食品药品安全问题，既是重大的政治问题，也是重大的经济问题；既是重大的民生问题，也是重大的社会问题。全面提升食品药品安全治理科学化、法治化、国际化、现代化水平，必须大力加强食品药品安全治理能力建设。2019 年 5 月 9 日，《中共中央　国务院关于深化改革加强食品安全工作的意见》提出："到 2035 年，基本实现食品安全领域国家治理体系和治理能力现代化。"2021 年 4 月 27 日，《国务院办公厅关于全面加强药品监管能力建设的实施意见》（国办发〔2021〕16 号）提出："进一步提升药品监管工作科学化、法治化、国际化、现代化水平，推动我国从制药大国向制药强国跨越，更好满足人民群众对药品安全的需求。"

一、头等的治理大事

习近平总书记高度重视能力建设。早在 2013 年 11 月 12 日，习近平总书记在党的十八届三中全会第二次全体会议上强调："在推进改革中，要坚持正确的思想方法，坚持辩证法，处理好解放思想和实事求是的关系、整体推进和重点突破的关系、全局和局部的关系、顶层设计和摸着石头过河的关系、胆子要大和步子要稳的关系、改革发展稳定的关系，着力提高操作能力和执行力，确保中央决策部署及时准确落实到位。"2015 年 10 月 29 日，习近平总书记在党的十八届五中全会第二次全体会议上强调："坚持创新发展、协调发展、绿色发展、开放发展、共享发展，是关系我国发展全局的一场深刻变革。这五大发展理念相互贯通、相互促进，是具有内在联系的集合体，要统一贯彻，不能顾此失彼，也不能相互替代。哪一个发展理念贯彻不到位，发展进程都会受到影响。全党同志一定要提高统一贯彻五大发展理念的能力和水平，不断开拓发展新境界。"2017 年 9 月 29 日，习近平总书记在主持十八届中共中央政治局第四十三次集体学习时强调："我们要赢得优势、赢得主动、赢得未来，战胜前进道路上各种各样的拦路虎、绊脚石，必须把马克思主义作为看家本领，以更宽广的视野、更长远的眼光来思考把握未来发展面临的一系列重大问题，不断提高全党运用马克思主义分析和解决实际问题的能力，不断提高运用科学理论指导我们应对重大挑战、抵御重大风险、克服重大阻力、解决重大矛盾的能力。"2018 年 6 月 29 日，习近平总书记在主持十九届中共中央政治局第六次集体学习时强调："党的政治建设落实到干部队伍建设上，就要不断提高各级领导干部特别是高级干部把握方向、把握大势、把握全局的能力，辨别政治是非、保持政治定力、驾驭政治局面、防范政治风险的能力。提高政治能力，很重要的一条就是要善于从政治上分析问题、解决问题。只有从政治上分析问题才能看清本质，只有从政治上解决问题才能抓住根本。各级领导干部特别是高级干部要炼就一双政治慧眼，不畏浮云遮望眼，切实担负起党和人民赋予的政治责任。"2019 年 1 月 21 日，习近平总书记在省部级主要领导干部坚持底线思维着力防范化解重大风险专题研讨班开班式上强调："领导干部要加强理论修养，深入学习马克思主义基本理论，学懂弄通做实新时代中国特色社会主义思想，掌握贯穿其中的辩证唯物主义的世界观和方法论，提高战略思维、历史思维、辩证思维、创新思维、法治思维、底线思维能力，善于从纷繁复杂的矛盾中把握规律，不断积累经验、增长才干。"2020 年 11 月 16 日，习近平总书记在中央全面依法治国工作会议上强调："各级领导干部要坚决贯彻落实党中央关于全面依法治国的重大决策部署，带头尊崇法治、敬畏法律，了解法律、掌握法律，不断提高运用法治思维和法治方式深化改革、推动发展、化解矛盾、维护稳定、应对风险的能力，做尊法学法守法用法的模范。"2020 年 12 月 24—25 日，习近平总书记在主持中共中央政治局民主生活会时强调："讲政治必须提高政治判断力。我们党领导人民进行革命、建设、改革的历史进程反复证明了一个道理：政治上的主动是最有利的主动，政治上的被动是最危险的被动。增强政治判断力，就要以国家政治安全为大、以人民为重、以坚持和发展中国特色社会主义为本，增强科学把握形势变化、精准识别现象本质、清醒明辨行为是非、有效抵御风险挑战的能力。"2022 年 10 月 16 日，习近平总书记在中国共产党第二十次全国代表大会上强调："经过十八大以来全面从严治党，我们解决了党内许多突出问题，但党面临的执政考验、改革开放考验、市场经济考验、外部环境考验将长期存在，精神懈怠危险、能力不足危险、脱离群众危险、消极腐败危险将长期存在。""我国是一个发展中大国，仍处于社会主义初级阶段，正在经历广泛而深刻的社会变革，推进改革发展、调整利益关系往往牵一发而动全身。我们要善于通过历史看现实、透过现象看本质，把握好全局和局部、当前和长远、宏观和微观、主要矛盾和次要矛盾、特殊和一般的关系，不断提高战略思维、历史思维、辩证思维、系统思维、创新思维、法治思维、底线思维能力，为前瞻性思考、全局性谋划、整体性推进党和国家各项事业提供科学思想方法。"2022 年 12 月 26—27 日，习近平总书记在主持中共中央政治局民主生活会时强调，要牢固树立全国一盘棋思想，自觉在大局下行动，坚持小道理服从大道理、地方利益服从国家整体利益，不断提高战略思维、历史思维、辩证思维、系统思维、创新思维、法治思维、底线思维能力，切实做到前瞻性思考、全局性谋划、整体性推进各项事业。2023 年 2 月 7 日，习近平总书记在新进中央委员会的委员、候补委员和省部级主要领导干部学习贯彻习近平新时代中国特色社会主义思想和党的二十大精神研讨班开班式上强调，推进中国式现代化，是一项前无古人的开创性事业，必然会遇到各种可以预料和难以预料的风险挑战、艰难险阻甚至惊涛骇浪，必须增强忧患意识，坚持底线思维，居安思危、未雨绸缪，敢于斗争、善于斗争，通过顽强斗争打开事业发展新天地。要保持战略清醒，对各种风险挑战做到胸中有数；保持战略自信，增强斗争的底气；保持战略主动，增强斗争本领。要加强能力提升，让领导干部特别是年轻干部经受严格的思想淬炼、政治历练、实践锻炼、专业训练，在复杂严峻的斗争中经风雨、见世面、壮筋骨、长才干。

　　习近平总书记关于新时代全面加强能力建设的论述，涉及政治立场、理念思维、专业素质、工作方法、斗争精神等，是从事食品药品安全治理工作的根本遵循和行动指南。从事食品药品安全治理工作，必须全面推进治理能力建设。一要提高政治能力。要善于从政治上分析问题、解决问题，进一步提升政治判断力、政治领悟力、政治执行力，提高战略思维、历史思维、辩证思维、创新思维、法治思维、底线思维能力，保障食品药品安全治理始终朝着正确的方向前进。要全面贯彻落实习近平总书记关于加强食品药品安全工作的重大决策部署，将食品药品安全治理更好地融入党和国家工作大局，不断开拓食品药品安全治理新局面。二要提高专业能力。加强食品药品安全治理，防范食品药品安全风险，必须努力打造一支政治坚定、业务优良、作风过硬的专业队伍，全面提升队伍的职业化专业化能力和水平。三要提升社会治理能力。食品药品安全治理中经常会遇到来自多方面的各种可以预料和难以预料的风险挑战，必须总揽全局、协调各方，不断提升社会协调能力和水平。四要弘扬斗争精神。要坚持底线思维，增强忧患意识，发扬斗争精神，增强斗争本领，统筹发展和安全，善于预见形势发展走势和隐藏其中的风险挑战，在防范化解风险上勇于担责、善于履责、全力尽责，全力战胜前进道路上的各种困难和挑战，依靠顽强斗争打开事业发展新天地。

二、永恒的治理主题

从世界食品药品安全治理的历史进程看，食品药品安全治理的显著特征之一是高度重视治理体系和治理能力建设。关于治理体系与治理能力之间的关系，习近平总书记作出了精彩的论述。2014 年 2 月 17 日，习近平总书记在省部级主要领导干部学习贯彻十八届三中全会精神全面深化改革专题研讨班开班式上强调："国家治理体系和治理能力是一个国家的制度和制度执行能力的集中体现，两者相辅相成，单靠哪一个治理国家都不行。治理国家，制度是起根本性、全局性、长远性作用的。然而，没有有效的治理能力，再好的制度也难以发挥作用。同时，还要看到，国家治理体系和国家治理能力虽然有紧密联系，但又不是一码事，不是国家治理体系越完善，国家治理能力自然而然就越强。纵观世界，各国各有其治理体系，而各国治理能力由于客观情况和主观努力的差异又有或大或小的差距，甚至同一个国家在同一种治理体系下不同历史时期的治理能力也有很大差距。正是考虑到这一点，我们才把国家治理体系和治理能力现代化结合在一起提。"对食品药品安全治理而言，治理体系是治理能力的前提与基础，治理能力是治理体系的展示与实现。

21 世纪我国食品药品安全监管改革以来，党中央、国务院出台的一系列关于加强食品药品安全工作的重要文件都涉及有关治理能力建设的重要内容。如 2004 年 9 月 1 日，《国务院关于进一步加强食品安全工作的决定》（国发〔2004〕23 号）提出："加强基层执法队伍建设。基层食品安全监管是基础和重点，直接关系着食品安全监管的法律法规和各项工作部署能否落到实处。要加强基层执法队伍的思想建设、业务建设和作风建设，强化法律法规培训，提高队伍整体素质和依法行政的能力，做到严格执法、公正执法、文明执法；充实基层执法人员力量，严把人员'入口'，畅通'出口'，加强监督，严肃法纪；地方政府要切实改善执法装备和检验监测技术条件，保证办公办案和监督抽查等经费。"

2007 年 8 月 5 日，《国务院关于加强产品质量和食品安全工作的通知》（国发〔2007〕23 号）提出："加强监管能力建设。各监管部门要重心下移，抓基层，强基础，充实一线执法力量，加强一线监管工作。各级财政要增加投入，加强以各监管部门一线为重点的装备建设，配备一批先进设备，解决监管工作中存在的'检不了、检不出、检不准、检得慢'等突出问题。各监管部门要加强合作，充分利用现有的检验检测资源，提高检测技术水平和监管能力。"

2012 年 6 月 23 日，《国务院关于加强食品安全工作的决定》（国发〔2012〕20 号）提出："通过不懈努力，用 3 年左右的时间，使我国食品安全治理整顿工作取得明显成效，违法犯罪行为得到有效遏制，突出问题得到有效解决；用 5 年左右的时间，使我国食品安全监管体制机制、食品安全法律法规和标准体系、检验检测和风险监测等技术支撑体系更加科学完善，生产经营者的食品安全管理水平和诚信意识普遍增强，社会各方广泛参与的食品安全工作格局基本形成，食品安全总体水平得到较大幅度提高。"文件提出："强化监管手段，提高执法能力""增强分析处置能力，及时回应社会关切""开展农产品质量安全监管示范县创建，着力提高县级农产品质量安全监管执法能力""加强食品安全监管执法队伍的装备建设，重点增加现场快速检测和调查取证等设备的配备，提高监管执法能力""扩大监测范围、指标和样本量，提高食品安全监测水平和能力""加强监测数据分析判断，提高发现食品安全风险隐患的能力""加强风险预警相关基础建设，确保预警渠道畅通，努力提高预警能力""加强检验检测能力建设""提高应急处置能力""加强食品安全事故应急处置体系建设，提高重大食品安全事故应急指挥决策能力""提高应急风险评估、应急检验检测等技术支撑能力，提升事故响应、现场处置、医疗救治等食品安全事故应急处置水平""加大对食品企业技术进步和技术改造的支持力度，提高食品安全保障能力""加强食品安全学科建设和科技人才培养，建设具有自主创新能力的专业化食品安全科研队伍"等。

2019 年 5 月 9 日，《中共中央　国务院关于深化改革加强食品安全工作的意见》提出："到 2020 年，基于风险分析和供应链管理的食品安全监管体系初步建立。农产品和食品抽检量达到 4 批次/千人，主要农产品质量安全监测总体合格率稳定在 97% 以上，食品抽检合格率稳定在 98% 以上，区域性、系统性重大食品安全风险基本得到控制，公众对食品安全的安全感、满意度进一步提高，食品安全整体水平与全面建成小康社会目标基本相适应。到 2035 年，基本实现食品安全领域国家治理体系和治理能力现代化。食品安全标准水平进入世界前列，产地环境污染得到有效治理，生产经营者责任意识、诚信意识和食品质量安全管理水平明显提高，经济利益驱动型食品安全违法犯罪明显减少。食品安全风险管控能力达到国际先进水平，从农田到餐桌全过程监管体系运行有效，食品安全状况实现根本好转，人民群众吃得健康、吃得放心。"文件提出，要"建立食品安全现代化治理体系，提高从农田到餐桌全过程监管能力""强化风险监测、风险评估和供应链管理，提高风险发现与处置能力""创新监管理念、监管方式，堵塞漏洞、补齐短板，推进食品安全领域国家治理体系和治理能力现代化""积极探索建立质量追溯制度，加强烘干、存储和检验监测能力建设""深化综合执法改革，加强基层综合执法队伍和能力建设，确保有足够资源履行食品安全监管职责""依托国家级专业技术机构，开展基础科学和前沿科学研究，提高食品安全风险发现和防范能力""推进国家级、省级食品安全专业技术机构能力建设，提升食品安全标准、监测、评估、监管、应急等工作水平""严格检验机构资质认定管理、跟踪评价和能力验证，发展社会检验力量""完善食品安全事件预警监测、组织指挥、应急保障、信息报告制度和工作体系，提升应急响应、现场处置、医疗救治能力"等。

2019 年 7 月 9 日，《国务院办公厅关于建立职业化专业化药品检查员队伍的意见》（国办发〔2019〕36 号）提出："坚持职业化方向和专业性、技术性要求，到 2020 年底，国务院药品监管部门和省级药品监管部门基本完成职业化专业化药品检查员队伍制度体系建设。在此基础上，再用三到五年时间，构建起基本满足药品监管要求的职业化专业化药品检查员队伍体系，进一步完善以专职检查员为主体、兼职检查员为补充，政治过硬、素质优良、业务精湛、廉洁高效的职业化专业化药品检查员队伍，形成权责明确、协作顺畅、覆盖全面的药品监督检查工作体系。"文件提出，一要强化检查员业务培训。着眼检查能力提升，分类开展各类药品检查员培训，建立统一规范的职业化专业化药品检查员培训体系，构建教、学、练、检一体化的教育培训机制。创新培训方式，建立检查员岗前培训和日常培训制度，初任检查员通过统一培训且考试考核合格后，方可取得药品监管部门颁发的检查工作资质。加大检查员培训机构、培训师资建设力度，构筑终身培训体系。检查员每年接受不少于 60 学时的业务知识和法律法规培训。建立检查员实训基地，突出检查工作模拟实操训练，强化培训全过程管理和考核评估，切实提升培训成效。二要鼓励检查员提升能力水平。制定鼓励检查员提升专业素质和检查能力的具体措施，调动检查员参加集中培训、专业深造、个人自学的积极性和自觉性。推行检查员培训考核制度，进一步强化学习培训成果在年终考核、推优评先、职级调整、职务晋升等环节的运用。三要创新高素质检查员培养模式。鼓励药品监管部门与高等院校、科研机构建立联合培养机制，储备高素质检查人才。积极依托相关国际机构和非营利组织，努力培养能够深度参与国际药品监管事务的高水平检查员。

2020 年 7 月 28 日，《国家药监局关于进一步加强药品不良反应监测评价体系和能力建设的意见》（国药监药管〔2020〕20 号）提出："始终把确保人民群众健康权益放在首位，坚持科学化、法治化、国际化、现代化的发展方向和职业化、专业化的建设要求，持续加强药品不良反应监测评价体系建设，不断提高监测评价能力，全面促进公众用药用械用妆安全。到 2025 年，努力实现以下主要目标：（一）药品不良反应监测评价体系更加健全。科学制定药品不良反应监测评价技术体系发展规划，建立健全职责清晰、分工明确、系统完备、协同高效的药品不良反应监测评价技术体系。（二）药品不良反应监测评价制度更加完善。加快制修订法律法规相关配套文件，形成系统完善的药品不良反应监测评价规章制度和指导原则。（三）药品不良反应监测评价人才队伍全面加强。各级药品不良反应监测机构应当配备足够数量的具备监测评价能力的专业技术人才，培养一支政治坚定、业务精湛、作风过硬的药品监测评价队伍。（四）药品不良反应监测信息系统全面升级。丰富报告途径，提高数据质量，加强数据管理和分析，将药品不良反应监测信息纳入品种档案，强化信息共享和利用，支撑产品风险信号的识别管控。（五）药品不良反应监测评价方式方法不断创新。推进药品不良反应监测哨点（基地）建设，整合社会优势专业资源，创新监测评价模式，持续推进上市药品安全监测评价新方式新方法的研究与应用。（六）药品不良反应监测评价国际合作持续深化。推进与乌普萨拉监测中心在数据共享、人员交流、方法学研究方面的深度合作；及时转化实施 ICH 相关指导原则；积极参与相关国际组织在制修订药品、医疗器械、化妆品监测评价国际通用规则和技术指导原则方面的活动。"文件提出，各级药品监督管理部门要加快构建以药品不良反应监测机构为专业技术机构、持有人和医疗机构依法履行相关责任的"一体两翼"工作格局。围绕加强药品不良反应监测评价体系和能力建设目标，重点推进以下工作任务。一是进一步加强药品不良反应监测评价机构建设。二是加快完善药品不良反应监测评价制度体系。三是着力建设监测评价人才队伍。四是打造高效能国家药品不良反应监测信息系统。五是研究探索上市后药品安全监测评价新方法。六是指导和督促持有人落实药品安全主体责任。七是坚持和巩固医疗机构药品不良反应报告工作机制。八是持续提升公众对不良反应的认知水平。九是不断深化国际交流与合作。

2021 年 4 月 27 日，《国务院办公厅关于全面加强药品监管能力建设的实施意见》（国办发〔2021〕16 号）提出："党的十八大以来，药品监管改革深入推进，创新、质量、效率持续提升，医药产业快速健康发展，人民群众用药需求得到更好满足。随着改革不断向纵深推进，药品监管体系和监管能力存在的短板问题日益凸显，影响了人民群众对药品监管改革的获得感。"文件提出完善法律法规体系、提升标准管理能力、提高技术审评能力、优化中药审评机制、完善检查执法体系、完善稽查办案机制、强化监管部门协同、提高检验检测能力、提升生物制品（疫苗）批签发能力、建设国家药物警戒体系、提升化妆品风险监测能力、完善应急管理体系、完善信息化追溯体系、推进全生命周期数字化管理、提升"互联网+药品监管"应用服务水平、实施中国药品监管科学行动计划、提升监管队伍素质、提升监管国际化水平等具体措施。文件强调，要树立鲜明用人导向，坚持严管和厚爱结合、激励和约束并重，鼓励干部锐意进取、担当作为。加强人文关怀，努力解决监管人员工作和生活后顾之忧。优化人才成长路径，健全人才评价激励机制，激发监管队伍的活力和创造力。对作出突出贡献的单位和个人，按照国家有关规定给予表彰奖励，推动形成团结奋进、积极作为、昂扬向上的良好风尚。

为保障药品安全，促进药品高质量发展，推进药品监管体系和监管能力现代化，保护和促进公众健康，根据《中华人民共和国国民经济和社会发展第十四个五年规划和 2035 年远景目标纲要》，2021 年 10 月 20 日，国家药品监督管理局会同有关部门联合印发《"十四五"国家药品安全及促进高质量发展规划》。文件在肯定"十三五"时期我国药品安全监管体制机制逐步完善，药品质量和品种数量稳步提升，创新能力和服务水平持续增强，《"十三五"国家药品安全规划》发展目标和各项任务顺利完成的同时，分析认为我国药品安全监管面临的突出问题之一是，现代生物医药新技术、新方法、新商业模式日新月异，对传统监管模式和监管能力形成挑战。药品监管信息化水平需进一步提高，技术支撑体系建设有待加强。药品监管队伍力量与监管任务不匹配、监管人员专业能力不强的问题仍然较突出。为此，文件提出，"十四五"期末，药品监管能力整体接近国际先进水平，药品安全保障水平持续提升，人民群众对药品质量和安全更加满意、更加放心。具体说来，支持产业高质量发展的监管环境更加优化，疫苗监管达到国际先进水平，中药传承创新发展迈出新步伐，专业人才队伍建设取得较大进展，技术支撑能力明显增强。展望 2035 年，我国科学、高效、权威的药品监管体系更加完善，药品监管能力达到国际先进水平。药品安全风险管理能力明显提升，覆盖药品全生命周期的法规、标准、制度体系全面形成。药品审评审批效率进一步提升，药品监管技术支撑能力达到国际先进水平。药品安全性、有效性、可及性明显提高，有效促进重大传染病预防和难治疾病、罕见病治疗。医药产业高质量发展取得明显进展，产业层次显著提高，药品创新研发能力达到国际先进水平，优秀龙头产业集群基本形成，中药传承创新发展进入新阶段，基本实现从制药大国向制药强国跨越。文件提出，要加强技术支撑能力建设、加强专业人才队伍建设、加强智慧监管体系和能力建设、加强应急体系和能力建设。

2021 年 12 月 14 日，《国务院关于印发"十四五"市场监管现代化规划的通知》（国发〔2021〕30 号）提出，"十四五"时期的主要目标之一是"消费安全保障有力。安全大市场稳中向好，统筹发展和安全的监管机制不断健全，'四个最严'要求得到严格落实，食品药品等安全风险和市场运行风险有效防范，标本兼治的制度措施不断完善，消费者权益和社会公共利益得到有力保护"。文件在重点任务中提出"坚守安全底线，强化消费者权益保护"，统筹发展和安全，深入贯彻"四个最严"要求，对涉及人民群众身体健康和生命财产安全、公共安全的特殊行业、重点领域，加强全覆盖重点监管，强化消费者权益保护，构建和完善产品设施安全可靠、人民群众放心消费的安全大市场。为此，文件提出"食品安全放心工程"和"药品安全监管能力提升工程"，其中药品安全监管能力提升包括检验检测能力提升、检查能力提升、应急能力提升、智慧监管能力提升。

　　我国食品药品安全法律法规特别关注治理体系和治理能力建设，在不断推进风险的全面防控和责任的全面落实的基础上，不断强化治理体系的全面推进和治理能力的全面提升。如《食品安全法》规定，县级以上人民政府应当将食品安全工作纳入本级国民经济和社会发展规划，将食品安全工作经费列入本级政府财政预算，加强食品安全监督管理能力建设，为食品安全工作提供保障。食品生产经营企业应当配备食品安全管理人员，加强对其培训和考核。经考核不具备食品安全管理能力的，不得上岗。食品安全监督管理部门应当对企业食品安全管理人员随机进行监督抽查考核并公布考核情况。县级以上人民政府食品安全监督管理等部门应当加强对执法人员食品安全法律、法规、标准和专业知识与执法能力等的培训，并组织考核。不具备相应知识和能力的，不得从事食品安全执法工作。

　　《药品管理法》规定，县级以上人民政府应当将药品安全工作纳入本级国民经济和社会发展规划，将药品安全工作经费列入本级政府预算，加强药品监督管理能力建设，为药品安全工作提供保障。药品监督管理部门设置或者指定的药品专业技术机构，承担依法实施药品监督管理所需的审评、检验、核查、监测与评价等工作。对申请注册的药品，国务院药品监督管理部门应当组织药学、医学和其他技术人员进行审评，对药品的安全性、有效性和质量可控性以及申请人的质量管理、风险防控和责任赔偿等能力进行审查；符合条件的，颁发药品注册证书。药品上市许可持有人应当对受托药品生产企业、药品经营企业的质量管理体系进行定期审核，监督其持续具备质量保证和控制能力。药品上市许可持有人、药品生产企业、药品经营企业委托储存、运输药品的，应当对受托方的质量保证能力和风险管理能力进行评估，与其签订委托协议，约定药品质量责任、操作规程等内容，并对受托方进行监督。经国务院药品监督管理部门批准，药品上市许可持有人可以转让药品上市许可。受让方应当具备保障药品安全性、有效性和质量可控性的质量管理、风险防控和责任赔偿等能力，履行药品上市许可持有人义务。

　　《疫苗管理法》规定，县级以上人民政府应当将疫苗安全工作和预防接种工作纳入本级国民经济和社会发展规划，加强疫苗监督管理能力建设，建立健全疫苗监督管理工作机制。国家建设中央和省级两级职业化、专业化药品检查员队伍，加强对疫苗的监督检查。疫苗上市许可持有人应当具备疫苗生产能力；超出疫苗生产能力确需委托生产的，应当经国务院药品监督管理部门批准。接受委托生产的，应当遵守本法规定和国家有关规定，保证疫苗质量。

《医疗器械监督管理条例》规定，县级以上地方人民政府应当加强对本行政区域的医疗器械监督管理工作的领导，组织协调本行政区域内的医疗器械监督管理工作以及突发事件应对工作，加强医疗器械监督管理能力建设，为医疗器械安全工作提供保障。受理注册申请的药品监督管理部门应当对医疗器械的安全性、有效性以及注册申请人保证医疗器械安全、有效的质量管理能力等进行审查。国家支持医疗机构开展临床试验，将临床试验条件和能力评价纳入医疗机构等级评审，鼓励医疗机构开展创新医疗器械临床试验。

国际食品药品相关组织高度关注治理能力建设。如世界卫生组织于2002年发布的《全球食品安全战略》提出，在过去数十年间，传统的食品安全措施已被证明不能有效地控制食源性疾病，有组织、有系统地运用危险性分析方法是实现WHO减轻食源性疾病公共卫生负担的目标的最佳途径。加强能力建设和科学成果协调是WHO应发挥的重要作用，同时也是食品安全战略草案的重要组成部分，但这些必须与强有力的承诺和资源支持相结合，以通过有针对性的并以危险性分析为基础的预防行动来保证食品安全。《全球食品安全战略》的主要目标是降低食源性疾病对健康及社会的影响。实现这一主要目标的措施之一是加强发展中国家食品安全的能力建设。世界卫生大会（WHA）53.15号决议要求总干事支持成员国，尤其是不发达国家的能力建设，帮助他们全面参与法典制修订和其他委员会的工作，其中包括危险性分析。在发展中国家，自身能力的缺乏是实现WHO规定的食品安全目标的最大的障碍。由于落后，他们难于生产安全的食品供国内消费和出口。而具备能力的国家，则可以提高国内、国际的健康水平。调查、监控能力的提高对于一个国家是很重要的，可以使它能对食品安全风险进行评估，确定工作的优先重点并开展有效管理。成员国中的许多发展中国家正在考虑接受新的食品法规和管理体系。要建立更安全的食品运送系统，可借鉴发达国家的经验，建立以公共卫生的预防为基础，而不是以处罚为基础的食品安全规划。规划应包括赋予明确职责的法律条文，其包括预防在内，从整体上考虑减少食源性疾病的职权。能力建设包括促进与成员国卫生部及其他伙伴的技术合作和人力资源开发。提高国家食品安全能力，需要多个部门，如卫生部、农业部、贸易部、商业部和省市一级政府部门以及非政府组织的参与。他们之间的合作和协调是非常重要的。卫生部通常是国家级机构中最合适的领导部门。能力建设首先从对差距和需求进行评估开始，以保证所做的工作是适当的，并将消除这些不足，包括缺乏国家食品安全计划，过时的法律法规，缺乏食源性疾病调查，缺乏有组织的和训练有素的检查员，缺乏食品安全教具和培训的材料。关键步骤是加强地方的科技能力并建立有效的教育培训规划。WHO的地区办事处已经制定或正在制定区域食品安全战略，全球战略已将这些地区性战略的草案纳入考虑范围之内。成功的能力建设取决于地区办事处是否大力参与，确定食品安全需求和需要优先解决的问题。培训对提高能力仍然是很重要的。合作中心要更好地用于培训食源性疾病监测人员和实验室技术人员。这些中心还可用于协调地区性的食品安全行动，并通过创新达到食品安全目的。

从上述内容中可以看出，国际社会高度重视食品药品安全治理能力建设。一是治理能力建设是食品药品安全治理的基础性、全局性和战略性建设。只有全面加强食品药品安全治理能力建设，食品药品安全保障才有坚实的基础。没有强大的治理能力保障，即使是再完善的监管制度，也难以发挥其应有的作用。二是治理能力建设贯穿于食品药品安全治理的全过程。食品药品安全治理能力建设涉及法律、标准、审评、检验、检查、监测评价等，要坚持系统思维，全链条、全环节、全要素、全领域、全方位推进治理能力建设。三是治理能力建设必须统筹规划、突出重点。要把握好当前与长远、中央与地方、治标与治本等诸多关系，坚持问题导向和结果导向，强基础、补短板、破瓶颈、促提升，稳步推进治理能力上台阶、上层次、上水平。四是治理能力建设必须共同发力、整体推进。既要关注地方政府、监管部门的治理能力建设，也要关注企业、行业协会等单位和组织的治理能力建设，尤其要突出企业治理能力建设。

三、系统的治理工程

食品药品安全法律制度是由风险、责任、体系和能力构成的制度体系。相对于风险、责任和体系，目前有关能力的研究最为薄弱，尚未形成系统的能力建设理论体系。在治理实践中，往往会从不同的角度对能力进行划分，如科学治理能力、风险防控能力、质量（安全）管理能力、社会共治能力、应急管理能力、国际合作能力等。

第一，科学治理能力是食品药品安全治理能力的综合概括。从科学与现代的关系上看，科学治理能力可以表述为现代治理能力。科学治理能力是指遵循新时代食品药品安全治理规律，以科学技术和法律制度为支撑，实现高质量和高效率的治理能力。科学属性是食品药品安全治理的第一属性，科学原则是食品药品安全治理的第一原则，科学精神是食品药品安全治理的第一精神，科学方法是食品药品安全治理的第一方法，科学品格是食品药品安全治理的第一品格，科学风范是食品药品安全治理的第一风范。21世纪初，原国家食品药品监督管理局提出科学监管理念，着力解决"为何监管、怎样监管"的难题。2012年1月20日，《国务院关于印发国家药品安全"十二五"规划的通知》（国发〔2012〕5号）提出："坚持安全第一，科学监管。以确保人民群众用药安全为根本目的，以提高药品标准和药品质量为工作重心，完善监管体制，创新监管机制，依法科学实施监管。"2017年2月14日，《国务院关于印发"十三五"国家食品安全规划和"十三五"国家药品安全规划的通知》（国发〔2017〕12号）提出："牢固树立和贯彻落实创新、协调、绿色、开放、共享的发展理念，坚持最严谨的标准、最严格的监管、最严厉的处罚、最严肃的问责，加快建成药品安全现代化治理体系，提高科学监管水平，鼓励研制创新，全面提升质量，增加有效供给，保障人民群众用药安全，推动我国由制药大国向制药强国迈进，推进健康中国建设。""深化审评审批改革，提升监管水平。持续深化'放管服'改革，寓监管于服务之中，优化程序、精简流程、公开透明，完善科学监管机制，提升监管效率和水平。"2019年 4 月，国家药品监督管理局启动中国药品监管科学行动计划，创新监管工具、标准和方法，着力解决监管如何跟上时代发展的问题。2019 年 7 月9 日，《国务院办公厅关于建立职业化专业化药品检查员队伍的意见》（国办发〔2019〕36 号）提出："按照党中央、国务院关于加强药品安全监管的决策部署，遵循科学监管规律，深化药品监管体制机制改革，坚持源头严防、过程严管、风险严控，强化药品安全监督检查，切实保障人民群众身体健康和用药用械安全。""药品检查员队伍要落实药品注册现场检查、疫苗药品派驻检查以及属地检查、境外检查要求，积极配合药品监管稽查办案，落实有因检查要求，为科学监管、依法查办药品违法行为提供技术支撑。"这些文件都从全局建设上强调提升食品药品安全科学治理能力、现代治理能力。

第二，风险防控能力是食品药品安全治理的核心能力。风险治理是食品药品安全治理的根本要求。一部《食品安全法》，一部《药品管理法》，其核心内容都是风险的全面防控和安全的全面保障。21 世纪以来，党中央、国务院出台的有关食品药品安全治理的文件，几乎都涉及风险防控、风险治理等内容。风险防控能力建设是食品药品安全治理的基础性建设、根本性建设、全局性建设。2017 年 2 月 14 日，《国务院关于印发"十三五"国家食品安全规划和"十三五"国家药品安全规划的通知》（国发〔2017〕12 号）提出："健全医疗器械分类技术委员会及专业组，建立医疗器械产品风险评估机制和分类目录动态更新机制。""加快医疗器械国际标准研究转化，优先提高医疗器械基础通用标准和高风险类产品标准。""加强植入性等高风险医疗器械使用管理。""全面落实药物医疗器械警戒和上市后研究的企业主体责任，生产企业对上市产品开展风险因素分析和风险效益评价，及时形成产品质量分析报告并于每年 1 月底前报送食品药品监管总局。""淘汰长期不生产、临床价值小、有更好替代品种的产品，以及疗效不确切、安全风险大、获益不再大于风险的品种。""合理划分国家和地方抽验品种和项目，加大对高风险品种的抽验力度，扩大抽验覆盖面。""'十三五'期间实现对进口高风险医疗器械产品全覆盖检查。""每年开展 15 000 批次化妆品监督抽验和 1 000 批次化妆品风险监测。""口岸药品检验机构具备依据法定标准进行全项检验的能力和监测进口药品质量风险的能力。""开展各类数字诊疗装备、个体化诊疗产品、生物医用材料的质量评价、检测技术及检测规范研究，加强常用医疗器械快速检验系统、高风险医疗器械检验检测平台研究。""加强医疗器械安全性评价技术及标准体系研究，系统开展植入性等高风险医疗器械安全性研究，开展医用机器人、医用增材制造等创新医疗器械标准体系研究。"2021 年 4 月 27日，《国务院办公厅关于全面加强药品监管能力建设的实施意见》（国办发〔2021〕16 号）提出："加强省级药品监管部门对市县级市场监管部门药品监管工作的监督指导，健全信息通报、联合办案、人员调派等工作衔接机制，完善省、市、县药品安全风险会商机制，形成药品监管工作全国一盘棋格局。""提升化妆品风险监测能力。整合化妆品技术审评审批、监督抽检、现场检查、不良反应监测、投诉举报、舆情监测、执法稽查等方面的风险信息，构建统一完善的风险监测系统，形成协调联动的工作机制。推进化妆品安全风险物质高通量筛查平台、快检技术、网络监测等方面能力建设，逐步实现化妆品安全风险的及时监测、准确研判、科学预警和有效处置。""发挥追溯数据在风险防控、产品召回、应急处置等工作中的作用，提升监管精细化水平。""加强药品、医疗器械和化妆品监管大数据应用，提升从实验室到终端用户全生命周期数据汇集、关联融通、风险研判、信息共享等能力。""合理核定相关技术支撑机构的绩效工资总量，在绩效工资分配时可向驻厂监管等高风险监管岗位人员倾斜，更好体现工作人员的技术劳务价值。"《食品安全法》《药品管理法》《疫苗管理法》《医疗器械监督管理条例》《化妆品监督管理条例》及其配套规章制度，均对风险防控能力作出了明确而具体的规定。如《食品安全法》规定："国家建立食品安全风险监测制度，对食源性疾病、食品污染以及食品中的有害因素进行监测。""国家建立食品安全风险评估制度，运用科学方法，根据食品安全风险监测信息、科学数据以及有关信息，对食品、食品添加剂、食品相关产品中生物性、化学性和物理性危害因素进行风险评估。""食品安全风险评估结果是制定、修订食品安全标准和实施食品安全监督管理的科学依据。""县级以上人民政府食品安全监督管理部门和其他有关部门、食品安全风险评估专家委员会及其技术机构，应当按照科学、客观、及时、公开的原则，组织食品生产经营者、食品检验机构、认证机构、食品行业协会、消费者协会以及新闻媒体等，就食品安全风险评估信息和食品安全监督管理信息进行交流沟通。""县级以上人民政府食品安全监督管理部门根据食品安全风险监测、风险评估结果和食品安全状况等，确定监督管理的重点、方式和频次，实施风险分级管理。"《药品管理法》规定："对申请注册的药品，国务院药品监督管理部门应当组织药学、医学和其他技术人员进行审评，对药品的安全性、有效性和质量可控性以及申请人的质量管理、风险防控和责任赔偿等能力进行审查；符合条件的，颁发药品注册证书。""药品上市许可持有人、药品生产企业、药品经营企业委托储存、运输药品的，应当对受托方的质量保证能力和风险管理能力进行评估，与其签订委托协议，约定药品质量责任、操作规程等内容，并对受托方进行监督。""药品上市许可持有人应当建立年度报告制度，每年将药品生产销售、上市后研究、风险管理等情况按照规定向省、自治区、直辖市人民政府药品监督管理部门报告。""经国务院药品监督管理部门批准，药品上市许可持有人可以转让药品上市许可。受让方应当具备保障药品安全性、有效性和质量可控性的质量管理、风险防控和责任赔偿等能力，履行药品上市许可持有人义务。""药品上市许可持有人应当制定药品上市后风险管理计划，主动开展药品上市后研究，对药品的安全性、有效性和质量可控性进行进一步确证，加强对已上市药品的持续管理。""药品上市许可持有人应当开展药品上市后不良反应监测，主动收集、跟踪分析疑似药品不良反应信息，对已识别风险的药品及时采取风险控制措施。""药品监督管理部门应当对高风险的药品实施重点监督检查。"食品药品安全风险治理是从科学、行政和社会三个维度进行的系统治理，包括风险评估、风险管理和风险交流。风险评估突出科学性，风险管理突出行政性，风险交流突出社会性，三个方面只有有机结合才能协同发力。

第三，质量（安全）管理能力是食品药品安全治理的目标要求。风险防控能力和质量（安全）管理能力是一个事物的两个方面，风险防控的目的就是保障质量安全。《食品安全法》《药品管理法》《疫苗管理法》《医疗器械监督管理条例》《化妆品监督管理条例》等，高度重视质量（安全）管理，强调质量（安全）管理目标、质量（安全）管理体系等。如《药品管理法》规定："从事药品研制活动，应当遵守药物非临床研究质量管理规范、药物临床试验质量管理规范，保证药品研制全过程持续符合法定要求。""对申请注册的药品，国务院药品监督管理部门应当组织药学、医学和其他技术人员进行审评，对药品的安全性、有效性和质量可控性以及申请人的质量管理、风险防控和责任赔偿等能力进行审查；符合条件的，颁发药品注册证书。""药品上市许可持有人应当建立药品质量保证体系，配备专门人员独立负责药品质量管理。药品上市许可持有人应当对受托药品生产企业、药品经营企业的质量管理体系进行定期审核，监督其持续具备质量保证和控制能力。""药品上市许可持有人、药品生产企业、药品经营企业委托储存、运输药品的，应当对受托方的质量保证能力和风险管理能力进行评估，与其签订委托协议，约定药品质量责任、操作规程等内容，并对受托方进行监督。""药品生产企业应当对药品进行质量检验。不符合国家药品标准的，不得出厂。""从事药品经营活动，应当遵守药品经营质量管理规范，建立健全药品经营质量管理体系，保证药品经营全过程持续符合法定要求。国家鼓励、引导药品零售连锁经营。从事药品零售连锁经营活动的企业总部，应当建立统一的质量管理制度，对所属零售企业的经营活动履行管理责任。""医疗机构应当有与所使用药品相适应的场所、设备、仓储设施和卫生环境，制定和执行药品保管制度，采取必要的冷藏、防冻、防潮、防虫、防鼠等措施，保证药品质量。""药品监督管理部门根据监督管理的需要，可以对药品质量进行抽查检验。""国务院和省、自治区、直辖市人民政府的药品监督管理部门应当定期公告药品质量抽查检验结果；公告不当的，应当在原公告范围内予以更正。""药品监督管理部门应当对药品上市许可持有人、药品生产企业、药品经营企业和药物非临床安全性评价研究机构、药物临床试验机构等遵守药品生产质量管理规范、药品经营质量管理规范、药物非临床研究质量管理规范、药物临床试验质量管理规范等情况进行检查，监督其持续符合法定要求。"

第四，社会共治能力是食品药品安全治理的路径方法要求。食品药品安全问题具有社会性，必须组织和动员社会各方力量共同参与食品药品安全治理。社会共治包括推进党委领导、政府监管、企业负责、行业自律、社会协同、公众参与、媒体监督、法治保障等。以行业自律和媒体监督为例，如《食品安全法》规定："食品行业协会应当加强行业自律，按照章程建立健全行业规范和奖惩机制，提供食品安全信息、技术等服务，引导和督促食品生产经营者依法生产经营，推动行业诚信建设，宣传、普及食品安全知识。消费者协会和其他消费者组织对违反本法规定，损害消费者合法权益的行为，依法进行社会监督。""新闻媒体应当开展食品安全法律、法规以及食品安全标准和知识的公益宣传，并对食品安全违法行为进行舆论监督。""县级以上人民政府食品安全监督管理部门和其他有关部门、食品安全风险评估专家委员会及其技术机构，应当按照科学、客观、及时、公开的原则，组织食品生产经营者、食品检验机构、认证机构、食品行业协会、消费者协会以及新闻媒体等，就食品安全风险评估信息和食品安全监督管理信息进行交流沟通。"《药品管理法》规定："各级人民政府及其有关部门、药品行业协会等应当加强药品安全宣传教育，开展药品安全法律法规等知识的普及工作。新闻媒体应当开展药品安全法律法规等知识的公益宣传，并对药品违法行为进行舆论监督。有关药品的宣传报道应当全面、科学、客观、公正。""药品行业协会应当加强行业自律，建立健全行业规范，推动行业诚信体系建设，引导和督促会员依法开展药品生产经营等活动。"《医疗器械监督管理条例》规定："医疗器械行业组织应当加强行业自律，推进诚信体系建设，督促企业依法开展生产经营活动，引导企业诚实守信。"《化妆品监督管理条例》规定："化妆品行业协会应当加强行业自律，督促引导化妆品生产经营者依法从事生产经营活动，推动行业诚信建设。""消费者协会和其他消费者组织对违反本条例规定损害消费者合法权益的行为，依法进行社会监督。""国务院药品监督管理部门建立化妆品质量安全风险信息交流机制，组织化妆品生产经营者、检验机构、行业协会、消费者协会以及新闻媒体等就化妆品质量安全风险信息进行交流沟通。"

第五，应急管理能力是食品药品安全治理的最低要求。2019 年 11 月 29 日，习近平总书记在主持十九届中共中央政治局第十九次集体学习时强调："应急管理是国家治理体系和治理能力的重要组成部分，承担防范化解重大安全风险、及时应对处置各类灾害事故的重要职责，担负保护人民群众生命财产安全和维护社会稳定的重要使命。要发挥我国应急管理体系的特色和优势，借鉴国外应急管理有益做法，积极推进我国应急管理体系和能力现代化。"发生食品药品安全事件或者事故，相关各方必须能够做到及时、有效处置，最大限度地减少事件或者事故对公众健康和社会秩序的影响。《食品安全法》设立"食品安全事故处置"专章，明确政府应当制定食品安全事故应急预案，食品生产经营企业应当制定食品安全事故处置方案。发生食品安全事故的单位应当立即采取措施，防止事故扩大。县级以上人民政府食品安全监督管理部门接到食品安全事故的报告后，应当立即会同有关部门进行调查处理，并采取相应措施，防止或者减轻社会危害。《药品管理法》规定："县级以上人民政府应当制定药品安全事件应急预案。药品上市许可持有人、药品生产企业、药品经营企业和医疗机构等应当制定本单位的药品安全事件处置方案，并组织开展培训和应急演练。发生药品安全事件，县级以上人民政府应当按照应急预案立即组织开展应对工作；有关单位应当立即采取有效措施进行处置，防止危害扩大。"《疫苗管理法》规定："疫苗存在或者疑似存在质量问题的，疫苗上市许可持有人、疾病预防控制机构、接种单位应当立即停止销售、配送、使用，必要时立即停止生产，按照规定向县级以上人民政府药品监督管理部门、卫生健康主管部门报告。卫生健康主管部门应当立即组织疾病预防控制机构和接种单位采取必要的应急处置措施，同时向上级人民政府卫生健康主管部门报告。药品监督管理部门应当依法采取查封、扣押等措施。对已经销售的疫苗，疫苗上市许可持有人应当及时通知相关疾病预防控制机构、疫苗配送单位、接种单位，按照规定召回，如实记录召回和通知情况，疾病预防控制机构、疫苗配送单位、接种单位应当予以配合。"

第六，国际合作能力是全球食品药品安全治理的内在要求。2022 年 9 月 1 日，习近平总书记在《求是》杂志（2022 年第 17 期）发表文章《新发展阶段贯彻新发展理念必然要求构建新发展格局》，强调："我国经济已经深度融入世界经济，同全球很多国家的产业关联和相互依赖程度都比较高，内外需市场本身是相互依存、相互促进的。以国内大循环为主体，绝不是关起门来封闭运行，而是通过发挥内需潜力，使国内市场和国际市场更好联通，以国内大循环吸引全球资源要素，更好利用国内国际两个市场两种资源，提高在全球配置资源能力，更好争取开放发展中的战略主动。我国开放的大门不会关闭，只会越开越大。要科学认识国内大循环和国内国际双循环的关系，主动作为、善于作为，建设更高水平开放型经济新体制，实施更大范围、更宽领域、更深层次的对外开放。"当今的世界是全球化、信息化的世界。随着国际食品药品贸易的快速发展，食品药品安全问题早已超越国家和地区，形成全球共同关注的重大问题。在食品药品安全领域，国际社会应当坚持命运休戚与共的理念，加强治理体系和治理能力建设，共同推进全球食品药品安全治理的趋同、协调和信赖，共同保护和促进全球公众健康。

从现在起，中国共产党的中心任务就是团结带领全国各族人民全面建成社会主义现代化强国、实现第二个百年奋斗目标，以中国式现代化全面推进中华民族伟大复兴。

——习近平

第九章 治 理 模 式

党的二十大报告提出："从现在起，中国共产党的中心任务就是团结带领全国各族人民全面建成社会主义现代化强国、实现第二个百年奋斗目标，以中国式现代化全面推进中华民族伟大复兴。""中国式现代化"中的"中国式"，从某种意义上讲，就是中国模式或者中国范式。所谓模式，通常是指经过实践检验的可供他人模仿与借鉴的成熟的标准样式。有的认为，模式是指人们在生产生活实践中积累的经验的抽象和升华，是从不断重复出现的事件中抽象出来的规律，是由解决问题而形成的经验的高度归纳与系统总结；有的认为，模式是解决某一类问题的方法论，是把解决某一类问题的方法归纳到一定理论高度的范式；有的认为，模式是主体行为的一般方式，是理论和实践之间的中间环节，具有一般性、简单性、重复性、结构性、稳定性、成熟性、可操作性等显著特征。

改革开放以来，在探索我国社会主义现代化道路的进程中，"模式"一词被多次使用，如计划经济模式、市场经济模式、混合经济模式等。近年来，国务院及其他相关部门在推进产业发展、管理业态创新等方面提出了许多新模式，如外贸新业态新模式、跨境电商新业态新模式、消费新场景模式、供应链金融服务模式、服务型制造新模式、新型产业用地模式、集约紧凑型发展模式等。2017年10月18日，党的十九大报告提出："拓展对外贸易，培育贸易新业态新模式，推进贸易强国建设。""世界上没有完全相同的政治制度模式，政治制度不能脱离特定社会政治条件和历史文化传统来抽象评判，不能定于一尊，不能生搬硬套外国政治制度模式。"2022年10月16日，党的二十大报告提出："经济结构性体制性矛盾突出，发展不平衡、不协调、不可持续，传统发展模式难以为继，一些深层次体制机制问题和利益固化藩篱日益显现……""提高公共安全治理水平。坚持安全第一、预防为主，建立大安全大应急框架，完善公共安全体系，推动公共安全治理模式向事前预防转型。"

从 2003 年开始至今，我国食品药品安全治理创新已走过不平凡的 20 多年，从最初的理念创新、体制创新、制度创新、机制创新、方式创新，到今天的战略创新、模式创新和文化创新等。在以中国式现代化全面推进中华民族伟大复兴的今天，研究和探讨我国食品药品安全治理模式，具有十分特殊的意义。

一、监管模式与治理模式

2003 年，我国启动食品药品安全监管体制改革。2004 年，我国提出食品药品安全治理理念，推进食品药品安全治理模式。2017 年 10 月 18 日，党的十九大报告提出："明确全面深化改革总目标是完善和发展中国特色社会主义制度、推进国家治理体系和治理能力现代化……""必须坚持和完善中国特色社会主义制度，不断推进国家治理体系和治理能力现代化，坚决破除一切不合时宜的思想观念和体制机制弊端，突破利益固化的藩篱，吸收人类文明有益成果，构建系统完备、科学规范、运行有效的制度体系，充分发挥我国社会主义制度优越性。""综合分析国际国内形势和我国发展条件，从二〇二〇年到本世纪中叶可以分两个阶段来安排。""第一个阶段，从二〇二〇年到二〇三五年，在全面建成小康社会的基础上，再奋斗十五年，基本实现社会主义现代化。到那时……国家治理体系和治理能力现代化基本实现……""第二个阶段，从二〇三五年到本世纪中叶……实现国家治理体系和治理能力现代化……" 2019 年 10 月 31 日，党的十九届四中全会通过的《中共中央关于坚持和完善中国特色社会主义制度　推进国家治理体系和治理能力现代化若干重大问题的决定》提出："着力固根基、扬优势、补短板、强弱项，构建系统完备、科学规范、运行有效的制度体系，加强系统治理、依法治理、综合治理、源头治理，把我国制度优势更好转化为国家治理效能，为实现'两个一百年'奋斗目标、实现中华民族伟大复兴的中国梦提供有力保证。""坚持和完善中国特色社会主义制度、推进国家治理体系和治理能力现代化的总体目标是，到我们党成立一百年时，在各方面制度更加成熟更加定型上取得明显成效；到二〇三五年，各方面制度更加完善，基本实现国家治理体系和治理能力现代化；到新中国成立一百年时，全面实现国家治理体系和治理能力现代化，使中国特色社会主义制度更加巩固、优越性充分展现。""必须加强和创新社会治理，完善党委领导、政府负责、民主协商、社会协同、公众参与、法治保障、科技支撑的社会治理体系，建设人人有责、人人尽责、人人享有的社会治理共同体，确保人民安居乐业、社会安定有序，建设更高水平的平安中国。"

（一）治理模式的探索

在我国，食品药品安全领域是较早引入治理理念、推进治理模式的领域。在 2003 年食品药品安全监管体制改革启动后，我国在食品药品安全领域引入"治理"一词，并积极探索推进食品药品安全社会共治模式。2006 年 1 月 12 日，《中国食品质量报》刊发《迎接食品安全治理新时代的到来》一文。文章指出，从食品卫生、食品质量到食品安全，从具体监管到综合监督，这绝不仅仅是事物内涵和外延的简单调整，而是治理理念的深刻变革，它标志着食品安全治理新时代的到来。

2003 年 7 月 16 日，《国务院办公厅关于实施食品药品放心工程的通知》（国办发〔2003〕65 号）首次提出"实施食品药品放心工程"，要坚持"全国统一领导，地方政府负责，部门指导协调，各方联合行动"的方针。后来，在食品药品安全监管实践中，逐步形成了"全国统一领导、地方政府负责、部门指导协调、各方联合行动、社会广泛参与"的工作原则、工作机制和工作格局，这是我国食品药品安全社会共治理念的孕育。2013 年 6 月 17—27 日，我国举行全国食品安全宣传周，确立了"社会共治，同心携手维护食品安全"的主题。时任国务院副总理强调，要发挥社会主义的制度优势和市场机制的基础作用，多管齐下、内外并举，综合施策、标本兼治，构建企业自律、政府监管、社会协同、公众参与、法治保障的食品安全社会共治格局，凝聚起维护食品安全的强大合力。时任国家食品药品监督管理总局局长强调，保障食品安全，是需要政府监管责任和企业主体责任共同落实，行业自律和社会他律共同生效，市场机制和利益导向共同激活，法律、文化、科技、管理等要素共同作用的复杂的、系统的社会管理工程。只有形成社会各方良性互动、理性制衡、有序参与、有力监督的社会共治格局，才能不断破解食品安全的深层次制约因素，才能不断巩固食品安全的微观主体基础和社会环境基础。这次宣传周活动首次提出食品安全社会共治理念。2013 年 6 月，全国食品安全宣传周提出："构建企业自律、政府监管、社会协同、公众参与、法治保障的食品安全社会共治格局。"2017 年 2 月，国务院发布的《"十三五"国家食品安全规划》提出："加快形成企业自律、政府监管、社会协同、公众参与的食品安全社会共治格局。"2017 年 8 月，国家食品药品监管总局在对十二届全国人大五次会议相关建议的答复中提出："解决食品安全问题，必须建立企业负责、政府监管、行业自律、公众参与、媒体监督、法制保障的社会共治格局，切实做到人人有责、人人共享。"

2015 年 4 月 24 日，第十二届全国人民代表大会常务委员会第十四次会议修订的《食品安全法》第一次将"社会共治"确定为食品安全工作的基本原则之一，明确"食品安全工作实行预防为主、风险管理、全程控制、社会共治，建立科学、严格的监督管理制度。"后来制修订的《药品管理法》《疫苗管理法》《医疗器械监督管理条例》均将"社会共治"作为治理的基本原则之一。《药品管理法》规定："药品管理应当以人民健康为中心，坚持风险管理、全程管控、社会共治的原则，建立科学、严格的监督管理制度，全面提升药品质量，保障药品的安全、有效、可及。"《疫苗管理法》规定："国家对疫苗实行最严格的管理制度，坚持安全第一、风险管理、全程管控、科学监管、社会共治。"《医疗器械监督管理条例》规定："医疗器械监督管理遵循风险管理、全程管控、科学监管、社会共治的原则。"从监管理念到治理理念，从监管模式到治理模式，这在我国食品药品安全工作中具有重要的里程碑意义，食品药品安全工作的格局、视野、资源、力量、机制、方式都发生了重大变革与创新。食品药品安全问题是重大的社会问题。食品药品安全风险来源的广泛性、食品药品安全风险影响的社会性、食品药品安全治理措施的综合性等多种因素，决定食品药品安全工作应当实行社会共治，充分发挥各个方面在食品药品安全治理中的作用。破解食品药品安全问题这一重大社会问题，必须依靠社会多方的智慧和力量。今天，社会共治成为食品药品安全工作的基本原则和基本模式。社会共治贯穿于食品药品安全治理的全过程和各方面。社会共治能够实现从传统的自上而下型监管模式，转向上下结合的多方参与型共同治理模式，调动不同社会主体的积极性，使各方有序参与形成合力，达到更好的食品药品安全治理效果。社会共治是创新社会管理的新举措，是促进政府职能转变、实现公共利益最大化的重要途径，也是解决食品药品安全监管中存在的监管力量相对不足等突出问题的有效手段。社会共治已成为食品药品安全治理中最响亮的口号和最耀眼的旗帜。食品药品安全拥有最广泛的利益相关者，应当建立最紧密的命运共同体。如食品药品行业协会应当加强行业自律，引导食品药品生产经营者依法生产经营，推动行业诚信建设，宣传、普及食品药品安全知识。国家鼓励社会团体、基层群众性自治组织开展食品药品安全法律、法规以及食品药品安全标准和知识的普及工作，倡导健康的饮食方式，增强消费者食品药品安全意识和自我保护能力。新闻媒体应当开展食品药品安全法律、法规以及食品药品安全标准和知识的公益宣传，并对违法行为进行舆论监督。任何组织或者个人有权举报食品药品生产经营中的违法行为，依法向有关部门了解食品药品安全信息，对食品药品安全监督管理工作提出意见和建议。这些制度有着丰富的发展内涵和广阔的拓展空间。

　　关于治理与管理的关系，习近平总书记作出过深刻论述："治理和管理一字之差，体现的是系统治理、依法治理、源头治理、综合施策。"有学者指出："从传统'管理'到现代'治理'的跨越，虽只有一字之差，却是一个'关键词'的变化，是治国理政总模式包括权力配置和行为方式的一种深刻的转变。这是生产力对生产关系、经济基础对上层建筑的必然要求。"在食品药品安全领域，很长一段时间里我国实行传统的行政监管模式，实行从中央到地方的统一的行政管理体制，政府为食品药品安全监管的主体力量。经过多年的探索与实践，我国已确立党委领导、政府监管、企业负责、行业自律、社会协同、公众参与、媒体监督、法治保障的食品药品安全社会共治模式。

第一，治理是对传统监管的突破性变革。一般认为，监管关系是上下之间的命令与服从的关系，而治理关系是不同主体之间的管理与协作的关系。1995年，全球治理委员会发表的《我们的全球伙伴关系》提出："治理是各种公共的或私人的机构协调其内部共同事务的诸多方式的总和。它是使诸多不同的，甚至互相冲突的利益得以协调，以至采取联合行动的持续过程。它既包括有权迫使人们服从的正式制度安排，也包括各种由成员协商认可的非制度安排。"治理是共同发展目标支持下不同利益主体不断互动的运行过程。治理确认存在不同的利益主体，却又存在共同的利益追求。仅有不同的利益主体，而没有共同的利益追求，就不存在治理问题。共同的利益追求协调了不同利益主体之间的利益分散与冲突，形成了利益及命运的共同体。所以，治理不是单个利益主体的单边活动，而是多个利益主体的多边活动或者联合行动，这种活动是不同利益主体之间的协调与互动。如果说监管关系仅仅是纵向关系，那么，治理关系则是纵横交错的网状关系或者轮状关系。治理不是对监管的全盘否定，而是对监管的辩证扬弃。治理克服了监管的一元、单向、静态的局限，形成了多元、双向、动态的关系，即共建共治共享的关系。从监管到治理，不是否定而是成长，不是排斥而是扩容。

第二，监管始终是治理的主导要素或者核心力量。在不同国家的治理体系中，政府监管的地位和作用不同。在我国的不同历史发展阶段，政府、企业、市场、社会的关系也有所不同。在食品药品安全领域，在治理体系或者治理格局中，监管并没有缺失，仍然占据着重要地位，仍然是治理体系或者治理格局中的核心要素、关键方式。如在食品安全领域，政府及其他监管部门承担着食品安全标准、生产许可、监督检查、监督抽验、风险监测、应急处置、违法查处等职责。在药品安全领域，政府及其他监管部门承担着药品质量标准、产品注册、生产许可、监督检查、监督抽验、不良反应监测等职责。在食品药品安全工作中，必须巩固监管的"基本盘"，拓展治理的"新空间"，形成共治的"大格局"。实践证明，监管

"基本盘"越坚实，治理"新空间"越广阔。

（二）治理模式的成长

经过持续的努力，食品药品安全治理领域取得显著成效。一是治理理念已经确立，形成社会共识，逐步向制度、机制和体系转化，治理生态基本建立。二是治理制度日益完善，形成贡献褒奖、有奖举报、典型示范、风险交流等制度体系，治理基础日益巩固。三是治理机制逐步健全，形成激励与约束、褒奖与惩戒、动力与压力、自律与他律相结合的机制，治理内生动力不断增强。四是治理格局基本建立，多个平台或者载体助力社会多方协同保障食品药品安全，治理不断向高度和深度拓展。然而，全面构建食品药品安全治理新模式，还需积极推进从理念型治理到机制型治理、从权利型治理到义务型治理、从被动型治理到能动型治理的转化。

自 2003 年食品药品安全监管体制改革以来，许多地方积极探索食品药品安全治理模式创新。如 2017 年 12 月，中国食品药品网发表《从互联到物联，从透明到共治——食品安全治理模式创新路径初探》。文章指出，近年来，北海市食品药品监督管理局坚持现代信息管理理念，探索信息化建设项目试点，积极推动将"互联网＋"技术运用于食品药品安全监管，服务于北部湾经济圈食品药品监管同城一体化，扎实推进食品药品安全治理体系和治理能力现代化建设，构建监管共治新格局。一是以"互联网＋行政审批"构建便民高效的政务体系。通过"审批信息化、管理标准化、服务均等化"的载体，严格执行网上审批系统限时办结制，实行审批项目、流程、材料标准化，实现全市行政审批三级一体化的政务服务体系，打破了食品药品许可事项在行政审批时间和空间上的限制，缩短了行政审批事项办理时间，提高了办事服务效率，极大地方便了食品药品生产经营企业。二是以"互联网＋监管执法"构建科学快捷的监管体系。打造移动执法平台。具体地，采购移动执法终端设备配备至基层监管一线，基层执法人员手持移动执法终端，可以随时查询企业相关信息和相关法律法规，检查发现的问题可以拍照取证、上传系统。对检查中发现的问题，系统自动生成复查记录，提醒执法人员定时组织复查，确保问题整改到位。打造远程监控平台。具体地,推进食品药品重点区域和重点环节的全程监控,在规模以上及重点食品药品品种生产企业、重要餐饮单位、学校食堂等的关键环节点安装监控设施。监管人员可利用办公室电脑、监控中心大屏和手机等设备,实时观看监控场所的现场视频,实现全过程的远程视频监管,增强监管的针对性、及时性、高效性。三是以"互联网+产品溯源"构建质量安全的追溯体系。以流通环节中食品安全薄弱环节的农贸市场为切入点,积极探索食用农产品溯源体系建设。通过使用操作简单、成本低廉的二维码,扫码录入销售信息,为消费者提供准确而详细的销售主体信息及产品信息,有效维护消费者的合法权益。将食品种养殖、生产、经营、餐饮各个环节主体责任信息串联整合构成溯源网络,生长蝶变形成一个有升级活力的食品安全责任追溯体系。

2017 年 5 月,《当代法学》刊发刘畅的《论我国药品安全规制模式之转型》。文章指出,60 余年的药品监管实践表明,我国药品监管长期以来以政府监管为主,根据监管职能和监管手段的不同,可分为管控型模式、监管型模式、垂直管理型模式和属地管理型模式。党的十八届三中全会后,在全面推进国家治理体系和治理能力现代化的背景下,我国药品安全规制应从政府监管模式转变到社会共治模式。其中,规制主体应由一元主体向多元主体转变,规制手段应由刚性手段向柔性手段转变,规制机制应体现协调、激励和参与,法律责任应彰显风险预防功能。

2018 年 11 月,鄂尔多斯市人民政府网站发表《创新食药监管新模式,谱写食药安全新篇章》。文章指出,2018 年,杭锦旗市场监督管理局始终将食药安全作为重大的政治任务和民生工程来抓,紧紧围绕保障人民群众饮食用药安全这一中心任务,严格履行"四个最严"要求,通过"抓日常监管、监督抽检、执法办案、宣传教育"等措施,抓重点、破难点、创亮点,食药安全保障水平得到全面提升,市场监管工作再创新水平、再上新台阶。一是"五个强化"筑起食药安全防线,即强化日常监管、强化专项治理、强化稽查办案、强化抽样检查验、强化社会共治。二是"三个创新"织密"网底"、提升效能。体制创新,基层监管能力建设跑出"加速度";模式创新,智慧监管拔地而起;管理创新,构建信用管理体系。三是"三个到位"加压增责，扫除监管盲区。准入管理到位，组织领导到位，督导奖惩到位。成立专项督导组，经常深入一线督促检查工作，及时发现并纠正工作中存在的问题和不足。

2019 年 1 月，德州新闻网发表《我区筑牢食药安全防线——构建"三位一体"治理模式》。文章指出，德州市经济技术开发区以问题为导向，在监管资源短期内不可能大幅度增加的情况下，探索建立符合本地实际的食品药品社会共治模式，为此建立了以"群防、预警、科普"为主要内容的食品安全"三位一体"治理新模式。充分发挥网格员、专家队伍、行业协会、志愿者、媒体作用，构建起政府、社会、企业三方食品药品安全群防群治监督网络，实现食品药品安全监管底线牢固、源头约束、齐抓共管、无缝衔接，努力达到食品药品安全"风险控制在社区、问题解决在镇（街）、成效创优在全区"的目标。综合运用日常监管、执法办案、抽检检测、食品快检、举报投诉等手段，及时发现问题，消除隐患。对高风险产品、疑似问题产品、"黑名单"企业产品等，实行严格风险防控。深化行刑衔接，进一步完善打击食品药品安全违法行为常态机制，始终保持高压态势。

2023 年 9 月，中国食品报网发表《开发"四治协同"治理平台 嘉兴嘉善打造基层食品安全治理新模式》。文章指出，嘉兴市嘉善县以"有感服务、无感监管"为牵引，探索构建基层食品安全"四治协同"治理模式，通过"自治、法治、共治、数治"，构建风险隐患治理闭环机制，打造基层食品安全治理新模式。"自治"是该模式的主线。嘉善县着力压实主体责任，通过强化风险自控、隐患自纠和行业自律，推动主体自治。"法治"是该模式的底线。嘉善县着力夯实监管底座，强化行刑衔接，推动区域协作和部门联动，构建信息互通、执法互联、案件互送的协作机制。"共治"是该模式的关键。嘉善县首先压紧压实党政同责，全面落实三个 100%，召开食品安全委员会全体扩大会议并签订食品安全责任书。持续深化第三方协作监管，规范提升监管效能。"数治"是该模式的支撑。嘉善县高质量推进省级"阳光餐饮"街区建设。全县食品生产企业全部完成全球二维码迁移计划（GM2D）赋码转码，长三角示范区域内 GM2D

贯通工作有序推进，率先贯通"浙食链"和"浙农码"。为积极推进"四治协同"治理模式，嘉善县用"三重保障"筑基石。一是强化组织保障。制定《嘉善县基层食品安全"四治协同"工作方案》等文件，组建以分管县长为组长，食品安全委员会重点成员单位、各镇（街）为成员的领导小组，周计划晾晒、月复盘调度，统筹推进"四治协同"治理模式。二是强化技术保障。由嘉善县食品药品安全委员会办公室牵头，整合开发嘉善县基层食品安全"四治协同"治理平台。通过定期调度、定期协调、定期会商，及时破解技术难题，完善平台建设。三是强化机制保障。制定任务清单、责任清单、问题清单和成果清单"四张清单"，研究发布基层食品安全"四治协同"工作规范、平台操作指南、闭环处置流程、第三方协管人员绩效评价等系列工作机制，全域推广"四治协同"治理模式。嘉善县的"四治协同"治理模式聚焦基层食品安全风险治理，以无随意感、无任性感、无压迫感为准则，按照法律法规履行监管责任，通过"四治协同"，破解基层监管难题。

近来，多地市场监管部门创新推出食品药品安全治理新模式，持续激发多元社会力量共同参与食品药品安全治理，更好守护公众饮食用药安全。如上海市静安区芷江西路街道积极探索"食品安全+"模式，借力"食安达"数字化辅助平台，让小微食品经营企业经营更加规范，探索不同业态食品经营企业的"个性化"监管，打出一张"自治、共治、慧治"的食品安全治理新名片。"食安达"数字化辅助平台作为便捷化监管的辅助平台，主要围绕小微食品商户的主体责任及台账、索证索票数字化转型应用而设计。这一平台不仅辅助执法部门实现对小微食品经营企业的远程"个性化"监管，同时也给小微食品经营单位带来更大的便利，使其在从业人员数量不足、能力有限的情况下，便捷完成进货管理、从业人员食品安全培训、落实主体责任等，让小微食品经营单位享受"最优辅助"，感受芷江西路街道良好的营商环境。目前，该数字化辅助平台在芷江西路街道得到广泛使用，注册用户数达 230 户，包括小型餐饮企业、小食品店、菜市场等多种性质的食品经营单位，活跃度在 80% 以上，累计上传进货台账及录入各项主体责任条目达 100 余万数次。再如，安徽省合肥市构建三级联动网格化新模式。在日常工作中，合肥市市场监督管理局积极开创药品安全监管新模式。一是织密监管网络。组建网格化监管队伍，全市确定194名药品安全专兼职检查员，做到镇街全覆盖，检查员配备比例达128%。由县（市）区市场监管部门相关负责人担任联络员，做好联络对接、日常管理；由市级单位抽调业务骨干组成业务指导组，常态化加强日常业务指导。二是提升监管能力。注重"以检代教"，推动县区局及市场监管所执法人员参与市级执法部门专项行动，在检查、执法办案实践中提升专业化水平。各县（市）区实施全覆盖联合检查，每年局、市场监管所联合开展不少于1次药品安全监管专项检查。今年以来，市、县、所三级已组织联合检查53家次。三是跨区监管联查。聚焦药械化经营和使用环节监管重点，结合专项行动部署，定期组织各县（市）区局、市场监管所参与跨区域交叉互查，促进各辖区药品监管人员交流学习，提升监管业务水平。今年以来，全市已查处药械化相关案件61起，罚没款达75万余元，实现合肥市药品监管工作横向到边、纵向到底、条块结合、全覆盖、无盲区、无死角的工作格局。

　　上述食品药品安全治理模式的探索提供了许多重要启示。诚如有关专家所指出的，第一，治理必须多元参与。习近平总书记指出："在人民内部各方面广泛商量的过程，就是发扬民主、集思广益的过程，就是统一思想、凝聚共识的过程，就是科学决策、民主决策的过程，就是实现人民当家作主的过程。这样做起来，国家治理和社会治理才能具有深厚基础，也才能凝聚起强大力量。"治理不是单一的政府管理行为，而是社会各界广泛参与的活动。在治理模式下，政府、企业、社会和公民等各方面力量均可以参与维护共同利益的治理中。多元参与反映出当今社会的多元性、复杂性、互动性、融合性，有利于推动治理更加民主、透明、公正、高效、和谐。第二，治理必须协调合作。治理模式强调各利益相关方之间的协调与合作，通过对话、妥协与协商等方式，解决利益冲突，达到共赢的结果。不同利益主体之间的协调与合作，能够有效避免冲突的发生，最大限度地实现社会利益的最优化。第三，治理必须创新适应。随着社会的不断变迁和发展，治理模式应当不断创新与适应。治理模式应当能够及时调整和变革，以适应社会发展的需求。在面临复杂问题和挑战时，治理模式需要具备创新性和灵活性，不断探索新的解决方案和方法，使治理能够有效满足社会变革的需要。第四，治理必须持续推进。治理模式需要具备持续性和可持续发展的特点。治理不应当只是一时的行为，而是一个长期的过程。治理模式的建立和实施应当考虑长远的发展目标，并持续地进行评估和改进，以确保其可持续性。治理是不断追求理想模式的持续过程，必须随着组织内外环境和条件的变化而变化。理想的治理模式是善治，而善治的目标是最大限度地增进公共利益，即实现公共利益最大化，并在公共利益最大化的前提下实现参与者的利益。第五，治理必须公正公平。在治理模式中，公正公平是非常重要的价值观。治理过程应当是公正透明的，各利益相关方应当平等参与和获益。政策和决策的制定应当公平合理，不偏袒任何一方，确保资源的合理分配和社会的公平公正。总之，治理模式具有多元参与、协调合作、创新适应、持续推进、公正公平等特征。这些特征互相交织、互相影响，共同构成了一种有效的治理模式，能够更好地解决社会问题和推动社会发展。

二、市场监管模式与健康管理模式

我国食品药品安全治理模式的探索，与我国食品药品安全监管体制紧密相关。21 世纪以来，我国持续推进食品药品安全监管体制改革：在横向管理上，经历了从统一监管体制（卫生监管体制下）到多元监管体制、综合监管体制再到统一监管体制（市场监管体制下）的改革。长期以来，我国食品药品安全治理模式基本上是围绕两个方面展开的：在横向上，基本上是围绕食品安全监管体制与药品安全监管体制的关系展开的，或者说，基本上是围绕食品药品安全监管之间的统与分展开的。目前的食品药品安全治理模式是在市场监管体制下布局和展开的。21 世纪以来，围绕科学、统一、权威、高效的目标，我国持续深化食品药品安全监管体制改革。在多年的国务院《政府工作报告》中，食品药品安全治理体系的定位不尽相同。

（一）市场监管范畴

21 世纪以来，在国务院《政府工作报告》中，许多年份下将食品药品安全工作纳入整顿和规范市场秩序领域。如 2000 年，在第四部分"继续推进改革，全面加强管理"的"进一步整顿市场秩序"项下，提出："取缔非法药品市场，严肃查处医药购销中的违法行为。"

2002 年，在第五部分"继续大力整顿和规范市场经济秩序"的"全面展开，突出重点"项下，提出："进一步严厉打击各种制售假冒伪劣商品的违法犯罪活动，特别是狠狠打击严重危害人民生命健康的食品、药品、医疗器械等方面的制假售假行为。"

2004 年，在第二部分"2004 年主要任务"的第六项"抓住有利时机，深化经济体制改革"关于"加快社会信用体系建设"中，提出："加大整顿和规范市场秩序的力度，重点是继续抓好直接关系人民群众身体健康和生命安全的食品、药品等方面的专项整治。"

2005 年，在第一部分"过去一年工作回顾"的第三项"不失时机推进经济体制改革，扩大对外开放"中，提出："深入整顿和规范市场秩序，加强食品、药品安全监管，加大知识产权保护力度。"在第四部分"大力推进经济体制改革和对外开放"的第六项"加强市场体系建设"中，提出"深入整顿和规范市场秩序，重点是继续抓好直接关系人民群众身体健康和生命安全的食品、药品市场专项整治"。

2006 年，在第二部分"今年主要任务"的第六项"进一步推进改革开放"关于"继续深入整顿和规范市场秩序"中，提出："集中力量开展食品安全专项整治，严把市场准入关，加强生产和流通全过程的监管，让人民群众吃上安全、放心的食品。"

2007 年，在第一部分"2006 年工作回顾"分析"我国经济社会发展中仍然存在不少矛盾和问题"时，指出"一些涉及群众利益的突出问题解决得不够好。食品药品安全、医疗服务、教育收费、居民住房、收入分配、社会治安、安全生产等方面还存在群众不满意的问题"。在第四部分"推进社会主义和谐社会建设"的第三项"强化安全生产工作和整顿规范市场秩序"关于"坚持标本兼治，深入整顿和规范市场秩序"中，提出："大力开展食品安全专项整治，全面整顿药品市场秩序，保障人民群众饮食和用药安全。"

2008 年，在第一部分"过去五年工作回顾"的第二项"大力推进改革开放，注重制度建设和创新"关于"加强市场体系建设"中，提出"食品药品安全等专项整治取得明显成效"。在第二部分"2008 年主要任务"的第四项"加大节能减排和环境保护力度，做好产品质量安全工作"关于"加强产品质量安全工作"中，提出："一是加快产品质量安全标准制定和修订。今年要完成 7 700 多项食品、药品和其他消费品安全国家标准的制定修订工作，健全食品、药品和其他消费品安全标准体系；食品、消费品安全性能要求及其检测方法标准，都要采用国际标准。出口产品除符合国际标准外，还要符合进口国标准和技术法规的要求。""三是健全产品质量安全监管体系。严格执行生产许可、强制认证、注册备案制度，严把市场准入关。提高涉及人身健康和安全产品的生产许可条件和市场准入门槛。加强食品、药品等重点监管工作，严把进出口商品质量关。认真落实产品质量安全责任制。我们一定要让人民群众吃得放心、用得安心，让出口产品享有良好信誉。"

2009 年，在第一部分"2008 年工作回顾"分析"正面临前所未有的困难和挑战"时，指出："食品安全事件和安全生产重特大事故接连发生，给人民群众生命财产造成重大损失，教训十分深刻。"在第三部分"2009年主要任务"的第四项"加快转变发展方式，大力推进经济结构战略性调整"关于"全面提高产品质量和安全生产水平"中，提出："深入开展食品药品安全专项整治，健全并严格执行产品质量安全标准。实行严格的市场准入制度和产品质量追溯制度、召回制度。要让人民群众买得放心、吃得安心、用得舒心。"

2014 年，在第一部分"2013 年工作回顾"关于"改进社会治理方式，保持社会和谐稳定"中，提出："加强安全生产和市场监管。""重组食品药品监管机构，深入开展食品药品安全专项整治，对婴幼儿奶粉质量按照药品管理办法严格监管，努力让人民吃得放心、用得安心。"在分析

"前进道路上还有不少困难和问题"时，指出："住房、食品药品安全、医疗、养老、教育、收入分配、征地拆迁、社会治安等方面群众不满意的问题依然较多，生产安全重特大事故时有发生。"在第三部分"2014 年重点工作"的第八项"统筹做好保障和改善民生工作"中，提出："大力整顿和规范市场秩序，继续开展专项整治，严厉打击制售假冒伪劣行为。建立从生产加工到流通消费的全程监管机制、社会共治制度和可追溯体系，健全从中央到地方直至基层的食品药品安全监管体制。严守法规和标准，用最严格的监管、最严厉的处罚、最严肃的问责，坚决治理餐桌上的污染，切实保障'舌尖上的安全'。"

（二）健康管理范畴

21 世纪以来，在国务院《政府工作报告》中，许多年份下将食品药品安全工作纳入推进医药卫生事业改革发展领域。如 2006 年，在第二部分"今年主要任务"的第七项"高度重视解决涉及群众切身利益的问题"关于"突出抓好医疗卫生工作"中，提出："深化医疗卫生体制改革，深入整顿和规范医疗服务、药品生产流通秩序。""要支持中医药事业发展，充分发挥中医药在防病治病中的重要作用。"

2008 年，在第二部分"2008 年主要任务"的第六项"更加注重社会建设，着力保障和改善民生"关于"推进卫生事业改革和发展"中，提出："制定和实施扶持中医药和民族医药事业发展的措施。""建立国家基本药物制度和药品供应保障体系，保证群众基本用药和用药安全，控制药品价格上涨。"

2010 年，在第一部分"2009 年工作回顾"的第四项"着力改善民生，加快发展社会事业"关于"稳步推进医药卫生事业改革发展"中，提出："基本药物制度在 30% 的基层医疗卫生机构实施。""加强食品、药品安全专项整治。"在第二部分"2010 年主要任务"的第六项"着力保障和改善民生，促进社会和谐进步"关于"加快推进医药卫生事业改革发展"中，提出："在 60% 政府举办的基层医疗卫生机构实施基本药物制度，其他医疗机构也要优先选用基本药物。推进基本药物集中采购和统一配送。""扶持和促进中医药、民族医药事业发展。"

2011年，在第一部分"'十一五'时期国民经济和社会发展的回顾"分析"我国发展中不平衡、不协调、不可持续的问题依然突出"时，指出"食品安全问题比较突出"。在第三部分"2011年的工作"的第六项"加强社会建设和保障改善民生"关于"推进医药卫生事业改革发展"中，提出："在基层全面实施国家基本药物制度。建立完善基本药物保障供应体系，加强药品监管，确保用药安全，切实降低药价。""大力发展中医药和民族医药事业，落实各项扶持政策。"

2012年，在第一部分"2011年工作回顾"的第四项"切实保障和改善民生，解决关系群众切身利益的问题"关于"努力维护社会公共安全"中，提出："完善食品安全监管体制机制，集中打击、整治非法添加和违法生产加工行为。"在分析"我国经济社会发展仍然面临不少困难和挑战"时，指出"政府工作仍存在一些缺点和不足，节能减排、物价调控目标没有完成；征地拆迁、安全生产、食品药品安全、收入分配等方面问题还很突出，群众反映强烈"。在第三部分"2012年主要任务"的第六项"切实保障和改善民生"关于"大力推进医药卫生事业改革发展"中，提出："推进公立医院改革，实行医药分开、管办分开，破除以药补医机制。加强药品安全工作。""扶持和促进中医药和民族医药事业发展。"

2013年，在第一部分"过去五年工作回顾"关于"坚持把人民利益放在第一位，着力保障和改善民生"中，提出："深化医药卫生体制改革，建立新型农村合作医疗制度和城镇居民基本医疗保险制度，全民基本医保体系初步形成，各项医疗保险参保超过13亿人，加强城乡基层医疗卫生服务体系建设，建立基本药物制度并在基层医疗机构实施，公立医院改革试点稳步推进。"在分析"经济社会发展中还存在不少矛盾和问题"时，指出"社会矛盾明显增多，教育、就业、社会保障、医疗、住房、生态环境、食品药品安全、安全生产、社会治安等关系群众切身利益的问题不少，部分群众生活困难"。在第三部分"对今年政府工作的建议"的第三项"以保障和改善民生为重点，全面提高人民物质文化生活水平"关于"深化医药卫生事业改革发展"中，提出："巩固完善基本药物制度和基层医疗卫生机构运行新机制，加快公立医院改革，鼓励社会办医。扶持中医药和民族医药事业发展。"

2017年，在第一部分"2016年工作回顾"关于"大力深化改革开放，发展活力进一步增强"中，提出："扩大公立医院综合改革试点，深化药品医疗器械审评审批制度改革。"在分析"经济社会发展中还存在不少困难和问题"时，指出："在住房、教育、医疗、养老、食品药品安全、收入分配等方面，人民群众还有不少不满意的地方。"在第三部分"2017年重点工作任务"的第二项"深化重要领域和关键环节改革"关于"大力推进社会体制改革"中，提出："深化医疗、医保、医药联动改革。全面推开公立医院综合改革，全部取消药品加成，协调推进医疗价格、人事薪酬、药品流通、医保支付方式等改革。"在第四项"以创新引领实体经济转型升级"关于"加快培育壮大新兴产业"中，提出："全面实施战略性新兴产业发展规划，加快新材料、新能源、人工智能、集成电路、生物制药、第五代移动通信等技术研发和转化，做大做强产业集群。"在第八项"推进以保障和改善民生为重点的社会建设"关于"推进健康中国建设"中，提出："依法支持中医药事业发展。食品药品安全事关人民健康，必须管得严而又严。要完善监管体制机制，充实基层监管力量，夯实各方责任，坚持源头控制、产管并重、重典治乱，坚决把好人民群众饮食用药安全的每一道关口。"

2018年，在第一部分"过去五年工作回顾"的第四项"坚持全面深化改革，着力破除体制机制弊端，发展动力不断增强"中，提出："实施医疗、医保、医药联动改革，全面推开公立医院综合改革，取消长期实行的药品加成政策，药品医疗器械审批制度改革取得突破。"在第九项"坚持依法全面履行政府职能，着力加强和创新社会治理，社会保持和谐稳定"中，提出："改革完善食品药品监管，强化风险全程管控。"在分析"发展不平衡不充分的一些突出问题尚未解决"时，指出："在空气质量、环境卫生、食品药品安全和住房、教育、医疗、就业、养老等方面，群众还有不少不满意的地方。"在第三部分"对2018年政府工作的建议"的第三项"深化基础性关键领域改革"关于"推进社会体制改革"中，提出：

"深化公立医院综合改革，协调推进医疗价格、人事薪酬、药品流通、医保支付改革，提高医疗卫生服务质量，下大力气解决群众看病就医难题。"在第九项"提高保障和改善民生水平"关于"实施健康中国战略"中，提出："支持中医药事业传承创新发展。鼓励中西医结合。创新食品药品监管方式，注重用互联网、大数据等提升监管效能，加快实现全程留痕、信息可追溯，让问题产品无处藏身、不法制售者难逃法网，让消费者买得放心、吃得安全。"

2019 年，在第一部分"2018 年工作回顾"关于"坚持在发展中保障和改善民生，改革发展成果更多更公平惠及人民群众"中，提出："深化医疗、医保、医药联动改革。稳步推进分级诊疗。提高居民基本医保补助标准和大病保险报销比例。加快新药审评审批改革，17 种抗癌药大幅降价并纳入国家医保目录。"在关于"推进法治政府建设和治理创新，保持社会和谐稳定"中，提出："加强食品药品安全监管，严厉查处长春长生公司等问题疫苗案件。"在分析"发展面临的问题和挑战"时，指出："在教育、医疗、养老、住房、食品药品安全、收入分配等方面，群众还有不少不满意的地方。"在第三部分"2019 年政府工作任务"的第三项"坚持创新引领发展，培育壮大新动能"关于"促进新兴产业加快发展"中，提出："深化大数据、人工智能等研发应用，培育新一代信息技术、高端装备、生物医药、新能源汽车、新材料等新兴产业集群，壮大数字经济。"在第十项"加快发展社会事业，更好保障和改善民生"关于"保障基本医疗卫生服务"中，提出："支持中医药事业传承创新发展。加强健康教育和健康管理。药品疫苗攸关生命安全，必须强化全程监管，对违法者要严惩不贷，对失职渎职者要严肃查办，坚决守住人民群众生命健康的防线。"

2020 年，在第一部分"2019 年和今年以来工作回顾"中，提出："加强药物、疫苗和检测试剂研发。"在第八部分"围绕保障和改善民生，推动社会事业改革发展"关于"加强公共卫生体系建设"中，提出："用好抗疫特别国债，加大疫苗、药物和快速检测技术研发投入，增加防疫救治医疗设施，增加移动实验室，强化应急物资保障，强化基层卫生防疫。"

在关于"提高基本医疗服务水平"中，提出："促进中医药振兴发展，加强中西医结合。构建和谐医患关系。严格食品药品监管，确保安全。"

2021年，在第一部分"2020年工作回顾"关于"加强依法行政和社会建设，社会保持和谐稳定"中，提出："严格食品药品疫苗监管。"在第三部分"2021年重点工作"的第八项"切实增进民生福祉，不断提高社会建设水平"关于"推进卫生健康体系建设"中，提出："坚持中西医并重，实施中医药振兴发展重大工程。""强化食品药品疫苗监管。"

2022年，在第二部分"2022年经济社会发展总体要求和政策取向"中，提出："继续做好常态化疫情防控。坚持外防输入、内防反弹，不断优化完善防控措施，加强口岸城市疫情防控，加大对病毒变异的研究和防范力度，加快新型疫苗和特效药物研发，持续做好疫苗接种工作，更好发挥中医药独特作用，科学精准处置局部疫情，保持正常生产生活秩序。"在第三部分"2022年政府工作任务"的第九项"切实保障和改善民生，加强和创新社会治理"关于"提高医疗卫生服务能力"中，提出："推进药品和高值医用耗材集中带量采购，确保生产供应。强化药品疫苗质量安全监管。""逐步提高心脑血管病、癌症等慢性病和肺结核、肝炎等传染病防治服务保障水平，加强罕见病研究和用药保障。""坚持中西医并重，加大中医药振兴发展支持力度，推进中医药综合改革。"在关于"推进社会治理共建共治共享"中，提出："严格食品全链条质量安全监管。"

（三）社会管理范畴

21世纪以来，在国务院《政府工作报告》中，许多年份下将食品药品安全工作纳入加强和创新社会管理领域。如2001年，在第三部分"加强农业基础地位，努力增加农民收入"的"加快农业和农村经济结构调整"项下，提出："建立农产品市场信息、食品安全和质量标准与检测体系。"

2002年，在第三部分"积极推进经济结构调整和经济体制改革"的"加快产业结构优化升级"项下，提出："加快发展信息、生物、新材料等高新技术产业。继续抓好信息网络、新型电子元器件、集成电路、软件、新材料和中药现代化等高新技术产业化重大专项的组织实施。"

2004 年，在第一部分"一年来工作回顾"的第五项"推进体制创新，改革开放迈出重要步伐"中，提出："统一内外贸管理体制，调整了食品安全和安全生产监管体制。"

2008 年，在第二部分"2008 年主要任务"的第三项"推进经济结构调整，转变发展方式"关于"推进产业结构优化升级"中，提出："继续实施新型显示器、宽带通信与网络、生物医药等一批重大高技术产业化专项。"在第九项"加快行政管理体制改革，加强政府自身建设"关于"加强廉政建设"中，提出："加大专项治理力度，重点解决环境保护、食品药品安全、安全生产、土地征收征用和房屋拆迁等方面群众反映强烈的问题，坚决纠正损害群众利益的不正之风。"

2010 年，在第二部分"2010 年主要任务"的第二项"加快转变经济发展方式，调整优化经济结构"关于"大力培育战略性新兴产业"中，提出："要大力发展新能源、新材料、节能环保、生物医药、信息网络和高端制造产业。"在第八项"努力建设人民满意的服务型政府"关于"要全面正确履行政府职能，更加重视公共服务和社会管理"中，提出："加强食品药品质量监管，做好安全生产工作，遏制重特大事故发生。"

2011 年，在第一部分"'十一五'时期国民经济和社会发展的回顾"分析"我国发展中不平衡、不协调、不可持续的问题依然突出"时，指出"食品安全问题比较突出"。在第三部分"2011 年的工作"的第六项"加强社会建设和保障改善民生"关于"加强和创新社会管理"中，提出："完善食品安全监管体制机制，健全法制，严格标准，完善监测评估、检验检测体系，强化地方政府监管责任，加强监管执法，全面提高食品安全保障水平。"

2012 年，在第一部分"2011 年工作回顾"的第二项"加快转变经济发展方式，提高发展的协调性和产业的竞争力"关于"加快产业结构优化升级"中，提出："大力培育战略性新兴产业，新能源、新材料、生物医药、高端装备制造、新能源汽车快速发展，三网融合、云计算、物联网试点示范工作步伐加快。"在第四项"切实保障和改善民生，解决关系群众切身利益的问题"关于"努力维护社会公共安全"中，提出："完善食品安全监管体制机制，集中打击、整治非法添加和违法生产加工行为。"在分析"我国经济社会发展仍然面临不少困难和挑战"时，指出"政府工作仍存在一些缺点和不足，节能减排、物价调控目标没有完成；征地拆迁、安全生产、食品药品安全、收入分配等方面问题还很突出，群众反映强烈"。在第三部分"2012 年主要任务"的第六项"切实保障和改善民生"关于"加强和创新社会管理"中，提出："增强食品安全监管能力，提高食品安全水平。"

2013 年，在第一部分"过去五年工作回顾"关于"加快经济结构调整，提高经济发展的质量和效益"中，提出："清洁能源、节能环保、新一代信息技术、生物医药、高端装备制造等一批战略性新兴产业快速发展。"在第三部分"对今年政府工作的建议"的第三项"以保障和改善民生为重点，全面提高人民物质文化生活水平"关于"加强和创新社会管理"中，提出："食品药品安全是人们关注的突出问题，要改革和健全食品药品安全监管体制，加强综合协调联动，落实企业主体责任，严格从生产源头到消费的全程监管，加快形成符合国情、科学合理的食品药品安全体系，提升食品药品安全保障水平。"

2015 年，在第一部分"2014 年工作回顾"关于"创新社会治理，促进和谐稳定"中，提出："着力治理餐桌污染，食品药品安全形势总体稳定。""我们大力推进依法行政，国务院提请全国人大常委会制定修订食品安全法等法律 15 件，制定修订企业信息公示暂行条例等行政法规 38 件。"在分析"前进中的困难和挑战"时，指出："群众对医疗、养老、住房、交通、教育、收入分配、食品安全、社会治安等还有不少不满意的地方。"在第四部分"协调推动经济稳定增长和结构优化"中，提出："新兴产业和新兴业态是竞争高地。要实施高端装备、信息网络、集成电路、新能源、新材料、生物医药、航空发动机、燃气轮机等重大项目，把一批新兴产业培育成主导产业。"在第五部分"持续推进民生改善和社会建设"关于"加快健全基本医疗卫生制度"中，提出："积极发展中医药和民族医药事业。"在关于"加强和创新社会治理"中，提出："人的生命最为宝贵，要采取更坚决措施，全方位强化安全生产，全过程保障食品药品安全。"

2016 年，在第一部分"2015 年工作回顾"关于"促进社会和谐稳定，推动依法行政和治理方式创新"中，提出："推进食品安全创建示范行动。"在分析"我国发展中还存在不少困难和问题"时，指出："人民群众关心的医疗、教育、养老、食品药品安全、收入分配、城市管理等方面问题较多，环境污染形势仍很严峻，严重雾霾天气在一些地区时有发生。"在第三部分"2016 年重点工作"的第七项"切实保障改善民生，加强社会建设"关于"协调推进医疗、医保、医药联动改革"中，提出："深化药品医疗器械审评审批制度改革。""发展中医药、民族医药事业。""为了人民健康，要加快健全统一权威的食品药品安全监管体制，严守从农田到餐桌、从企业到医院的每一道防线，让人民群众饮食用药安全放心。"

2018 年，在第一部分"过去五年工作回顾"中，提出："坚持依法全面履行政府职能，着力加强和创新社会治理，社会保持和谐稳定。""改革完善食品药品监管，强化风险全程管控。"

2023 年，在第一部分"过去一年和五年工作回顾"的第三项"聚焦重点领域和关键环节深化改革，更大激发市场活力和社会创造力"关于"持续推进政府职能转变"中，提出："坚持放管结合，加强事中事后监管，严格落实监管责任，防止监管缺位、重放轻管，强化食品药品等重点领域质量和安全监管，推行'双随机、一公开'等方式加强公正监管，规范行使行政裁量权。"在第九项"切实保障和改善民生，加快社会事业发展"关于"提升医疗卫生服务能力"中，提出："推行药品和医用耗材集中带量采购，降低费用负担超过 4 000 亿元。""促进中医药传承创新发展、惠及民生。"在第二部分"对今年政府工作的建议"的第八项"保障基本民生和发展社会事业"中，提出："深化医药卫生体制改革，促进医保、医疗、医药协同发展和治理。""实施中医药振兴发展重大工程。"

2024 年，在第三部分"2024 年政府工作任务"的第一项"大力推进现代化产业体系建设，加快发展新质生产力"关于"积极培育新兴产业和未来产业"中，提出："加快前沿新兴氢能、新材料、创新药等产业发展，积极打造生物制造、商业航天、低空经济等新增长引擎。"在第十项"切实保障和改善民生，加强和创新社会治理"关于"维护国家安全和社会稳定"中，提出："严格食品、药品、特种设备等安全监管。"

从国务院《政府工作报告》的相关表述来看，可以得出以下基本结论：一是食品药品安全治理的模式定位与食品药品安全监管体制密切相关。多数年份的食品药品安全治理是在与监管体制密切相关的篇章中予以表述。二是食品药品安全治理的内容较为广泛，涉及产业发展、科技武装、质量安全、供应保障等，有的年份是在市场监管、健康管理、社会管理等篇章中分别表述食品药品安全治理的不同事项。三是食品药品安全治理具有多种属性，可以从不同维度进行审视。多年来，党中央、国务院根据经济社会发展的需要，不断研究探索食品药品安全监管体制，努力寻求最佳监管体制和最佳治理模式。

三、垂直管理模式与分级管理模式

21世纪以来，我国持续推进食品药品安全监管体制改革：在纵向管理上，经历了从垂直管理体制到分级管理体制的改革。在纵向上，我国食品药品安全治理模式基本上是围绕垂直管理与分级管理的关系展开的。目前的食品药品安全治理模式为市场监管体制下的分级管理模式。

（一）1998年监管体制改革

1998年3月10日，第九届全国人民代表大会第一次会议通过国务院机构改革方案。这次机构改革是改革开放以来国务院进行的第四次机构改革。按照党的十五大和十五届二中全会的要求，这次国务院机构改革的目标为：建立办事高效、运转协调、行为规范的政府行政管理体系，完善国家公务员制度，建设高素质的专业化行政管理队伍，逐步建立适应社会主义市场经济体制的有中国特色的政府行政管理体制。改革的原则为：按照社会主义市场经济的要求，转变政府职能，实现政企分开；按照精简、统一、效能的原则，调整政府组织结构，实行精兵简政；按照权责一致的原则，调整政府部门的职责权限，明确划分部门之间职责分工，完善行政运行机制；按照依法治国、依法行政的要求，加强行政体系的法制建设。这次机构改革，按照社会主义市场经济的要求，根据政企分开、依法行政和精简、统一、效能的原则，以建立办事高效、运转协调、行为规范、适应社会主义市场经济体制的行政管理体系为目标。1998 年行政管理体制改革，提出机关行政编制要精简 50%，是历次机构改革中人员精简力度最大的一次。改革后除国务院办公厅外，国务院组成部门由 40 个精简为 29 个，行政编制由原来的 3.23 万名减至 1.67 万名。

1998 年 6 月 11 日，国务院办公厅印发《国家药品监督管理局职能配置、内设机构和人员编制规定》（国办发〔1998〕35 号）。根据《国务院关于机构设置的通知》（国发〔1998〕5 号），组建国家药品监督管理局。国家药品监督管理局负责对药品（包括中药材、中药饮片、中成药、化学原料药及其制剂、抗生素、生化药品、生物制品、诊断药品、放射性药品、麻醉药品、毒性药品、精神药品、医疗器械、卫生材料、医药包装材料等）的研究、生产、流通、使用进行行政监督和技术监督。

卫生部移交给国家药品监督管理局的药政、药检职能包括：制订与修订药品管理法规及监督实施职能；制订和颁布药品、医用生物制品和生物材料的法定标准职能；审批新药、进口药品；负责药品的再评价、不良反应监测职能；核发药品、医用生物制品和生物材料的生产、经营及医院制剂的许可证职能；制订国家基本药物目录；管理麻醉药品、精神药品、毒性药品和放射性药品职能。

原国家医药管理局移交给国家药品监督管理局的药品生产流通监管职能包括：对医药产品的生产、经营实行监督以及组织实施药品生产质量、医药商品质量管理规范职能；对开办药品生产、经营企业的审查和医疗器械生产、经营企业的审批职能；制定医疗器械、卫生材料、医药包装材料等产品的国家标准和行业标准并监督实施和管理特种药械职能；审核医疗器械产品的市场准入和审批医疗器械广告职能；制订医药流通法规和负责药品的行政保护职能。

国家中医药管理局移交给国家药品监督管理局的中药监管职能包括：

负责中药生产经营企业开办审查、监督职能；制定中药产品的质量标准、技术标准、中药产品生产质量和商品质量管理规范职能；参与制定中药保护品种和中药基本药物目录及监管中药材集贸市场职能。

国家药品监督管理局设置办公室、药品注册司、医疗器械司、安全监管司、市场监督司、人事教育司、国际合作司等 7 个职能司（室），机关行政编制为 120 名。

这次机构改革，药品监管职责从卫生行政部门转移到药品监管部门。国家药品监督管理局为国务院直属机构，为国务院主管药品监督的行政执法机构。省级以下药品监管部门实施垂直管理。

（二）2003 年监管体制改革

2003 年 3 月 10 日，第十届全国人民代表大会第一次会议通过国务院机构改革方案。根据党的十六大提出的深化行政管理体制改革的任务和十六届二中全会审议通过的《关于深化行政管理体制和机构改革的意见》，这次国务院机构改革的主要任务是，加强食品安全和安全生产监管体制建设，在国家药品监督管理局基础上组建国家食品药品监督管理局，将国家经济贸易委员会管理的国家安全生产监督管理局改为国务院直属机构。根据《中华人民共和国国务院组织法》的规定，国务院组成部门的调整和设置，由全国人民代表大会审议批准。设立国务院国有资产监督管理委员会、中国银行业监督管理委员会，组建国家食品药品监督管理局，调整国家安全生产监督管理局的体制，将由新组成的国务院审查批准。

2003 年 4 月 25 日，国务院办公厅印发《国家食品药品监督管理局主要职责内设机构和人员编制规定》（国办发〔2003〕31 号）。根据第十届全国人民代表大会第一次会议批准的国务院机构改革方案和《国务院关于机构设置的通知》（国发〔2003〕8 号），在国家药品监督管理局基础上组建国家食品药品监督管理局。国家食品药品监督管理局是国务院综合监督食品、保健品、化妆品安全管理和主管药品监管的直属机构。国家食品药品监督管理局继续承担原国家药品监督管理局的职责，增加食品、保健品、化妆品安全管理的综合监督、组织协调和依法组织开展对重大事故查处的职责，划入卫生部承担的保健品审批职责。国家食品药品监督管理局设办公室（规划财务司）、政策法规司、食品安全协调司、食品安全监察司、药品注册司、医疗器械司、药品安全监管司、药品市场监督司、人事教育司、国际合作司等10个职能机构，机关行政编制为180名（含国家食品安全监察专员编制）。国家食品安全监察专员受国家食品药品监督管理局的委托，监督检查有关部门、单位对重点环节和重点领域食品、保健品、化妆品重大安全危害因素的监控与整改情况，参加对重大、特大事故的调查处理和应急救援工作。

在这次机构改革中，国家食品药品监督管理局在原国家药品监督管理局药品监管职责的基础上增加食品、保健品、化妆品安全管理的监督职责，继续为国务院直属机构。省级以下食品药品监督管理部门实施垂直管理。

（三）2008 年监管体制改革

2008 年 3 月 15 日，第十一届全国人民代表大会第一次会议通过新的国务院机构改革方案。国务院机构改革是深化行政管理体制改革的重要组成部分。按照精简统一效能的原则和决策权、执行权、监督权既相互制约又相互协调的要求，着力优化组织结构，规范机构设置，完善运行机制，为全面建设小康社会提供组织保障。深化行政管理体制改革的总体目标是，到 2020 年建立起比较完善的中国特色社会主义行政管理体制。这次国务院机构改革的主要任务是，围绕转变政府职能和理顺部门职责关系，探索实行职能有机统一的大部门体制，合理配置宏观调控部门职能，加强能源环境管理机构，整合完善工业和信息化、交通运输行业管理体制，以改善民生为重点加强与整合社会管理和公共服务部门。国务院机构改革方案的主要内容之一是国家食品药品监督管理局改由卫生部管理。卫生部承担食品安全综合协调、组织查处食品安全重大事故的责任。这次机构改革突出了三个重点：一是加强和改善宏观调控，促进科学发展；二是着眼于保障和改善民生，加强社会管理和公共服务；三是按照探索职能有机统一的大部门体制要求，对一些职能相近的部门进行整合，实行综合设置，理顺部门职责关系。

2008 年 7 月 10 日，国务院办公厅印发《国家食品药品监督管理局主要职责内设机构和人员编制规定》（国办发〔2008〕100 号）。根据《国务院关于部委管理的国家局设置的通知》（国发〔2008〕12 号），设立国家食品药品监督管理局（副部级），为卫生部管理的国家局。将综合协调食品安全、组织查处食品安全重大事故的职责划给卫生部。将卫生部食品卫生许可，餐饮业、食堂等消费环节食品安全监管和保健食品、化妆品卫生监督管理的职责，划入国家食品药品监督管理局。国家食品药品监督管理局设办公室（规划财务司）、政策法规司、食品许可司、食品安全监管司、药品注册司（中药民族药监管司）、医疗器械监管司、药品安全监管司、稽查局、人事司、国际合作司（港澳台办公室）等 10 个内设机构（副司局级），机关行政编制为 197 名。

这次机构改革对国家食品药品监督管理局主要有两个方面的变化：一是国家食品药品监督管理局由国务院直接管理，改为由卫生部直接管理；二是国家食品药品监督管理局由负责食品、保健品、化妆品安全管理的监督，调整为负责食品安全具体监管。省级以下食品药品监督管理部门继续实施垂直管理。

（四）2013 年监管体制改革

2013 年 2—3 月，党的十八届二中全会和第十二届全国人民代表大会第一次会议审议通过《国务院机构改革和职能转变方案》。根据党的十八大和十八届二中全会精神，这次深化国务院机构改革和职能转变，按照建立中国特色社会主义行政体制目标的要求，以职能转变为核心，继续简政放权、推进机构改革、完善制度机制、提高行政效能，加快完善社会主义市场经济体制，为全面建成小康社会提供制度保障。

"为加强食品药品监督管理，提高食品药品安全质量水平，将国务院食品安全委员会办公室的职责、国家食品药品监督管理局的职责、国家质量监督检验检疫总局的生产环节食品安全监督管理职责、国家工商行政管理总局的流通环节食品安全监督管理职责整合，组建国家食品药品监督管理总局。主要职责是，对生产、流通、消费环节的食品安全和药品的安全性、有效性实施统一监督管理等。将工商行政管理、质量技术监督部门相应的食品安全监督管理队伍和检验检测机构划转食品药品监督管理部门。""保留国务院食品安全委员会，具体工作由国家食品药品监督管理总局承担。国家食品药品监督管理总局加挂国务院食品安全委员会办公室牌子。""新组建的国家卫生和计划生育委员会负责食品安全风险评估和食品安全标准制定。农业部负责农产品质量安全监督管理。将商务部的生猪定点屠宰监督管理职责划入农业部。""不再保留国家食品药品监督管理局和单设的国务院食品安全委员会办公室。"

2013 年 4 月 18 日，《国务院关于地方改革完善食品药品监督管理体制的指导意见》（国发〔2013〕18 号）发布。文件指出："食品药品安全是重大的基本民生问题，党中央、国务院高度重视，人民群众高度关切。近年来，国家采取了一系列重大政策举措，各地区、各有关部门认真抓好贯彻落实，不断加大监管力度，我国食品药品安全保障水平稳步提高，形势总体稳定趋好。但实践中食品监管职责交叉和监管空白并存，责任难以完全落实，资源分散配置难以形成合力，整体行政效能不高。同时，人民群众对药品的安全性和有效性也提出了更高要求，药品监督管理能力也需要加强。改革完善食品药品监管体制，整合机构和职责，有利于政府职能转变，更好地履行市场监管、社会管理和公共服务职责；有利于理顺部门职责关系，强化和落实监管责任，实现全程无缝监管；有利于形成一体化、广覆盖、专业化、高效率的食品药品监管体系，形成食品药品监管社会共治格局，更好地推动解决关系人民群众切身利益的食品药品安全问题。"为确保食品药品监管工作上下联动、协同推进，平稳运行、整体提升，各地区要充分认识改革完善食品药品监管体制的重要性和紧迫性，切实履行对本地区食品药品安全负总责的要求，抓紧抓好本地区食品药品监管体制改革和机构调整工作。"地方食品药品监管体制改革，要全面贯彻党的十八大和十八届二中全会精神，以邓小平理论、'三个代表'重要思想、科学发展观为指导，以保障人民群众食品药品安全为目标，以转变政府职能为核心，以整合监管职能和机构为重点，按照精简、统一、效能原则，减少监管环节、明确部门责任、优化资源配置，对生产、流通、消费环节的食品安全和药品的安全性、有效性实施统一监督管理，充实加强基层监管力量，进一步提高食品药品监督管理水平。"

一是整合监管职能和机构。为了减少监管环节，保证上下协调联动，防范系统性食品药品安全风险，省、市、县级政府原则上参照国务院整合食品药品监督管理职能和机构的模式，结合本地实际，将原食品安全办、原食品药品监管部门、工商行政管理部门、质量技术监督部门的食品安全监管和药品管理职能进行整合，组建食品药品监督管理机构，对食品药品实行集中统一监管，同时承担本级政府食品安全委员会的具体工作。地方各级食品药品监督管理机构领导班子由同级地方党委管理，主要负责人的任免须事先征求上级业务主管部门的意见，业务上接受上级主管部门的指导。

二是整合监管队伍和技术资源。参照《国务院机构改革和职能转变方案》关于"将工商行政管理、质量技术监督部门相应的食品安全监督管理队伍和检验检测机构划转食品药品监督管理部门"的要求，省、市、县各级工商部门及其基层派出机构要划转相应的监管执法人员、编制和相关经费，省、市、县各级质监部门要划转相应的监管执法人员、编制和涉及食品安全的检验检测机构、人员、装备及相关经费，具体数量由地方政府确定，确保新机构有足够力量和资源有效履行职责。同时，整合县级食品安全检验检测资源，建立区域性的检验检测中心。

三是加强监管能力建设。在整合原食品药品监管、工商、质监部门现有食品药品监管力量基础上，建立食品药品监管执法机构。要吸纳更多的专业技术人员从事食品药品安全监管工作，根据食品药品监管执法工作需要，加强监管执法人员培训，提高执法人员素质，规范执法行为，提高监管水平。地方各级政府要增加食品药品监管投入，改善监管执法条件，健全风险监测、检验检测和产品追溯等技术支撑体系，提升科学监管水平。食品药品监管所需经费纳入各级财政预算。

四是健全基层管理体系。县级食品药品监督管理机构可在乡镇或区域设立食品药品监管派出机构。要充实基层监管力量，配备必要的技术装备，填补基层监管执法空白，确保食品和药品监管能力在监管资源整合中都得到加强。在农村行政村和城镇社区要设立食品药品监管协管员，承担协助执法、隐患排查、信息报告、宣传引导等职责。要进一步加强基层农产品质量安全监管机构和队伍建设。推进食品药品监管工作关口前移、重心下移，加快形成食品药品监管横向到边、纵向到底的工作体系。

这次机构改革，标志着我国食品安全从分散监管走上统一监管的道路。经过 10 年的持续努力，我国食品安全监管体制改革的核心任务已基本完成。

（五）2018 年监管体制改革

2018 年 2 月 28 日，中国共产党第十九届中央委员会第三次全体会议通过《深化党和国家机构改革方案》。2018 年 3 月，中共中央印发《深化党和国家机构改革方案》。文件提出："在新的历史起点上深化党和国家机构改革，必须全面贯彻党的十九大精神，坚持以马克思列宁主义、毛泽东思想、邓小平理论、'三个代表'重要思想、科学发展观、习近平新时代中国特色社会主义思想为指导，牢固树立政治意识、大局意识、核心意识、看齐意识，坚决维护以习近平同志为核心的党中央权威和集中统一领导，适应新时代中国特色社会主义发展要求，坚持稳中求进工作总基调，坚持正确改革方向，坚持以人民为中心，坚持全面依法治国，以加强党的全面领导为统领，以国家治理体系和治理能力现代化为导向，以推进党和国家机构职能优化协同高效为着力点，改革机构设置，优化职能配置，深化转职能、转方式、转作风，提高效率效能，积极构建系统完备、科学规范、运行高效的党和国家机构职能体系，为决胜全面建成小康社会、开启全面建设社会主义现代化国家新征程、实现中华民族伟大复兴的中国梦提供有力制度保障。"

"深化国务院机构改革，要着眼于转变政府职能，坚决破除制约使市场在资源配置中起决定性作用、更好发挥政府作用的体制机制弊端，围绕推动高质量发展，建设现代化经济体系，加强和完善政府经济调节、市场监管、社会管理、公共服务、生态环境保护职能，结合新的时代条件和实践要求，着力推进重点领域、关键环节的机构职能优化和调整，构建起职责明确、依法行政的政府治理体系，增强政府公信力和执行力，加快建设人民满意的服务型政府。"

"组建国家市场监督管理总局。改革市场监管体系，实行统一的市场监管，是建立统一开放竞争有序的现代市场体系的关键环节。为完善市场监管体制，推动实施质量强国战略，营造诚实守信、公平竞争的市场环境，进一步推进市场监管综合执法、加强产品质量安全监管，让人民群众买得放心、用得放心、吃得放心，将国家工商行政管理总局的职责，国家质量监督检验检疫总局的职责，国家食品药品监督管理总局的职责，国家发展和改革委员会的价格监督检查与反垄断执法职责，商务部的经营者集中反垄断执法以及国务院反垄断委员会办公室等职责整合，组建国家市场监督管理总局，作为国务院直属机构。""主要职责是，负责市场综合监督管理，统一登记市场主体并建立信息公示和共享机制，组织市场监管综合执法工作，承担反垄断统一执法，规范和维护市场秩序，组织实施质量强国战略，负责工业产品质量安全、食品安全、特种设备安全监管，统一管理计量标准、检验检测、认证认可工作等。""组建国家药品监督管理局，由国家市场监督管理总局管理，主要职责是负责药品、化妆品、医疗器械的注册并实施监督管理。""将国家质量监督检验检疫总局的出入境检验检疫管理职责和队伍划入海关总署。""保留国务院食品安全委员会、国务院反垄断委员会，具体工作由国家市场监督管理总局承担。""国家认证认可监督管理委员会、国家标准化管理委员会职责划入国家市场监督管理总局，对外保留牌子。""不再保留国家工商行政管理总局、国家质量监督检验检疫总局、国家食品药品监督管理总局。"

"深化行政执法体制改革，统筹配置行政处罚职能和执法资源，相对集中行政处罚权，是深化机构改革的重要任务。根据不同层级政府的事权和职能，按照减少层次、整合队伍、提高效率的原则，大幅减少执法队伍种类，合理配置执法力量。一个部门设有多支执法队伍的，原则上整合为一支队伍。推动整合同一领域或相近领域执法队伍，实行综合设置。完善执法程序，严格执法责任，做到严格规范公正文明执法。"

　　"整合组建市场监管综合执法队伍。整合工商、质检、食品、药品、物价、商标、专利等执法职责和队伍，组建市场监管综合执法队伍。由国家市场监督管理总局指导。鼓励地方将其他直接到市场、进企业，面向基层、面对老百姓的执法队伍，如商务执法、盐业执法等，整合划入市场监管综合执法队伍。药品经营销售等行为的执法，由市县市场监管综合执法队伍统一承担。"

　　在这次机构改革中，考虑到药品监管的特殊性，单独组建国家药品监督管理局，由国家市场监督管理总局管理。市场监管实行分级管理，药品监管机构只设到省一级，药品经营销售等行为的监管由市县市场监管部门统一承担。

　　当前，我国食品药品产业主体多、链条长、业态杂，监管要求高、挑战多、难度大。随着科技的飞速发展，以及新材料、新技术、新工艺、新产品、新产业、新业态的不断突破，食品药品安全治理必须紧跟经济社会发展，不断创新治理模式，加快实现治理体系和治理能力现代化，不断满足新时代人民群众对食品药品安全的新期盼。

文化自信，是更基础、更广泛、更深厚的自信，是更基本、更深沉、更持久的力量。

————习近平

第十章　核心文化

　　文化，是一个具有多义性的概念。多个世纪以来，中外专家学者从多个维度阐释文化的概念。一般来说，广义的文化，是指人类在社会实践过程中所创造的物质财富和精神财富的总和，而狭义的文化，是指人类在社会实践过程中所创造的精神财富的总和。文化可以从多个维度进行分型分类，如物质文化、制度文化、行为文化和心态文化等，但实践中各类文化间并非泾渭分明。精准界定文化，是千百年来一项极其艰难的工作。钱钟书先生曾表示："你不问我文化是什么的时候，我还知道文化是什么；你问我什么是文化，我反而不知道文化是什么了。"这或许为文化的界定提供了一个精妙的注脚。总体看，文化是由一定的社会环境决定的生活方式的整体，具有广博性、深刻性、先导性、渗透性、传承性、持久性等鲜明特点。习近平总书记强调："全面建设社会主义现代化国家，必须坚持中国特色社会主义文化发展道路，增强文化自信，围绕举旗帜、聚民心、育新人、兴文化、展形象建设社会主义文化强国，发展面向现代化、面向世界、面向未来的，民族的科学的大众的社会主义文化，激发全民族文化创新创造活力，增强实现中华民族伟大复兴的精神力量。"

　　食品药品安全治理文化是在食品药品安全治理实践中所形成的使命、愿景、价值、信念等的集中表达。从全球范围看，食品药品安全治理文化创新属于食品药品安全治理体系创新中最复杂、最深刻、最智慧的创新。食品药品安全治理文化是食品药品安全治理体系的"总纲"，可以纲举目张。科学把握食品药品安全治理文化，有利于全面推进食品药品安全治理。多年来，我国食品药品监管部门积极探索体现食品药品安全治理基本规律、反映食品药品安全治理时代特征、彰显食品药品安全治理鲜明特色的食品药品安全治理文化——健康、科学、创新、卓越。这里需要强调的是，食品药品安全治理文化是时代的产物，也是开放的体系。食品药品安全治理文化因食品药品安全治理实践而积累，必将随着食品药品安全治理实践而成长。

一、健康：文化的第一价值

健康是食品药品安全治理文化的第一价值。古今中外，众多哲学家、思想家、政治家关注健康、赞美健康。健康是财富之首、幸福之基，是智慧之要、快乐之本，是人世间最容易被忽视而最值得被珍视的礼物。

中国共产党高度重视人民健康，将人民健康作为人民幸福的坚实基础。2016 年 8 月 19 日，习近平总书记在全国卫生与健康大会上强调："健康是促进人的全面发展的必然要求，是经济社会发展的基础条件，是民族昌盛和国家富强的重要标志，也是广大人民群众的共同追求。""没有全民健康，就没有全面小康。""保障人民健康是一个系统工程，需要长时间持续努力。""各级党委和政府要增强责任感和紧迫感，把人民健康放在优先发展的战略地位，以普及健康生活、优化健康服务、完善健康保障、建设健康环境、发展健康产业为重点，坚持问题导向，抓紧补齐短板，加快推进健康中国建设，努力全方位、全周期保障人民健康，为实现'两个一百年'奋斗目标、实现中华民族伟大复兴的中国梦打下坚实健康基础。"2017 年 10 月 18 日，在中国共产党第十九次全国代表大会上，习近平总书记强调："实施健康中国战略。人民健康是民族昌盛和国家富强的重要标志。要完善国民健康政策，为人民群众提供全方位全周期健康服务。"2020 年 5 月 22 日，习近平总书记在参加十三届全国人大三次会议内蒙古代表团审议时强调："人民至上、生命至上，保护人民生命安全和身体健康可以不惜一切代价！"2020 年 9 月 22 日，习近平总书记在教育文化卫生体育领域专家代表座谈会上强调："要把人民健康放在优先发展战略地位，努力全方位全周期保障人民健康，加快建立完善制度体系，保障公共卫生安全，加快形成有利于健康的生活方式、生产方式、经济社会发展模式和治理模式，实现健康和经济社会良性协调发展。"2022 年 10 月 16 日，在中国共产党第二十次全国代表大会上，习近平总书记强调："推进健康中国建设。人民健康是民族昌盛和国家强盛的重要标志。把保障人民健康放在优先发展的战略位置，完善人民健康促进政策。"

关于什么是健康，健康具有什么价值，世界卫生组织指出："健康是身体、心理和社会幸福的完好状态，而不仅是没有疾病和虚弱。""良好的健康，是社会、经济和个人发展的主要资源，也是生活质量中的重要部分。""健康作为一项普遍权利，是日常生活的基本资源，是所有国家共享的社会目标和政治优先策略。""体现社会公正性的一个基本原则，是保证人们都享有健康和满意的生活。"1946 年 7 月签署的《世界卫生组织宪章》提出："任何国家在增进和维护健康方面取得的成就对全人类都具有价值。"1986 年 11 月第一届全球健康促进大会上发表的《渥太华宪章》提出："健康促进是促使人们提高维护和改善自身健康的过程。""健康促进在于创造一种安全、舒适、满意、愉悦的生活和工作条件。"此后，多届全球健康促进大会不断深化健康促进的战略价值、投入重点和运行机制。

健康是公民重要的民事权利。我国《民法典》规定："自然人享有生命权。自然人的生命安全和生命尊严受法律保护。任何组织或者个人不得侵害他人的生命权。""自然人享有身体权。自然人的身体完整和行动自由受法律保护。任何组织或者个人不得侵害他人的身体权。""自然人享有健康权。自然人的身心健康受法律保护。任何组织或者个人不得侵害他人的健康权。"《中华人民共和国宪法》规定："国家发展医疗卫生事业，发展现代医药和我国传统医药，鼓励和支持农村集体经济组织、国家企业事业组织和街道组织举办各种医疗卫生设施，开展群众性的卫生活动，保护人民健康。"

我国食品药品安全治理的根本目标是保护和促进公众健康。《食品安全法》规定："为了保证食品安全，保障公众身体健康和生命安全，制定本法。"《药品管理法》规定："为了加强药品管理，保证药品质量，保障公众用药安全和合法权益，保护和促进公众健康，制定本法。"《疫苗管理法》规定："为了加强疫苗管理，保证疫苗质量和供应，规范预防接种，促进疫苗行业发展，保障公众健康，维护公共卫生安全，制定本法。"《医疗器械监督管理条例》规定："为了保证医疗器械的安全、有效，保障人体健康和生命安全，促进医疗器械产业发展，制定本条例。"《化妆品监督管理条例》规定："为了规范化妆品生产经营活动，加强化妆品监督管理，保证化妆品质量安全，保障消费者健康，促进化妆品产业健康发展，制定本条例。"食品药品安全治理，既属于产品治理，也属于行为治理；既属于秩序治理，也属于生态治理。食品药品安全法律制度设计的价值目标是"大安全"之上的"大健康"。"安全"是工具性价值或者基础性价值，"健康"是目标性价值或者根本性价值。实现目标性价值或者根本性价值的手段有很多，如加强食品药品管理、规范生产经营活动、促进产业创新高质量发展等。食品药品安全治理，不仅要关注产品安全，更要关注生命健康。食品药品安全治理必须将目标性价值或者根本性价值与工具性价值或者基础性价值有机结合起来，在强化工具性价值或者基础性价值的基础上确保实现目标性价值或者根本性价值，在目标性价值或者根本性价值的导引下强化工具性价值或者基础性价值。

《食品安全法》涉及健康的内容有很多，其中直接规定"健康"的条文主要如下：第一，食品安全，指食品无毒、无害，符合应当有的营养要求，对人体健康不造成任何急性、亚急性或者慢性危害。第二，食品安全标准应当包括食品、食品添加剂、食品相关产品中的致病性微生物，农药残留、兽药残留、生物毒素、重金属等污染物质以及其他危害人体健康物质的限量规定。第三，制定食品安全标准，应当以保障公众身体健康为宗旨，做到科学合理、安全可靠。第四，禁止生产经营用非食品原料生产的食品或者添加食品添加剂以外的化学物质和其他可能危害人体健康物质的食品，或者用回收食品作为原料生产的食品；致病性微生物，农药残留、兽药残留、生物毒素、重金属等污染物质以及其他危害人体健康的物质含量超过食品安全标准限量的食品、食品添加剂、食品相关产品。第五，食品生产经营者应当建立并执行从业人员健康管理制度。患有国务院卫生行政部门规定的有碍食品安全疾病的人员，不得从事接触直接入口食品的工作。从事接触直接入口食品工作的食品生产经营人员应当每年进行健康检查，取得健康证明后方可上岗工作。第六，食品生产者发现其生产的食品不符合食品安全标准或者有证据证明可能危害人体健康的，应当立即停止生产，召回已经上市销售的食品，通知相关生产经营者和消费者，并记录召回和通知情况。第七，发现进口食品不符合我国食品安全国家标准或者有证据证明可能危害人体健康的，进口商应当立即停止进口，并依法召回。

《药品管理法》直接规定"健康"的条文主要如下：第一，药品管理应当以人民健康为中心，坚持风险管理、全程管控、社会共治的原则，建立科学、严格的监督管理制度，全面提升药品质量，保障药品的安全、有效、可及。第二，直接接触药品的包装材料和容器，应当符合药用要求，符合保障人体健康、安全的标准。第三，药品上市许可持有人、药品生产企业、药品经营企业和医疗机构中直接接触药品的工作人员，应当每年进行健康检查。患有传染病或者其他可能污染药品的疾病的，不得从事直接接触药品的工作。第四，禁止进口疗效不确切、不良反应大或者因其他原因危害人体健康的药品。第五，经评价，对疗效不确切、不良反应大或者因其他原因危害人体健康的药品，应当注销药品注册证书。第六，对有证据证明可能危害人体健康的药品及其有关材料，药品监督管理部门可以查封、扣押，并在七日内作出行政处理决定；药品需要检验的，应当自检验报告书发出之日起十五日内作出行政处理决定。

《疫苗管理法》直接规定"健康"的条文主要如下：第一，疫苗研制、生产、检验等过程中应当建立健全生物安全管理制度，严格控制生物安全风险，加强菌毒株等病原微生物的生物安全管理，保护操作人员和公众的健康，保证菌毒株等病原微生物用途合法、正当。第二，医疗卫生人员实施接种，应当告知受种者或者其监护人所接种疫苗的品种、作用、禁忌、不良反应以及现场留观等注意事项，询问受种者的健康状况以及是否有接种禁忌等情况，并如实记录告知和询问情况。受种者或者其监护人应当如实提供受种者的健康状况和接种禁忌等情况。有接种禁忌不能接种的，医疗卫生人员应当向受种者或者其监护人提出医学建议，并如实记录提出医学建议情况。医疗卫生人员在实施接种前，应当按照预防接种工作规范的要求，检查受种者健康状况、核查接种禁忌，查对预防接种证，检查疫苗、注射器的外观、批号、有效期，核对受种者的姓名、年龄和疫苗的品名、规格、剂量、接种部位、接种途径，做到受种者、预防接种证和疫苗信息相一致，确认无误后方可实施接种。

《医疗器械监督管理条例》直接规定"健康"的条文主要如下：第一，出现特别重大突发公共卫生事件或者其他严重威胁公众健康的紧急事件，国务院卫生主管部门根据预防、控制事件的需要提出紧急使用医疗器械的建议，经国务院药品监督管理部门组织论证同意后可以在一定范围和期限内紧急使用。第二，对人体造成伤害或者有证据证明可能危害人体健康的医疗器械，负责药品监督管理的部门可以采取责令暂停生产、进口、经营、使用的紧急控制措施，并发布安全警示信息。

《化妆品监督管理条例》直接规定"健康"的条文主要如下：第一，化妆品注册人、备案人、受托生产企业应当建立并执行从业人员健康管理制度。患有国务院卫生主管部门规定的有碍化妆品质量安全疾病的人员不得直接从事化妆品生产活动。第二，化妆品注册人、备案人发现化妆品存在质量缺陷或者其他问题，可能危害人体健康的，应当立即停止生产，召回已经上市销售的化妆品，通知相关化妆品经营者和消费者停止经营、使用，并记录召回和通知情况。化妆品注册人、备案人应当对召回的化妆品采取补救、无害化处理、销毁等措施，并将化妆品召回和处理情况向所在地省、自治区、直辖市人民政府药品监督管理部门报告。第三，负责药品监督管理的部门对化妆品生产经营进行监督检查时，有权查封、扣押不符合强制性国家标准、技术规范或者有证据证明可能危害人体健康的化妆品及其原料、直接接触化妆品的包装材料，以及有证据证明用于违法生产经营的工具、设备。

2019 年 8 月 26 日，第十三届全国人民代表大会常务委员会第十二次会议第二次修订的《药品管理法》，首次在"总则"中提出"保护和促进公众健康"。2021 年 4 月 27 日，《国务院办公厅关于全面加强药品监管能力建设的实施意见》（国办发〔2021〕16 号）提出"更好保护和促进人民群众身体健康"。在"保护公众健康"的基础上增加"促进公众健康"，这是食品药品安全治理使命的重大变革。这种重大变革充分体现了食品药品安全治理的人民性、时代性和创造性特点，是食品药品监管事业改革创新发展的"风向标"。人民对美好生活的向往永无止境，保护和促进公众健康的步伐永不停步。

二、科学：文化的第一属性

科学是食品药品安全治理文化的第一属性。食品药品安全治理是以科学为基础的专业治理。食品药品风险评估、审评审批、检查核查、检验检测、监测评价、标准规范等，无不属于科学实证活动，这些科学实证活动需要大量的数据作为支撑。药品、医疗器械、化妆品、特殊食品申请产品上市，往往需要进行必要的非临床安全性评价研究和临床试验，而这些非临床安全性评价研究和临床试验，都是专业技术人员基于专业知识和专业经验对相关风险和获益进行的专业识别与专业判断。产品上市后开展的监督检验、监督检查、监测评价等，也是相关专业人员基于专业知识和专业经验进行的相关专业识别与专业判断。因此，食品药品监管工作者属于拥有专业知识、专业技能、专业经验的科技工作者。

科学是一个基于证据推理和致力于客观真理的领域。《食品安全法》对科学的基本要求首先体现在科学原则、科学技术、科学方法、科学依据、科学数据等方面。第一，国家建立食品安全风险评估制度，运用科学方法，根据食品安全风险监测信息、科学数据以及有关信息，对食品、食品添加剂、食品相关产品中生物性、化学性和物理性危害因素进行风险评估。第二，食品安全风险评估结果是制定、修订食品安全标准和实施食品安全监督管理的科学依据。第三，县级以上人民政府食品安全监督管理部门和其他有关部门、食品安全风险评估专家委员会及其技术机构，应当按照科学、客观、及时、公开的原则，组织食品生产经营者、食品检验机构、认证机构、食品行业协会、消费者协会以及新闻媒体等，就食品安全风险评估信息和食品安全监督管理信息进行交流沟通。第四，食品安全国家标准审评委员会由医学、农业、食品、营养、生物、环境等方面的专家以及国务院有关部门、食品行业协会、消费者协会的代表组成，对食品安全国家标准草案的科学性和实用性等进行审查。第五，食品添加剂应当在技术上确有必要且经过风险评估证明安全可靠，方可列入允许使用的范围；有关食品安全国家标准应当根据技术必要性和食品安全风险评估结果及时修订。第六，保健食品声称保健功能，应当具有科学依据，不得对人体产生急性、亚急性或者慢性危害。第七，婴幼儿配方乳粉的产品配方应当经国务院食品安全监督管理部门注册。注册时，应当提交配方研发报告和其他表明配方科学性、安全性的材料。第八，保健食品、特殊医学用途配方食品、婴幼儿配方乳粉生产企业应当按照注册或者备案的产品配方、生产工艺等技术要求组织生产。第九，检验人应当依照有关法律、法规的规定，并按照食品安全标准和检验规范对食品进行检验，尊重科学，恪守职业道德，保证出具的检验数据和结论客观、公正，不得出具虚假检验报告。第十，调查食品安全事故，应当坚持实事求是、尊重科学的原则，及时、准确查清事故性质和原因，认定事故责任，提出整改措施。另外，《食品安全法》对科学的要求还体现在专业知识和专业技能等方面。第一，从事食品生产经营应当有专职或者兼职的食品安全专业技术人员、食品安全管理人员和保证食品安全的规章制度。第二，从事食品添加剂生产，应当具有与所生产食品添加剂品种相适应的场所、生产设备或者设施、专业技术人员和管理制度，并依照法定程序，取得食品添加剂生产许可。第三，县级以上人民政府食品安全监督管理等部门应当加强对执法人员食品安全法律、法规、标准和专业知识与执法能力等的培训，并组织考核。不具备相应知识和能力的，不得从事食品安全执法工作。第四，县级以上人民政府食品安全监督管理部门发现可能误导消费者和社会舆论的食品安全信息，应当立即组织有关部门、专业机构、相关食品生产经营者等进行核实、分析，并及时公布结果。

《药品管理法》《疫苗管理法》对科学的要求更为严格，强调科学技术、科学知识、科学方法和科学要求等方面。第一，国家鼓励运用现代科学技术和传统中药研究方法开展中药科学技术研究和药物开发，建立和完善符合中药特点的技术评价体系，促进中药传承创新。第二，药品监督管理部门设置或者指定的药品专业技术机构，承担依法实施药品监督管理所需的审评、检验、核查、监测与评价等工作。第三，对申请注册的药品，国务院药品监督管理部门应当组织药学、医学和其他技术人员进行审评，对药品的安全性、有效性和质量可控性以及申请人的质量管理、风险防控和责任赔偿等能力进行审查。第四，从事药品生产活动，应当有依法经过资格认定的药学技术人员、工程技术人员及相应的技术工人。疫苗上市许可持有人的法定代表人、主要负责人应当具有良好的信用记录，生产管理负责人、质量管理负责人、质量受权人等关键岗位人员应当具有相关专业背景和从业经历。第五，从事药品经营活动，应当有依法经过资格认定的药师或者其他药学技术人员。第六，依法经过资格认定的药师或者其他药学技术人员负责本企业的药品管理、处方审核和调配、合理用药指导等工作。第七，医疗机构应当配备依法经过资格认定的药师或者其他药学技术人员，负责本单位的药品管理、处方审核和调配、合理用药指导等工作。非药学技术人员不得直接从事药剂技术工作。依法经过资格认定的药师或者其他药学技术人员调配处方，应当进行核对，对处方所列药品不得擅自更改或者代用。对有配伍禁忌或者超剂量的处方，应当拒绝调配；必要时，经处方医师更正或者重新签字，方可调配。第八，国家建立职业化、专业化药品检查员队伍。检查员应当熟悉药品法律法规，具备药品专业知识。国家建设中央和省级两级职业化、专业化药品检查员队伍，加强对疫苗的监督检查。第九，省级以上人民政府药品监督管理部门、卫生健康主管部门等应当按照科学、客观、及时、公开的原则，组织疫苗上市许可持有人、疾病预防控制机构、接种单位、新闻媒体、科研单位等，就疫苗质量和预防接种等信息进行交流沟通。第十，县级以上人民政府药品监督管理部门发现可能误导公众和社会舆论的疫苗安全信息，应当立即会同卫生健康主管部门及其他有关部门、专业机构、相关疫苗上市许可持有人等进行核实、分析，并及时公布结果。第十一，公布重大疫苗安全信息，应当及时、准确、全面，并按照规定进行科学评估，作出必要的解释说明。第十二，新闻媒体应当开展药品安全法律法规等知识的公益宣传，并对药品违法行为进行舆论监督。有关药品的宣传报道应当全面、科学、客观、公正。新闻媒体应当开展疫苗安全法律、法规以及预防接种知识等的公益宣传，并对疫苗违法行为进行舆论监督。有关疫苗的宣传报道应当全面、科学、客观、公正。

《医疗器械监督管理条例》规定，医疗器械监督管理遵循风险管理、全程管控、科学监管、社会共治的原则。《医疗器械监督管理条例》有关科学监管的主要规定如下：第一，第三类医疗器械临床试验对人体具有较高风险的，应当经国务院药品监督管理部门批准。国务院药品监督管理部门审批临床试验，应当对拟承担医疗器械临床试验的机构的设备、专业人员等条件，该医疗器械的风险程度，临床试验实施方案，临床受益与风险对比分析报告等进行综合分析，并自受理申请之日起 60 个工作日内作出决定并通知临床试验申办者。第二，从事医疗器械生产活动，应当有与生产的医疗器械相适应的生产场地、环境条件、生产设备以及专业技术人员。第三，医疗器械使用单位配置大型医用设备，应当符合国务院卫生主管部门制定的大型医用设备配置规划，与其功能定位、临床服务需求相适应，具有相应的技术条件、配套设施和具备相应资质、能力的专业技术人员，并经省级以上人民政府卫生主管部门批准，取得大型医用设备配置许可证。第四，根据科学研究的发展，对医疗器械的安全、有效有认识上的改变，医疗器械注册人、备案人应当主动开展已上市医疗器械再评价。第五，国家建立职业化专业化检查员制度，加强对医疗器械的监督检查。

《化妆品监督管理条例》有关科学监管的主要规定如下：第一，国家鼓励和支持化妆品生产经营者采用先进技术和先进管理规范，提高化妆品质量安全水平；鼓励和支持运用现代科学技术，结合我国传统优势项目和特色植物资源研究开发化妆品。第二，国务院药品监督管理部门可以根据科学研究的发展，调整实行注册管理的化妆品新原料的范围，经国务院批准后实施。第三，化妆品新原料和化妆品注册、备案前，注册申请人、备案人应当自行或者委托专业机构开展安全评估。从事安全评估的人员应当具备化妆品质量安全相关专业知识，并具有 5 年以上相关专业从业经历。第四，注册申请人、备案人应当对所提交资料的真实性、科学性负责。第五，化妆品的功效宣称应当有充分的科学依据。化妆品注册人、备案人应当在国务院药品监督管理部门规定的专门网站公布功效宣称所依据的文献资料、研究数据或者产品功效评价资料的摘要，接受社会监督。第六，化妆品注册人、备案人、受托生产企业应当设质量安全负责人，承担相应的产品质量安全管理和产品放行职责。质量安全负责人应当具备化妆品质量安全相关专业知识，并具有 5 年以上化妆品生产或者质量安全管理经验。第七，国家建立化妆品安全风险监测和评价制度，对影响化妆品质量安全的风险因素进行监测和评价，为制定化妆品质量安全风险控制措施和标准、开展化妆品抽样检验提供科学依据。第八，根据科学研究的发展，对化妆品、化妆品原料的安全性有认识上的改变的，或者有证据表明化妆品、化妆品原料可能存在缺陷的，省级以上人民政府药品监督管理部门可以责令化妆品、化妆品新原料的注册人、备案人开展安全再评估或者直接组织开展安全再评估。

从上述规定看，食品药品安全治理的科学属性体现在食品药品从研发到使用的全过程、从审评到监测评价的各方面。将科学作为食品药品安全治理文化的第一属性，要求食品药品安全治理必须坚持科学原则、科学精神、科学方法、科学品格、科学风范，以科学的态度对待科学，以真理的精神追求真理，始终做到求是、严谨、客观、公正，不受利益困扰，不受他人干涉，以科学的价值和力量赢得信任、赢得权威、赢得未来。

三、创新：文化的第一品格

创新是食品药品安全治理文化的第一品格。当今的时代是创新的时代，当今的社会是创新的社会，当今的世界是创新的世界。关于创新，习近平总书记有许多精彩的论述："创新是引领发展的第一动力，是建设现代化经济体系的战略支撑。""抓创新就是抓发展，谋创新就是谋未来。""惟创新者进，惟创新者强，惟创新者胜。""坚持创新在我国现代化建设全局中的核心地位。""面对快速变化的世界和中国，如果墨守成规、思想僵化，没有理论创新的勇气，不能科学回答中国之问、世界之问、人民之问、时代之问，不仅党和国家事业无法继续前进，马克思主义也会失去生命力、说服力。"多年来，食品药品安全治理创新涉及理念创新、体制创新、制度创新、机制创新、方式创新、战略创新和文化创新等。每一次创新都是一次不断超越自我的思想解放，每一场创新都是一场不断否定自我的生命礼赞。创新始终是食品药品安全治理最靓丽的风景线。

在食品安全领域，自 2003 年以来，食品安全治理创新经历了"三大战役"。第一场战役为体制战役，即从多元监管体制到统一监管体制的转变，时间范围大体为从 2003 年全国人民代表大会批准国务院成立国家食品药品监督管理局，到 2013 年全国人民代表大会批准国务院成立国家食品药品监督管理总局。这期间经过了多元型的监管体制、综合监督与具体监管相结合的综合型体制、统一型（单一型）的监管体制的探索与改革。这里需要说明的是，所谓的统一型（单一型）的监管体制，是指种植养殖环节后的食品安全监管体制，而非从农田到餐桌全过程的食品安全监管体制。具体说来，食品安全监管体制改革经历了双轨变单轨（从食品卫生、食品质量到食品安全）、小综变大综（食品安全综合监督从由原国家食品药品监督管理局负责到由卫生部负责再到由国务院食品安全委员会负责的三个阶段）、多段变少段（从种植养殖、食品生产、食品经营、餐饮消费四段监管到种植养殖、食品生产经营使用两段监管）等三个交叉的阶段。改革的目标是提高监管效能、提升治理水平。

第二场战役为法制战役，即从食品卫生法到食品安全法的转变，时间范围大体为从 2003 年到 2009 年。在 2003 年前，在食品领域，人们使用的是"食品卫生"这一概念。1995 年 10 月 30 日，第八届全国人民代表大会常务委员会第十六次会议通过的《中华人民共和国食品卫生法》明确"食品应当无毒、无害，符合应当有的营养要求，具有相应的色、香、味等感官性状"。在起草《食品安全法》的过程中，专家学者对食品安全、食品卫生、食品质量和食品营养之间的异同进行了认真研究。从最初的内涵与外延的区分到后来的治理理念的提出，社会多方面对食品安全概念的认识在深度、广度和高度方面有了深化、拓展和提升。2009 年 2 月 28 日，第十一届全国人民代表大会常务委员会第七次会议通过的《食品安全法》将"食品安全"界定为"食品无毒、无害，符合应当有的营养要求，对人体健康不造成任何急性、亚急性或者慢性危害"。一个新概念的出现，绝不是事物内涵和外延的简单调整；一个新概念的出现，往往标志着食品安全治理新时代的到来和新力量的产生。食品安全概念的提出，标志着食品领域风险治理、全程治理和国家治理时代的到来。

第三场战役为理念战役，即从监管理念到治理理念的转变。关于治理与监管的异同，专家学者给出了许多答案。治理认可组织内部存在不同于国家权力与市场权利的社会权力和权利。治理创造出组织自身对国家手段与市场手段双重扬弃的第三种运行方式。治理是共同发展目标支持下不同利益主体不断互动的运行过程。治理是不断追求理想模式的持续过程。治理不是对监管的全盘否定，而是对监管的辩证扬弃。治理克服了监管的一元、单向、静态的局限，形成了多元、双向、动态的关系，即共建共治共享的关系。从监管理念到治理理念，不是否定而是成长，不是排斥而是扩容。在治理体系或者治理格局中，监管并没有缺失，仍然占据着重要地位。在食品安全领域，监管仍然是治理体系或者治理格局中的核心要素、关键方式和重要内容。2015 年 4 月 24 日，第十二届全国人民代表大会常务委员会第十四次会议修订的《食品安全法》确立"食品安全工作实行预防为主、风险管理、全程控制、社会共治，建立科学、严格的监督管理制度"。这一基本原则的提出，标志着从食品安全监管理念到食品安全治理理念的重大转变。

在药品安全领域，自 2003 年以来，最重要的药品安全治理创新当属始于 2015 年的药品医疗器械审评审批制度改革。2014 年，我国药品生产企业达 5 582 家，药品销售收入达 24 394 亿元，药品出口额达到 349.6 亿美元，我国成为世界上第二大药品消费市场。然而，我国药品医疗器械审评审批领域面临着巨大挑战。"药品医疗器械审评审批中存在的问题也日益突出，注册申请资料质量不高，审评过程中需要多次补充完善，严重影响审评审批效率；仿制药重复建设、重复申请，市场恶性竞争，部分仿制药质量与国际先进水平存在较大差距；临床急需新药的上市审批时间过长，药品研发机构和科研人员不能申请药品注册，影响药品创新的积极性。"面对多年积累的突出矛盾和严重问题，国家食品药品监督管理总局开展药品医疗器械审评审批制度改革攻坚战。第一，确立了改革的主要目标。提高审评审批质量、解决注册申请积压、提高仿制药质量、鼓励研究和创制新药、提高审评审批透明度，切实解决我国药品医疗器械审评审批领域所面临的创新、质量、效率、体系和能力的突出问题。第二，确立了改革的重点任务。提高药品审批标准；推进仿制药质量一致性评价；加快创新药审评审批；开展药品上市许可持有人制度试点；落实申请人主体责任；及时发布药品供求和注册申请信息；改进药品临床试验审批；严肃查处注册申请弄虚作假行为；简化药品审批程序，完善药品再注册制度；改革医疗器械审批方式；健全审评质量控制体系；全面公开药品医疗器械审评审批信息。第三，确立了改革的保障措施。加快法律法规修订，调整收费政策，加强审评队伍建设，加强组织领导。必须看到，我国药品医疗器械审评审批制度改革，极大解放了药品医疗器械监管的思想力，极大释放了药品医疗器械监管的创造力，极大发展了药品医疗器械监管的生产力。今天，我国药品医疗器械审评审批制度改革的预期目标已基本实现，创新、质量、效率、体系和能力方面取得显著进步，药品医疗器械产业发展和药品监管事业已豁然开朗、焕然一新。

国家药品监督管理局自 2018 年新组建以来，坚持立法先行，全面加快法制建设步伐。制修订的《药品管理法》《疫苗管理法》《医疗器械监督管理条例》《化妆品监督管理条例》及其配套规章制度相继出台，在治理理念、治理制度、治理体制、治理机制、治理方式等方面进行了一系列创新，显著提升了我国药品监管的科学化、国际化和现代化水平。以世界上首部综合性疫苗管理法律为例，《疫苗管理法》规定，国家对疫苗实行最严格的管理制度，坚持安全第一、风险管理、全程管控、科学监管、社会共治。《疫苗管理法》确立了许多新制度和机制，如国家免疫规划制度、疫苗全程电子追溯制度、疫苗临床试验安全监测与评价制度、附条件批准疫苗注册申请制度、疫苗紧急使用制度、疫苗生产严格准入制度、疫苗批签发制度、检查员驻厂监督检查制度、疫苗统一采购制度、疫苗配送制度、疫苗定期检查制度、儿童预防接种证制度、预防接种异常反应监测制度、预防接种异常反应补偿制度、疫苗上市后风险管理计划、疫苗质量回顾分析和风险报告制度、疫苗储备制度、疫苗责任强制保险制度、疫苗上市许可持有人信息公开制度、疫苗质量和预防接种信息共享机制、疫苗安全信息统一公布制度等，构成了疫苗全生命周期的质量安全管理制度。

四、卓越：文化的第一目标

卓越是食品药品安全治理文化的第一目标。卓越是不断追求优秀和完美的一种过程与境界。公众健康的至上性、人民重托的殷切性、社会期待的庄严性、改革创新的艰巨性，决定了食品药品安全治理必须心怀梦想、肩揹使命，不断追求卓越，努力实现超越。面对人民对幸福美好生活的向往，面对人民对食品药品安全的期待，卓越成为食品药品监管部门的职业追求和部门风尚。

实现卓越必须坚守崇高的奋斗目标。态度决定高度。食品药品安全治理的崇高目标是保护和促进公众健康。人类所有的奋斗在于追求和实现幸福，而实现幸福的首要条件就是保持健康。正如亚里士多德（Aristotle，公元前384—公元前322年）所说，最高贵的是正义，最美好的是健康，最快乐的是满足。保持健康是人类从事一切创造活动的基础。食品药品安全治理的目标是保护和促进公众健康，而保护和促进公众健康是一种坚定、深沉、无私的大爱。《药品管理法》第三条规定"药品管理应当以人民健康为中心"。食品药品安全治理的目标就从产品的管理上升到健康的管理。食品药品安全的全生命周期、全产业链条、全管理要素，都要服从服务于人类健康这一根本任务，在保护公众健康这一基本目标的基础上，最大限度地促进公众健康。

实现卓越必须拥有宽广的国际视野。眼界决定境界。党的二十大报告提出："必须坚持胸怀天下。中国共产党是为中国人民谋幸福、为中华民族谋复兴的党，也是为人类谋进步、为世界谋大同的党。我们要拓展世界眼光，深刻洞察人类发展进步潮流，积极回应各国人民普遍关切，为解决人类面临的共同问题作出贡献，以海纳百川的宽阔胸襟借鉴吸收人类一切优秀文明成果，推动建设更加美好的世界。"从事食品药品安全治理工作，必须坚持国际视野，努力吸收和借鉴国际食品药品安全治理的一切文明成果，不断推进食品药品安全治理的科学化、法治化、国际化和现代化，努力为全球食品药品安全治理贡献中国智慧和力量。

实现卓越必须弘扬昂扬的斗争精神。心态决定状态。党的二十大报告指出："我们党立志于中华民族千秋伟业，致力于人类和平与发展崇高事业，责任无比重大，使命无上光荣。全党同志务必不忘初心、牢记使命，务必谦虚谨慎、艰苦奋斗，务必敢于斗争、善于斗争，坚定历史自信，增强历史主动，谱写新时代中国特色社会主义更加绚丽的华章。""增强全党全国各族人民的志气、骨气、底气，不信邪、不怕鬼、不怕压，知难而进、迎难而上，统筹发展和安全，全力战胜前进道路上各种困难和挑战，依靠顽强斗争打开事业发展新天地。""加强干部斗争精神和斗争本领养成，着力增强防风险、迎挑战、抗打压能力，带头担当作为，做到平常时候看得出来、关键时刻站得出来、危难关头豁得出来。"食品药品安全治理是一个复杂的社会治理工程，涉及研制（种植养殖）、生产、经营、使用等各环节，涉及审评、检验、检查、监测评价等各要素。实现食品药品安全长治久安，必须发扬伟大的斗争精神，锐意进取，奋发作为，全力破解前进道路上的各种难题，奋力开创食品药品安全治理的新局面。

实现卓越必须树立务实的工作作风。工作作风事关一个部门、一个系统的精神、品格、境界、形象和声誉。2014 年 1 月 14 日，习近平总书记在中国共产党第十八届中央纪律检查委员会第三次全体会议上强调："我们党作为马克思主义执政党，不但要有强大的真理力量，而且要有强大的人格力量；真理力量集中体现为我们党的正确理论，人格力量集中体现为我们党的优良作风；中央政治局的同志要带头把党的优良作风继承下来、发扬下去，敏于行、慎于言，降虚火、求实效，实一点，再实一点。"2019 年 1 月 11 日，习近平总书记在中国共产党第十九届中央纪律检查委员会第三次全体会议上强调："要把力戒形式主义、官僚主义作为重要任务。反对形式主义要着重解决工作不实问题，督促领导干部树立正确政绩观，克服浮躁情绪，抛弃私心杂念。反对官僚主义要着重解决在人民群众利益上不维护、不作为问题，既注重维护最广大人民根本利益和长远利益，又切实解决群众最关心最直接最现实的利益问题。"多年来，党中央、国务院对食品药品安全治理作出了一系列重大决策部署，当前和今后的重要任务就要狠抓落实。必须大力弘扬求是务实的工作作风，瞄准治理目标，盯住突出问题，脚踏实地，真抓实干，不搞蜻蜓点水，不要花拳绣腿，不搞形象工程，不做表面文章，以"踏石留印、抓铁有痕"的韧劲，将食品药品安全治理事业不断推向前进。

实现卓越必须保持强大的治理能力。能力决定魅力。食品药品安全治理既是崇高的事业，也是艰巨的任务。食品药品安全治理的科学性、专业性、社会性、创新性，决定食品药品安全治理必须具有强大的治理能力。当今世界，我国治理能力建设受到国际社会的广泛关注和高度重视。要按照强基础、补短板、破瓶颈、促提升的要求，完善制度、健全体系、优化机制、提升能力，进一步提升食品药品监管工作的科学化、法治化、国际化和现代化水平，推动我国从食品药品制造大国到食品药品制造强国的跨越，更好满足人民群众对食品药品安全的需求。改革开放是决定当代中国命运的关键一招，也是决定中国式现代化成败的关键一招。经过多年的探索实践，食品药品安全治理改革创新的动力更充足、信心更坚定、步伐更稳健。面对新一轮科技革命和产业变革的深入发展，面对人民群众健康需求的日益增长，食品药品监管部门应当始终牢记人民健康是国之大者，坚持国际视野，坚持改革创新，深入研究全球食品药品科技和产业发展的新趋势，密切关注新技术、新工艺、新产品、新业态、新模式对监管工作提出的新要求，加快推进食品药品监管全链条改革、全领域改革、全方位改革，进一步营造鼓励、支持食品药品产业创新的生态环境，进一步激发食品药品产业创新动力、活力，进一步推动食品药品产业瞄着新质生产力方向高质量发展，奋力谱写食品药品安全治理改革创新发展的新篇章，以更加出色的成绩为保护和促进公众健康作出无愧于新时代的更大贡献。